333 Schiffe,
die man kennen muss!

Ulf Kaack | Harald Focke

333 Schiffe
die man kennen muss!

Schlepper der Bugsier-Reederei bei einer Löschübung vor Bremerhaven. (Foto: Ulf Kaack)

Vorwort

"Über den Wind können wir nicht bestimmen, aber wir können die Segel richten." – Ein Zitat, das von den Wikingern überliefert ist. Die Skandinavier revolutionierten einst die Seefahrt. Sie konstruierten schnelle und schlanke Schiffe, mit denen sie den gesamten Nord- und Ostseeraum befuhren. Sie bereisten das Nordmeer und erschlossen Handelsrouten bis nach Byzanz. Leif Eriksson gelang es sogar, den Atlantik zu queren und Neufundland zu erreichen. Der Wikinger gilt als Entdecker Amerikas.

Die Seefahrt ist so alt wie die Menschheit selbst. Bereits gegen Ende der Altsteinzeit wurde Australien auf dem Seeweg besiedelt, ebenso zahlreiche Inseln im Pazifik. Später waren es vor allem die Völker im Mittelmeerraum, die sich das Meer für Handelszwecke, aber auch mit kriegerischen Absichten erschlossen: die Ägypter, die Griechen, die Römer …

Spätestens mit dem Aufkommen der Hanse, der zwischen der Mitte des 12. und Mitte des 17. Jahrhunderts bestehenden Vereinigung nordeuropäischer Kaufleute, nahm die internationale Schifffahrt sprunghaft an Dynamik zu. Diese Entwicklung ging einher mit dem technischen Fortschritt. Segelschiffe wurden größer, schneller und bedeutend leistungsfähiger. Und mit Beginn des Dampfzeitalters waren Reeder und Seeleute mit einem Mal unabhängig von der Kraft des Windes. Die nächsten Evolutionsstufen waren die Verbrennungsmotoren und Nuklearantriebe tief im Bauch immer riesiger werdender Stahlgiganten.

Die Seefahrt wurde global und immer effizienter. Und sie spezialisierte sich zusehends: Neben den traditionellen Sparten aus Handel, Fischerei und Militär entstanden nun Passagier-, Sport-, Forschungs- und diverse Spezialschiffe. Neue Anforderungen an die Branche brachte vor wenigen Jahrzehnten das Offshore-Geschäft mit sich.

Schiffe üben auf viele Menschen eine große Faszination aus, wecken Leidenschaft und Fernweh. Doch hat es die viel beschriebene und in Shantys besungene Seefahrerromantik jemals gegeben? Wohl kaum. Das Leben an Bord war bis zur Mitte des 20. Jahrhunderts fast immer hart und entbehrungsreich. Vieles ist heute einfacher geworden. Vor allem durch den Einsatz von Containern in der Handelsschifffahrt, oder auch durch die satellitengestützte Navigation und Kommunikation ist der Job an Bord heute sicherer und ein Stück weit leichter. Doch extrem kurze Verweildauern im Hafen, der Zeit- und Kostendruck lassen kaum etwas übrig von dem Traumberuf Seemann.

Trotz, oder gerade wegen dieser nüchternen Betrachtung wünschen wir Ihnen nun viel Spaß mit den 333 schönsten und interessantesten Schiffen, die wir für Sie in Bild, Text und Daten zusammengetragen haben.

Harald Focke und Ulf Kaack
Bassum, im Herbst 2015

Inhalt

Zur Handhabung dieses Buches – Wichtige Hinweise für den Leser		16

DIE TOP-TWENTY DER KLASSIKER 18

01	Passagierschiff TITANIC	20
02	Segelschulschiff GORCH FOCK II	21
03	SCHULSCHIFF DEUTSCHLAND	22
04	Passagierschiff FRANCE	23
05	Passagierschiff UNITED STATES	24
06	Fünfmastvollschiff PREUSSEN	25
07	Teeklipper CUTTY SARK	25
08	Passagierschiff IMPERATOR	26
09	Schlachtschiff BISMARCK	27
10	Passagierschiff BREMEN IV	28
11	Passagierschiff NORMANDIE	28
12	Seenotkreuzer HERMANN MARWEDE	29
13	U-Boot NAUTILUS	29
14	Forschungsschiff CALYPSO	30
15	Passagierschiff QUEEN MARY II	31
16	U-Boot U 31	32
17	Stückgutschiff CAP SAN DIEGO	33
18	Öltanker EXXON VALDEZ	34
19	Nuklearschiff SAVANNAH	34
20	Vollschiff BOUNTY	35

ZIVILSCHIFFE 36
SEGLER DER ANTIKE 39

21	Phönizier	39
22	Dschunke	39
23	Griechische Triere	40
24	Zheng Hes Schatzschiffe	40
25	Römische Trireme	41
26	Wikingerschiff	41
27	Hansekogge	42
28	Karavelle	42
29	Dhau	43
30	Galeere	43
31	SANTA MARIA	44
32	SÃO GABRIEL	44
33	MAYFLOWER	45

Der Traditionssegler NORDEN hat seinen Liegeplatz im Lübecker Museumshafen.

34	AMSTERDAM	45
35	VICTORIA	46
36	GOLDEN HINDE	46

GROSSSEGLER … 47

37	ADLER VON LÜBECK	47
38	VASA	48
39	VICTORY	49
40	CONSTITUTION	49
41	THERMOPYLAE	50
42	SEEADLER	50
43	RICKMER RICKMERS	51
44	ENDURANCE	51
45	PAMIR	52
46	ALEXANDER VON HUMBOLDT	53
47	GROSSHERZOGIN ELISABETH	54
48	GERMANIA	55
49	EYE OF THE WIND	56
50	PASSAT	57
51	NIOBE	58
52	STATSRAAD LEHMKUHL	58
53	MARE FRISIUM	59
54	FRIDTJOF NANSEN	59
55	SEUTE DEERN	60
56	BLUENOSE	60
57	SEDOV	61
58	KRUZENSHTERN	62
59	SØRLANDET	63
60	AMERIGO VESPUCCI	64
61	SEA CLOUD I	64
62	GORCH FOCK I	65
63	EAGLE	66
64	CHRISTIAN RADICH	66
65	GREIF	67
66	ROALD AMUNDSEN	68
67	SEA CLOUD II	69
68	ALEXANDER VON HUMBOLDT II	69

DAMPFER UNTER SEGELN … 70

69	SAVANNAH	70
70	SIRIUS	70
71	GREAT BRITAIN	71
72	GREAT WESTERN	71

73	HELENA SLOMAN	72
74	DEUTSCHLAND	72
75	HAMMONIA/BORUSSIA	73
76	BREMEN	73

PASSAGIERSCHIFFE ... 74

77	KAISER WILHELM DER GROSSE	74
78	DEUTSCHLAND	75
79	KRONPRINZESSIN CECILIE	76
80	KAISER FRANZ JOSEF I.	76
81	SELANDIA	77
82	BISMARCK	77
83	VATERLAND	78
84	CAP TRAFALGAR	78
85	CAP POLONIO	79
86	COLUMBUS	80
87	STAVANGERFJORD	81
88	MAURETANIA / LUSITANIA	81
89	ATHENIA	82
90	MONTE SARMIENTO	82
91	ALBERT BALLIN	83
92	CAP ARCONA	84
93	ILE DE FRANCE	85
94	ST. LOUIS	85
95	EUROPA 1930	86
96	REX / CONTE DI SAVOIA	86
97	BATÓRY / PILSUDSKI	87
98	NIEUW AMSTERDAM	88
99	POTSDAM	88
100	GNEISENAU	89
101	SCHARNHORST	89
102	PRETORIA / WINDHUK	90
103	QUEEN MARY	91
104	WILLEM RUYS	91
105	PATRIA	92
106	ORANJE	92
107	QUEEN ELIZABETH	93
108	AMERICA	93
109	SANTA URSULA / SANTA ELENA	94
110	HOMELAND	95
111	INDEPENDENCE / CONSTITUTION	96
112	MAASDAM / RYNDAM	97
113	ITALIA	98

114	ANDREA DORIA / CRISTOFORO COLOMBO / LEONARDO DA VINCI	99
115	SANTA TERESA / SANTA INÉS	100
116	BERLIN	101
117	ISRAEL / ZION / THEODOR HERZL / JERUSALEM	102
118	SOUTHERN CROSS	103
119	HANSEATIC	104
120	TRANSVAAL CASTLE	104
121	SEVEN SEAS	105
122	ARIADNE	105
123	ROTTERDAM	106
124	ORIANA	106
125	BREMEN V	107
126	GALILEO GALILEI / GUGLIELMO MARCONI	108
127	IVAN FRANKO	109
128	MICHELANGELO / RAFFAELO	110
129	CANBERRA	111
130	LOFOTEN	111
131	KUNGSHOLM	112
132	SHALOM	112
133	EUROPA	113
134	KONG HARALD	114
135	WAPPEN VON HAMBURG	114
136	QUEEN ELIZABETH 2	115
137	ETTA VON DANGAST	116
138	SPIEKEROOG III	116
139	ROLAND VON BREMEN	117
140	FRIEDRICH	117

FÄHREN		118
141	TANNENBERG	118
142	HOVERCRAFT NAUTICAL 4	118
143	HERALD OF FREE ENTERPRISE	119
144	TOM SAWYER	119
145	FINNJET	120
146	ESTONIA	120
147	COLOR MAGIC	121

KREUZFAHRTSCHIFFE		122
148	WILHELM GUSTLOFF / ROBERT LEY	122
149	STOCKHOLM	123
150	REGINA MARIS	123
151	BRITANNIA	124

152	FRITZ HECKERT	124
153	EUROPA	125
154	DEUTSCHLAND	125
155	HAMBURG	126
156	VISTAFJORD	127
157	QUEEN VICTORIA	127
158	BERLIN	128
159	EUROPA	128
160	AMERICAN QUEEN	129
161	COSTA CONCORDIA	129
162	QUEEN ELIZABETH	130

SEENOTKREUZER & CO. 131

163	AUGUST GRASSOW	131
164	RS 1 COLIN ARCHER	132
165	OBERINSPECTOR PFEIFER	132
166	RICKMER BOCK	133
167	BREMEN	134
168	THEODOR HEUSS	134
169	ADOLPH BERMPOHL	135
170	PAUL DENKER	135
171	OTTO SCHÜLKE	138
172	WILHELM KAISEN	138
173	FRITZ BEHRENS	139
174	ALFRIED KRUPP	140
175	BERNHARD GRUBEN	140
176	EISWETTE	141
177	HARRO KOEBKE	141

BEHÖRDENSCHIFFE 142

178	Polizeiboot NEUSTRELITZ	142
179	Zollkreuzer HELGOLAND	143
180	Löschkreuzer WESER	144
181	Fischereiaufsicht NARWAL	145
182	Tonnenleger AMRUMBANK	146
183	Seezeichenschiff ALTE WESER	147
184	Vermessungsschiff NORDERNEY	147
185	Mehrzweckschiff MELLUM	148
186	Bereisungsschiff EMS	149
187	Vermessungsschiff WEDEL	150
188	Löschboot REPSOLD	151
189	Löschboot BREMEN – FLB II	151

FEUERSCHIFFE ... 152
- 190 AMRUMBANK ... 152
- 191 RESERVE SONDERBURG ... 152
- 192 FEHMARNBELT ... 153
- 193 ELBE 1 ... 154
- 194 ELBE 3 ... 155
- 195 BORKUMRIFF ... 155

FRACHTER, TANKER, CONTAINERSCHIFFE ... 156
- 196 JEREMIAH O'BRIEN ... 156
- 197 MARIENFELS ... 157
- 198 NABOB ... 157
- 199 RHEINSTEIN ... 158
- 200 FRIESENSTEIN ... 159
- 201 HAMBURG EXPRESS ... 160
- 202 HAMBURG ... 160
- 203 OTTO HAHN ... 161
- 204 MÜNCHEN ... 162
- 205 ESSO DEUTSCHLAND ... 162
- 206 UASC BARZAN ... 163
- 207 GEORG BÜCHNER ... 164
- 208 FRIEDEN ... 165

SPEZIALSCHIFFE ... 166
- 209 Kabelleger GREAT EASTERN ... 166
- 210 Lotsentender DÖSE ... 167
- 211 Tonnenleger KAPITÄN MEYER ... 168
- 212 Ankerziehschlepper FAR SAMSON ... 169
- 213 Saugbagger NORDSEE ... 170
- 214 Ölauffangschiff BOTTSAND ... 171
- 215 Dampfeisbrecher STETTIN ... 172
- 216 Atomeisbrecher ARKTIKA ... 173
- 217 Eisbrecher KRASIN ... 174
- 218 Ex-Kriegsfischkutter NORDWIND ... 175
- 219 DDR-Seitenfänger GERA ... 176
- 220 Fischtrawler MÜNCHEN ... 177
- 221 Walfänger RAU IX ... 180
- 222 Forschungsschiff RAINBOW WARRIOR I ... 180
- 223 Forschungsschiff GRÖNLAND ... 181
- 224 Forschungsschiff UTHÖRN ... 181
- 225 Forschungseisbrecher POLARSTERN ... 182
- 226 Forschungsschiff SONNE (2) ... 182
- 227 DAGMAR AAEN ... 183

	WEITERE KLASSIKER	183
228	Segelyacht GIPSY MOTH IV	184
229	Frachtschiff BARBARA	185
230	Donauschlepper RUTHOF	186
231	Eimerkettenbagger WELS	187
232	Rennyacht ILLBRUCK	188
233	Segelyacht KATHENA	188
234	Dampfboot AFRICAN QUEEN	189
235	Motoryacht NEDEVA	189
236	Megayacht AZZAM	190
237	Megayacht A	190
238	Frachtschiff GOYA	191
239	Flüchtlingshilfsschiff CAP ANAMUR	191

MILITÄRSCHIFFE … 190

	FLUGZEUGTRÄGER	194
240	GRAF ZEPPELIN	194
241	GLORIOUS	195
242	ARK ROYAL	196
243	HIRYŪ	197
244	MIDWAY	198
245	USS ENTERPRISE	199
246	USS NIMITZ	200
247	BAKU	201
248	HMS OCEAN	202
249	CHARLES DE GAULLE	203

	GROSSKAMPFSCHIFFE	204
250	USS MONITOR	204
251	SMS GOEBEN	205
252	SMS SEYDLITZ	206
253	SMS BAYERN	207
254	Geschützter Kreuzer AURORA	207
255	Panzerkreuzer POTEMKIN	208
256	HMS DREADNOUGHT	209
257	HMS QUEEN MARY	210
258	HMS RENOWN	211
259	HMS ROYAL OAK	212
260	HMS IRON DUKE	213
261	HMS HOOD	214
262	HMS PRINCE OF WALES	215
263	Panzerschiff DEUTSCHLAND	216
264	Panzerschiff ADMIRAL GRAF SPEE	217

265	Schlachtschiff SCHARNHORST	218
266	Schwerer Kreuzer BLÜCHER	219
267	Schwerer Kreuzer PRINZ EUGEN	220
268	Schlachtschiff TIRPITZ	221
269	Schlachtschiff NAGATO	222
270	Schlachtschiff YAMATO	223
271	USS ARIZONA	224
272	USS WEST VIRGINIA	225
273	USS MISSOURI	226
274	RN ROMA	227
275	Schlachtschiff STRASBOURG	228
276	Schlachtschiff RICHELIEU	229

ZERSTÖRER, FREGATTEN, KORVETTEN ... 230

277	Z 4 RICHARD BEITZEN	230
278	Z 18 HANS LÜDEMANN	231
279	Z 23	232
280	HMS WOLVERINE	233
281	HMS STARLING	233
282	Fletcher-Klasse Z 1 – Z 6	234
283	Hamburg-Klasse	235
284	Lütjens-Klasse	236
285	Köln-Klasse	237
286	Bremen-Klasse	238
287	Brandenburg-Klasse	239
288	Sachsen-Klasse	240
289	Braunschweig-Klasse	241
290	Koni-Klasse der DDR	242

U-BOOTE ... 243

291	TURTLE	243
292	BRANDTAUCHER	246
293	FORELLE	247
294	U 1	248
295	U 9	249
296	U 35	250
297	Handels-U-Boot DEUTSCHLAND	251
298	U 47	252
299	U 99	253
300	U 534	254
301	Walter U-Boote Typ XVII A	255
302	U 2540	256
303	U 2336	257

304	Einmann-U-Boot MOLCH	258
305	Zweimann-U-Boot SEEHUND	258
306	U 1	259
307	U HAI	260
308	U 10	261
309	HANS TECHEL	262
310	KURSK	263
311	U 27	264
312	USS OHIO	265

WEITERE KLASSIKER DER DEUTSCHEN SEESTREITKRÄFTE — 266

313	Hochseekorvette AMAZONE	266
314	Kleiner Kreuzer EMDEN	267
315	Korvette GNEISENAU	268
316	Großer Kreuzer SMS HERTHA	268
317	Leichter Kreuzer EMDEN	269
318	Hilfskreuzer SMS WOLF	270
319	Minensuchboot Typ 1935	271
320	Hilfskreuzer ATLANTIS	272
321	Minenräumboote Schwalbe-Klasse	273
322	Schnellboot-Klasse 1939	274
323	Schnellboote Libelle-Klasse	275
324	U-Boot-Abwehrschiffe Hai-Klasse	276
325	Motoryacht OSTSEELAND II	277
326	Landungsschiffe Frosch-I-Klasse	278
327	Mehrzwecklandungsboote Barbe-Klasse	279
328	Schnellboote Zobel-Klasse	280
329	Einsatzgruppenversorger BERLIN	281
330	Minensuchboote Kulmbach-Klasse	282
331	Schulschiff DEUTSCHLAND	283
332	Forschungsschiff PLANET	284

DAS BESONDERE SCHIFF

333	Sammelschiffchen der DGzRS	285

Impressum 287

Zur Handhabung dieses Buches
Wichtige Hinweise für den Leser

333 Schiffe, die man kennen muss. So lautete der Auftrag des Verlags. Kein leichter Job für uns Autoren, hier eine repräsentative Auswahl zu treffen. Natürlich gibt es die Klassiker wie die TITANIC, die GORCH FOCK oder das Schlachtschiff BISMARCK. Jeder kennt sie. Ihre Technik, ihr Schicksal. Diese berühmten Schiffe haben wir im ersten Kapitel zusammengefasst. Die 20 Schiffe, die uns am prominentesten erschienen.

Und dann haben wir uns chronologisch durch die zivile Schifffahrtsgeschichte gearbeitet – beginnend mit der Antike, den Seglern und den Dampfern. Ein weites Feld waren zum einen die Großsegler, außerdem die Passagierschiffe, Kreuzfahrer und Fähren. Die Entwicklung der Seenotkreuzer der Deutschen Gesellschaft zur Rettung Schiffbrüchiger ist nahezu lückenlos nachgezeichnet. Ebenso wie das Feuerschiffwesen an den Küsten.

Spannend sind die Behördenschiffe von der Wasserschutzpolizei, dem Zoll, den Lotsenbrüderschaften oder aus der Meeresforschung. Sie sind technisch anspruchsvoll und optisch häufig ein Augenschmaus. Zweckdienlich konstruiert und oftmals von funktionaler Ästhetik. Vielfach dienen sie Modellbauern als Vorlage für ihre Miniaturkunstwerke.

Berühmte Yachten durften ebenso wenig vergessen werden wie Fischereifahrzeuge, Ölauffangschiffe oder imposante Eisbrecher. Je näher wir uns mit der Materie beschäftigt haben, desto umfangreicher wurde die Liste der Schiffe, die man kennen muss. Und keinesfalls vergessen darf, wie beispielsweise die umfangreiche Flotte der DDR.

Schiffe wurden in der Menschheitsgeschichte von Beginn an auch für kriegerische Zwecke eingesetzt. Zum Angriff und zur Verteidigung vor den Küsten und auf hoher See. Die antiken Marineschiffe bis zu den Segelschulschiffen finden Sie im ersten Teil des Buches. In der zweiten Hälfte widmen wir uns den „grauen Einheiten" auf den Weltmeeren. Technik und Tragödien, Siege und Niederlagen gehen in diesem Kapitel Hand in Hand.

Los geht's mit den Giganten, den Flugzeugträgern und Großkampfschiffen. Feuerspuckende Stahlmonster mit erheblicher Kampfkraft, die im Laufe der aktuellen Seekriegsgeschichte auch ihre Verwundbarkeit an den Tag legten. Ausgelöst durch moderne Korvetten und Fregatten, die durch Geschwindigkeit und Technologie den Respekt vor den Dickschiffen längst abgelegt haben. Längst haben solche kleineren und mittleren Einheiten die gigantischen Schlachtschiffe auf See verdrängt.

Die unsichtbaren Jäger unter der Wasseroberfläche, die U-Boote, haben wir uns intensiv vorgenommen. Von der muskelbetriebenen amerikanischen TURTLE über die rasante technische Entwicklung während des Ersten und Zweiten Weltkriegs bis hin zum Hybrid-U-Boot U 31 der Deutschen Marine. Auch das tödliche Drama um das russische Atom-U-Boot KURSK wird selbstverständlich thematisiert.

Containerbrücken an der Stromkaje in Bremerhaven. (Foto: Ulf Kaack)

Ganz am Ende gibt es einen groben Abriss über die Geschichte der deutschen Seestreitkräfte: Von der Preußischen über die Kaiserliche Marine, die Reichs- und Kriegsmarine, die Bundes-, Volks- und Deutsche Marine. Dargestellt durch die Schiffe, die diese verschiedenen Epochen der Zeitgeschichte miterlebt und mitgestaltet haben.

Die in den Tabellen angegebenen technischen Daten zu den einzelnen Schiffen geben die Abmessungen bei der Indienststellung wieder. Häufig wurden die Fahrzeuge in der Folgezeit modernisiert und umgebaut, so dass sich hier zum Teil deutliche Abweichungen ergeben können. Die antiken Schiffe in ihren Abmessungen und Ausstattungen auf den Punkt genau darzustellen ist erst recht ein Ding der Unmöglichkeit. Wir haben uns auf die Grunddaten und ihre historische Bedeutung beschränkt. Detaillierte Fachliteratur kann hier exakter informieren.

Liebe Leserinnen und Leser, wir wünschen Ihnen nun viel Freude mit dieser maritimen Lektüre. Und sollten Sie Ihren Urlaub an der Küste verbringen, dann verstauen Sie „333 Schiffe, die man kennen muss!" im Reisegepäck. Es kann als Nachschlagewerk so manche interessante Information liefern.

Harald Focke und Ulf Kaack
Bassum, im Herbst 2015

DIE TOP-TWENTY
DER KLASSIKER

01 Passagierschiff TITANIC

Als die TITANIC der White Star Line im April 1912 auf Jungfernreise nach New York ging, galt sie als größtes, luxuriösestes und sicherstes Schiff ihrer Zeit. Die Werft Harland & Wolff in Belfast (Nordirland) hatte die TITANIC und ihr Schwesterschiff OLYMPIC für den Liniendienst auf dem Nordatlantik gebaut. Doch bereits wenige Tage nach der ersten Ausreise aus Southampton ereignete sich eine Katastrophe: Am 14. April rammte das Schiff mitten in der Nacht 300 Seemeilen südöstlich von Neufundland einen Eisberg. Durch einen langen Riss lief so viel Wasser in den Rumpf, dass der Luxusliner zwei Stunden und 40 Minuten später im eiskalten Nordatlantik versank. Etwa 1.500 der 2.200 Menschen an Bord verloren dabei ihr Leben. Für alle wäre ohnehin kein Platz in den Rettungsbooten gewesen. Das Unglück der TITANIC führte wegen der hohen Zahl der Opfer schon bald zu schärferen Sicherheitsbestimmungen auf Seeschiffen und beschleunigte die Einführung der Funktelegrafie.

■ TECHNISCHE DATEN

Länge	269,04 m
Breite	28,19 m
Tiefgang	10,54 m
Motorenleistung	51.000 PS
Geschwindigkeit	21 kn
Bauwerft	Harland & Wolff, Belfast
Baujahr	1909–1912

Die TITANIC am 10. April 1912, vier Tage vor ihrem Untergang. (Foto: Cunard)

Segelschulschiff GORCH FOCK II

Das Segelschulschiff GORCH FOCK II der Deutschen Marine unter gesetzten Segeln. (Foto: Blohm & Voss)

Das Segelschulschiff GORCH FOCK II ist eine Legende, der Stolz der Deutschen Marine, seit fast 60 Jahren maritime Botschafterin der Bundesrepublik Deutschland auf allen Meeren sowie dienstälteste Einheit der Seestreitkräfte. Die GORCH FOCK II wurde bei Blohm & Voss in Hamburg gebaut und am 23. August 1958 in Dienst gestellt. Der Großsegler machte 150 Auslandsreisen in Länder aller Kontinente. Tausende von Offiziers- und Unteroffiziersanwärtern haben auf der GORCH FOCK II ihr seemännisches Rüstzeug erworben. An Bord wird umfangreiches Wissen vermittelt: Navigation, Meteorologie und Physik stehen ebenso auf dem Stundenplan wie die praktische Ausbildung in traditioneller Seemannschaft. Der Rumpf der GORCH FOCK II ist aus Stahl. Die drei Masten können 23 Segel tragen.

▶ **Wussten Sie schon?**

Die GORCH FOCK II ist nach den gleichen Plänen gebaut wie ihre fünf Schwesterschiffe GORCH FOCK I, ALBERT LEO SCHLAGETER (heute SAGRES II), HORST WESSEL (heute EAGLE), HERBERT NORKUS und MIRCEA. Alle entstanden bei Blohm & Voss.

■ TECHNISCHE DATEN

Länge	89,32 m
Breite	12 m
Tiefgang	5,35 m
Motorenleistung	1.660 PS
Geschwindigkeit	12 kn
Bauwerft	Blohm & Voss, Hamburg
Baujahr	1958

03 SCHULSCHIFF DEUTSCHLAND

Die SCHULSCHIFF DEUTSCHLAND wurde 1927 vom Deutschen Schulschiff-Verein als vierte Ausbildungseinheit der Organisation in Auftrag gegeben. Das Vollschiff lief am 14. Juni 1927 vom Stapel und wurde bis zum Ausbruch des Zweiten Weltkriegs zu zahlreichen Ausbildungsreisen eingesetzt. Im Winter wurden Ziele in Übersee angesteuert, im Sommer fand das Training in der Nord- und Ostsee statt. Der Liegehafen war Elsfleth, da der Heimathafen Oldenburg aufgrund des zu großen Tiefgangs nicht erreicht werden konnte.

■ TECHNISCHE DATEN

Länge	86 m
Breite	12 m
Tiefgang	5,18 m
Motorenleistung	kein Motor
Geschwindigkeit	16 kn
Bauwerft	Tecklenborg-Werft, Geestemünde
Baujahr	1927

Die SCHULSCHIFF DEUTSCHLAND 1937 in Santa Cruz. (Foto: Schumacher)

Die ehemalige FRANCE als NORWAY 1998 in La Rochelle-Pallice. (Foto: Didier Duforest)

Passagierschiff FRANCE

Einst war er der Stolz der französischen Schifffahrt und jahrzehntelang das größte Schiff der Welt: der Transatlantikliner FRANCE. 1960 wurde er im Beisein von Präsident Charles de Gaulle getauft und kam ab dem 3. Februar 1962 als Zwei-Klassen-Schiff auf der Route zwischen Le Havre und New York zum Einsatz. Nach der UNITED STATES war die FRANCE das zweitschnellste Schiff im Liniendienst über den Atlantik. Da die Luftfahrt auf dieser Strecke immer mehr dominierte, wurde das Schiff vermehrt als Kreuzfahrer eingesetzt, am 9. Oktober 1974 schließlich außer Dienst gestellt und nach jahrelangem Aufliegen an den norwegischen Reeder Knut Kloster verkauft. Fortan trug es den Namen NORWAY. Für 100 Millionen DM ließ er das Schiff zu einem Kreuzfahrt-Superliner umbauen. Allen Kritikern zum Trotz entwickelte sich die NORWAY binnen kürzester Zeit zu einem grandiosen Erfolg. 1990 erfolgte ein weiterer Umbau, bei dem u.a. zwei völlig neue Decks geschaffen wurden. Am 25. Mai 2003 ereignete sich im Maschinenraum eine Kesselexplosion, bei der acht Besatzungsmitglieder ums Leben kamen. Die NORWAY wurde nicht mehr repariert. 2008 wurde sie in Indien abgewrackt.

■ TECHNISCHE DATEN

Länge	315,53 m
Breite	33,81 m
Tiefgang	10,48 m
Motorenleistung	175.000 PS
Geschwindigkeit	35 kn
Bauwerft	Chantiers de l'Atlantique, St. Nazaire
Baujahr	1960–1962

05 Passagierschiff UNITED STATES

Bis heute trägt die UNITED STATES das Blaue Band als schnellstes Passagierschiff auf der Transatlantikroute. Sie wurde von der United States Lines für den Linienverkehr von New York nach Europa gebaut und ab 1952 eingesetzt. In nur drei Tagen und zwölf Stunden überquerte der elegante Turbinendampfer den Atlantik. Er fuhr dabei mit einer Durchschnittsgeschwindigkeit von über 60 Kilometern pro Stunde.

Als Flugreisen immer billiger und populärer wurden, war der Betrieb von Passagierdampfern im Transatlantikdienst nicht mehr wirtschaftlich. Daraufhin wurde die UNITED STATES am 2. November 1969 außer Dienst gestellt. Am 1. Februar 2011 erwarb die „SS United States Conservancy", eine eigens zu diesem Zweck gegründete Gruppe von Idealisten, nach einer öffentlichen Kampagne zur Errettung des Ozeanriesen die UNITED STATES, um sie als nationales maritimes Denkmal zu erhalten.

▶ **Wussten Sie schon?**
Beim Bau der UNITED STATES wurde mehr Aluminium verwendet als bei jedem anderen Projekt zuvor. Ziel war es, durch diesen leichten Werkstoff eine hohe Geschwindigkeit zu erzielen.

■ TECHNISCHE DATEN

Länge	301,9 m
Breite	30,94 m
Tiefgang	9,45 m
Motorenleistung	251.785 PS
Geschwindigkeit	38,32 kn
Bauwerft	Newport News Shipbuilding, Newport News
Baujahr	1951–1952

Die UNITED STATES ist bis heute das weltweit schnellste Passagierschiff geblieben. (Foto: Sammlung Kaack)

Fünfmastvollschiff PREUSSEN

Bis zur Indienststellung des Luxuskreuzfahrtschiffes ROYAL CLIPPER im Jahr 2000 war die PREUSSEN das einzige jemals gebaute Fünfmastvollschiff. Sie erreichte mit 30 Rahsegeln auch das Maximum bei der Anzahl der Segel. Sie zählt zu den größten Segelschiffen der Schiffahrtsgeschichte. Das Schiff wurde 1902

Das Fünfmastvollschiff PREUSSEN unter allen Segeln. (Foto: Sammlung Kaack)

■ TECHNISCHE DATEN

Länge	147 m
Breite	16,34 m
Tiefgang	8,26 m
Motorenleistung	kein Motor
Geschwindigkeit	20,5 kn
Bauwerft	Joh. C. Tecklenborg AG, Geestemünde
Baujahr	1902

im Auftrag der Reederei F. Laeisz aus hochwertigem Siemens-Martin-Stahl gefertigt. Selbst bei Wind der Stärke 1 konnte sie bis zu vier Knoten Fahrt erzielen. Nach einer unverschuldeten Kollision im Ärmelkanal am 6. November 1910 ging die PREUSSEN verloren.

Teeklipper CUTTY SARK

Die CUTTY SARK ist eines der schnellsten Segelschiffe aller Zeiten. Sie war der letzte Klipper und bis 1877 im Teehandel eingesetzt. Mehrfach verkauft und umgebaut, wurde die CUTTY SARK schließlich in ihren Originalzustand zurückversetzt. 1938 wurde sie zunächst Ausbildungsschiff und 1957 Mu-

Die CUTTY SARK war einer der schnellsten Teeklipper der Welt. (Foto: Allan C. Green)

■ TECHNISCHE DATEN

Länge	85,35 m
Breite	10,97 m
Tiefgang	6,4 m
Motorenleistung	kein Motor
Geschwindigkeit	17,15 kn
Bauwerft	Scott & Linton, Dumbarton
Baujahr	1869–1870

seumsschiff im britischen Greenwich. 2007 zerstörte ein Feuer den Klipper nahezu vollständig. Nach fünf Jahren der Restaurierung kann die CUTTY SARK wieder besichtigt werden.

08 Passagierschiff IMPERATOR

Den Bug des IMPERATOR schmückte anfangs ein großer Adler, der mit seinen Krallen eine Weltkugel umklammerte. Wenig später ging er auf See verloren und wurde durch ein Wappenschild mit Kaiserkrone ersetzt. (Foto: Sammlung Kaack)

▶ **Wussten Sie schon?**
Auf Wunsch von Kaiser Wilhelm II. benutzte die HAPAG für den IMPERATOR nicht die bei Schiffen übliche weibliche Form.

Ein Jahr lang war der 1913 von der Hamburger Reederei HAPAG bei Blohm & Voss gebaute IMPERATOR das größte Schiff der Welt. Er übertraf die TITANIC und ihr Schwesterschiff OLYMPIA um rund 6.000 Bruttoregistertonnen. Außerdem war der IMPERATOR das erste Schiff der Welt, das die 50.000 BRT-Marke überschritt. Ein Jahr lang stand er im Transatlantikdienst, dann begann der Erste Weltkrieg. Nun lag das Schiff in Hamburg auf und wurde 1919 von der US Navy als Truppentransporter übernommen. Im Februar 1921 wurde die Cunard Line in Liverpool neue Eigentümerin des Schiffes. Sie benannte es nach einer umfangreichen Modernisierung in BERENGARIA um. 16 Jahre lang verkehrte sie zwischen Southampton und New York. Am 7. November 1938 wurde der ehemalige IMPERATOR zum Abbruch verkauft, der erst 1946 vollendet war.

■ **TECHNISCHE DATEN**

Länge	272,7 m
Breite	29,4 m
Tiefgang	11 m
Motorenleistung	62.000 PS
Geschwindigkeit	23 kn
Bauwerft	AG Vulcan, Hamburg
Baujahr	1910–1913

Das Schlachtschiff BISMARCK ging bereits auf seiner ersten Feindfahrt verloren. (Foto: Blohm & Voss)

Schlachtschiff BISMARCK

Die BISMARCK war ein Schlachtschiff der deutschen Kriegsmarine im Zweiten Weltkrieg und war umgeben vom Nimbus der Unverwundbarkeit. Ihre Panzerung betrug bis zu 35 Zentimeter, die Hauptbewaffnung bestand aus acht 38-Zentimeter-Geschützrohren. Außerdem verfügte das Schlachtschiff über vier Bordflugzeuge vom Typ Arado Ar 196 zur Feindaufklärung und luftgestützten Seeüberwachung. Von August 1940 bis Mai 1941 erfolgte die Erprobung der BISMARCK in der Ostsee. Danach wurde sie Flaggschiff des Flottenchefs Admiral Günther Lütjens, der im Verband mit der PRINZ EUGEN zum Handelskrieg auslief und in der Dänemarkstraße erfolgreich gegen die Schlachtschiffe HOOD und PRINCE OF WALES kämpfte, jedoch wenige Tage später auf dem Rückmarsch nach Brest von starken britischen Einheiten kampfunfähig geschossen wurde und sank. 2.104 Soldaten der Besatzung kamen dabei ums Leben, lediglich 116 Männer konnten gerettet werden. 1989 wurde das Wrack der BISMARCK im Atlantik von dem amerikanischen Tiefseeforscher Robert Ballard in 4.800 Metern Tiefe entdeckt.

▶ **Wussten Sie schon?**
Ursächlich für die Vernichtung der BISMARCK war die durch einen Torpedotreffer von einem britischen Doppeldecker verursachte Beschädigung der Ruderanlage.

■ **TECHNISCHE DATEN**

Länge	250,5 m
Breite	36 m
Tiefgang	9,9 m
Motorenleistung	150.170 PS
Geschwindigkeit	30,6 kn
Bauwerft	Blohm & Voss, Hamburg
Baujahr	1936–1940

10 Passagierschiff BREMEN IV

Die BREMEN IV des Norddeutschen Lloyd errang 1929 das Blaue Band. (Foto: Bundesarchiv)

Die BREMEN IV war ein luxuriöser und vor allem schneller Transatlantik-Liner der Bremer Reederei Norddeutscher Lloyd. Bereits bei ihrer Jungfernfahrt sicherte sie sich am 22. Juli 1929 mit einer Geschwindigkeit von 27,83 Knoten das Blaue Band als schnellstes Schiff zwischen Europa und New York. 1933 gelang es ihr, den eigenen Rekord mit 28,51 Knoten zu überbieten. Zu Beginn des Zweiten Weltkriegs lag das Schiff in New York. Auf verschlungenen Wegen gelangte es nach Bremerhaven. 1941 brannte die BREMEN IV aus.

■ **TECHNISCHE DATEN**

Länge	286,1 m
Breite	31,1 m
Tiefgang	k. A.
Motorenleistung	135.000 PS
Geschwindigkeit	29 kn
Bauwerft	DeSchiMag, Bremen
Baujahr	1927–1929

11 Passagierschiff NORMANDIE

Die NORMANDIE beeindruckte durch ihre Eleganz. (Foto: Jean Ribéry)

Die französische Compagnie Générale Transatlantique stellte 1935 die NORMANDIE in Dienst. In nahezu allen Belangen setzte sie neue Maßstäbe. In puncto Geschwindigkeit ließ sie die bisherigen Bestmarken weit hinter sich. Ausgesprochen windschnittige Formen, elegante Rundungen und harmonische Übergänge bei den Aufbauten verliehen der NORMANDIE eine unvergleichliche Ästhetik. Auch die Inneneinrichtung war elegant und luxuriös. Im Februar des Jahres 1942 brach bei Schweißarbeiten ein Feuer aus. Die NORMANDIE brannte aus und kenterte im Hafen. 1946 wurde das Wrack verschrottet.

■ **TECHNISCHE DATEN**

Länge	315,5 m
Breite	36,4 m
Tiefgang	11,2 m
Motorenleistung	165.000 PS
Geschwindigkeit	32,50 kn
Bauwerft	Chantiers de Penhoët, St. Nazaire
Baujahr	1931–1935

Seenotkreuzer HERMANN MARWEDE 12

Er ist der größte und stärkste Seenotkreuzer der Deutschen Gesellschaft zur Rettung Schiffbrüchiger: die HERMANN MARWEDE. Stationiert auf Helgoland, fällt ihr eine Schlüsselrolle im maritimen Such- und Rettungsdienst zu. Ausgerüstet mit einer starken Feuerlöschanlage, einem Bordhospital und einem

Der weltweit größte Seenotkreuzer ist die HERMANN MARWEDE, stationiert auf der Insel Helgoland. (Foto: Ulf Kaack)

geräumigen SAR-Deck zur Aufnahme von Schiffbrüchigen ist dieser weltweit größte Seenotkreuzer für nahezu alle Gefahrensituationen vorbereitet. Die Besatzung der HERMANN MARWEDE besteht aus sieben professionellen Seenotrettern, die binnen zwei Minuten nach Alarmierung in den Einsatz fahren.

■ TECHNISCHE DATEN

Länge	46 m
Breite	10,66 m
Tiefgang	2,8 m
Motorenleistung	9.250 PS
Geschwindigkeit	25 kn
Bauwerft	Fassmer-Werft, Berne
Baujahr	2002–2003

U-Boot NAUTILUS 13

Das erste atomgetriebene U-Boot der Welt wurde am 30. September 1954 von der US Navy in Dienst gestellt: die NAUTILUS. Bei ihrer ersten Einsatzfahrt legte sie 1.381 Meilen in 90 Stunden zurück, was zum damaligen Zeitpunkt die längste getauchte Fahrt eines U-Boots war und außerdem einen Geschwindig-

Das erste nuklearbetriebene U-Boot NAUTILUS unterquerte in einer Aufsehen erregenden Fahrt den Nordpol. (Foto: NARA)

keitsrekord markierte. International Schlagzeilen machte die NAUTILUS 1958, als sie mit einer Tauchfahrt von 96 Stunden und 1.830 Meilen unter dem Eis den Nordpol unterquerte. 1972 absolvierte sie ihre letzte Seereise. Die NAUTILUS ist heute Museumsschiff in Groton im US-Bundesstaat Connecticut.

■ TECHNISCHE DATEN

Länge	97,5 m
Breite	8 m
Tiefgang	7,9 m
Motorenleistung	13.400 PS
Geschwindigkeit	23 kn
Bauwerft	Electric Boat, Groton
Baujahr	1952–1954

Forschungsschiff CALYPSO

Das Forschungsschiff CALYPSO wurde in den 1970er-Jahren aufgrund der Filme des französischen Meeresbiologen Jacques-Yves Cousteau berühmt. Ursprünglich war es ein Minensuchboot der US Navy. Nach dem Zweiten Weltkrieg fuhr es zunächst als Fähre im Mittelmeer, bevor es 1950 der irische Bierbrauer Guinness kaufte. Er stellte es Cousteau zur Verfügung, der es zum Forschungs- und Taucherbasisschiff umbauen ließ. Ab 1951 ermöglichte ihm die CALYPSO seine Meeres-Expeditionen. In mehr als 100 Filmen spielte das elegante Schiff stets eine Hauptrolle. 1996 sank die CALYPSO im Hafen von Singapur nach einer Kollision mit einer Barkasse. Sie wurde gehoben, provisorisch instand gesetzt und zunächst nach Marseille, später nach La Rochelle geschleppt. Pläne zur Restaurierung als Museumsschiff scheiterten bis heute.

■ TECHNISCHE DATEN

Länge	42 m
Breite	7,6 m
Tiefgang	3 m
Motorenleistung	1.160 PS
Geschwindigkeit	10 kn
Bauwerft	Ballard Marine Railway Company, Seattle
Baujahr	1942–1943

Die populären TV-Produktionen des Meeresbiologen Cousteau machten die CALYPSO weltbekannt.
(Foto: Cousteau Society)

Passagierschiff QUEEN MARY II

Die QUEEN MARY 2 – kurz QM2 genannt – der legendären Cunard Line gehört zu den berühmtesten Schiffen der Gegenwart und ist als Transatlantikliner in der Tradition der großen Dampfer dieses Genres konzipiert. Sie ist das viertlängste Passagierschiff der Welt. In 1.310 Kabinen haben bis zu 3.090 Passagiere Platz. Die Besatzung zählt 1.253 Seeleute.

■ TECHNISCHE DATEN

Länge	345,03 m
Breite	41,15 m
Tiefgang	9,75 m
Motorenleistung	116.927 PS
Geschwindigkeit	30 kn
Bauwerft	Chantiers de l'Atlantique, Saint-Nazaire
Baujahr	2002–2003

Die Bauzeit der QUEEN MARY II betrug weniger als zwei Jahre, ihr Preis dabei mehr als 800 Millionen US-Dollar. Neben der klassischen Transatlantikroute werden auch Kreuzfahrten in die Karibik und in europäische Gewässer angeboten. Die QUEEN MARY 2 ist mit einer unter Kreuzfahrtschiffen einzigartigen Maschinenanlage ausgestattet. Der integrierte elektrische Antrieb besteht aus sechs elektrischen Generatoren, die von vier Dieselmotoren und zwei Gasturbinen angetrieben werden.

> **▶ Wussten Sie schon?**
>
> Die QUEEN MARY II wird von vier Propellergondeln des Typs „Mermaid" angetrieben und ist das erste Vier-Schrauben-Passagierschiff, das mit dieser Technik ausgestattet wurde. Die beiden hinteren Einheiten sind zum Manövrieren und Steuern um 360 Grad drehbar, während die anderen zwei starr montiert sind.

Die QUEEN MARY II 2012 auf der Elbe mit Kurs Hamburg. (Foto: Morn)

U-Boot U 31

Mit der Indienststellung von U 31 am 19. Oktober 2005 vollzog die Deutsche Marine einen Technologiesprung im konventionellen U-Bootbau. Es verfügt über ein weitgehend außenluftunabhängiges Antriebssystem. Durch seine Brennstoffzellentechnologie, bei der Strom für den Antrieb aus Wasserstoff und Sauerstoff erzeugt wird, sowie seiner Stealth-Außenhaut ist das U-Boot fast nicht zu orten und kann bis zu drei Wochen ohne Unterbrechung getaucht bleiben. Im Gegensatz zum konventionellen Dieselgenerator ist der Geräuschpegel erheblich geringer. Ebenso die Wärmeabstrahlung.

■ TECHNISCHE DATEN

Länge	56 m
Breite	7 m
Tiefgang	6 m
Motorenleistung	2.318 PS
Geschwindigkeit	20 kn
Bauwerft	HDW, Kiel
Baujahr	2005

Mit U 31 der Klasse 212 A setzte die Deutsche Marine neue Maßstäbe beim Bau konventioneller U-Boote. (Foto: PIZ Marine)

Stückgutschiff CAP SAN DIEGO

Die CAP SAN DIEGO war ein Höhepunkt des Frachtschiffbaus in Deutschland. (Foto: HuHu Uet)

Der ehemalige Stückgutfrachter CAP SAN DIEGO ist ein Touristenmagnet im Hamburger Hafen. Ab 1962 von der Reederei Hamburg Süd im Liniendienst nach Südamerika eingesetzt, wurde er von der schnell aufkommenden Containerschifffahrt verdrängt. Wegen ihrer eleganten Linienführung hießen die CAP SAN DIEGO und ihre fünf Schwesterschiffe die „Weißen Schwäne des Südatlantiks". Neben ihrer Fracht konnten die Schiffe der „CAP-SAN-Klasse" zwölf Passagiere mitnehmen. 1986 erwarb die Stadt Hamburg den mittlerweile verkauften und auf den Namen SANGRIA getauften Frachter in heruntergekommenem Zustand. Er wurde mit großem Aufwand überholt und liegt seit 1990 unter seinem alten Namen als Museumsschiff an den St. Pauli-Landungsbrücken. Die CAP SAN DIEGO ist das größte seetüchtige und betriebsfähige Museumsfrachtschiff der Welt. Mehrmals im Jahr wird sie in Fahrt gebracht. An Bord befinden sich mehrere Veranstaltungsräume, ein kleiner Hotelbetrieb sowie ein Bereich für Ausstellungen. Knapp 50 ehrenamtliche Enthusiasten, zumeist ehemalige Seeleute, halten die CAP SAN DIEGO in Schuss und kümmern sich um die Gäste.

■ TECHNISCHE DATEN

Länge	159,4 m
Breite	21,4 m
Tiefgang	8,44 m
Motorenleistung	11.651 PS
Geschwindigkeit	19 kn
Bauwerft	Deutsche Werft, Hamburg
Baujahr	1960–1962

18 Öltanker EXXON VALDEZ

Die EXXON VALDEZ verursachte in Alaska eine der weltweit größten Öko-Katastrophen. (Foto: National Oceanic and Atmospheric Administration)

Der Einhüllen-Öltanker EXXON VALDEZ der amerikanischen Exxon-Reederei steht für eine der schlimmsten Umweltkatastrophen des 20. Jahrhunderts. Am 24. März 1989 lief er vor Alaska auf Grund. 37.000 Tonnen Rohöl traten aus dem aufgerissenen Rumpf und schädigten das Ökosystem nachhaltig. Mehr als 2.000 Kilometer Küste wurden verseucht, hunderttausende Seevögel und Fische verendeten qualvoll. Nach dem Unglück wurde die EXXON VALDEZ repariert und war unter verschiedenen Namen weiterhin weltweit im Einsatz. 2012 wurde das Schiff verschrottet.

■ TECHNISCHE DATEN

Länge	300,84 m
Breite	50,6 m
Tiefgang	20 m
Motorenleistung	32.102 PS
Geschwindigkeit	16,25 kn
Bauwerft	National Steel & Shipbuilding Corp., San Diego
Baujahr	1985–1986

19 Nuklearschiff SAVANNAH

Beim Atomschiff SAVANNAH konnte auf einen Schornstein verzichtet werden. (Foto: US Government – NARA)

Die SAVANNAH war das erste Handelsschiff und nach dem Eisbrecher LENIN das zweite zivile Schiff, das einen Nuklearantrieb besaß. Den Bauauftrag erteilte die US-Regierung. Nach Fertigstellung fuhr das Schiff ab 1962 unter der Flagge der American Export and Isbrandtsen Lines. Konzipiert war die SAVANNAH als kombiniertes Fracht- und Passagierschiff, diente aber in erster Linie der Erprobung des Atomantriebs. Der erwies sich zu keiner Zeit als wirtschaftlich. Nach 480.000 Seemeilen wurde die SAVANNAH 1970 außer Dienst gestellt. Heute ist sie als Museumsschiff im Hafen von Baltimore.

■ TECHNISCHE DATEN

Länge	180 m
Breite	k.A.
Tiefgang	k.A.
Motorenleistung	20.530 PS
Geschwindigkeit	24 kn
Bauwerft	New York Shipbuilding, Camden
Baujahr	1959–1962

Vollschiff BOUNTY

Berühmt wurde der Dreimaster durch die legendäre Meuterei im Pazifischen Ozean gegen den Kapitän William Bligh. Bis heute ist er immer wieder Gegenstand von Literatur, Filmen, Theaterstücken und Sachbüchern. Die BOUNTY war 1787 mit 46 Mann von England in die Südsee aufgebrochen, um von dort Brotfrüchte nach Westindien zu bringen. Zehn Monate dauerte die Reise, fünf Monate blieben die Seeleute im paradiesischen Tahiti. Auf der Rückfahrt kam es zum Streit zwischen dem reizbaren Kapitän und Teilen der Mannschaft. Bligh und 18 Getreue wurden in einem Beiboot ausgesetzt, während die Meuterer die Pazifikinsel Pitcairn ansteuerten. Dabei wurde die BOUNTY auf Grund gesetzt und am 23. Januar 1790 durch ein Feuer zerstört.

■ TECHNISCHE DATEN

Länge	39 m
Breite	7,3 m
Tiefgang	3,5 m
Motorenleistung	kein Motor
Geschwindigkeit	k.A.
Bauwerft	Kingston upon Hall
Baujahr	1784

▶ Wussten Sie schon?

Für die Verfilmung der Meuterei entstand 1961 ein detailgetreuer Nachbau der BOUNTY. Nach den Dreharbeiten mit Marlon Brando kam das Schiff in weiteren Filmen zum Einsatz. Am 29. Oktober 2012 sank diese BOUNTY während des Hurrikans Sandy im Atlantik. Dabei starben zwei Besatzungsmitglieder.

Der Filmnachbau der BOUNTY, hier im Hafen von St. Augustine in Florida, sank 2012 im Hurrikan Sandy. (Foto: Ebyabe)

ZIVILSCHIFFE

Phönizier

Auf den Überresten des Palastes von Ninive um 700 v. Chr. ist ein etwa 30 Meter langes Kriegsschiff mit einem Rammsporn auf dem Tigris abgebildet. Der Bug war senkrecht, das Heck wirkt bauchig. An ihm sind seit zwei Steuerruder angebracht. Erkennbar sind zwei Ruderreihen, die durch Planken geschützt waren. Das Schiff hatte einen Mast mit einem rechteckigen Segel. An Deck war Platz für Soldaten.

Phönizisches Handelsschiff auf einer antiken Darstellung. (Foto: Sammlung Kaack)

Dschunke

Dschunken sind seit Jahrtausenden in Ostasien gebräuchliche ein- oder mehrmastige Handelssegler ohne Kiel und mit einem flachen Boden, der an den Enden hochgezogen ist. Die Seitenwände in Klinkerbeplankung stehen fast senkrecht. Sie besitzen ein Heckruder und gelten als besonders wendig und seetüchtig. Einige verwenden zusätzlich Seitenruder. Dschunken sind bis zu 60 Meter lang, knapp zehn Meter breit und können bis zu 400 Tonnen tragen. In China segeln sie noch heute auf Flüssen und auf See.

Dschunken auf See 1936. (Foto: Tropenmuseum)

SEGLER DER ANTIKE 39

23 Zheng Hes Schatzschiffe

So könnte Zheng Hes Flotte ausgesehen haben. (Foto: Sammlung Focke)

Die Flotten des chinesischen Admirals Zheng He im 15. Jahrhundert bestanden unter anderem aus mächtigen, hochseetüchtigen Dschunken, den Schatzschiffen, die mit bis zu 85 Metern viel größer gewesen sein sollen als eine normale Dschunke. Sie wurden vermutlich in Nanjing in Trockendocks gebaut. Wahrscheinlich nutzte Zheng He einen Kompass und ermittelte den Breitengrad anhand des Polarsterns und des Kreuz des Südens. Sieben Reisen von 1405 bis 1433 führten nach Indonesien, Indien, Afrika, ins Rote Meer und in den Persischen Golf.

24 Griechische Triere

In der Zeit der griechischen Antike beheimatet ist die Triere, ein etwa 35 Meter langes, schnelles Kriegsschiff mit übereinander angeordneten Reihen von etwa 170 Ruderern. Sie bedienten ihre über vier Meter langen Ruder teilweise über Ausleger durch seitliche Öffnungen im Rumpf, die nur etwa einen Meter über dem Wasser lagen. Zur Besatzung gehörten auch Seeleute, Bogenschützen und zahlreiche weitere Soldaten. Der Bug der Triere besaß einen Rammsporn, mit dem vor allem die Ruder feindlicher Schiffe zerstört werden sollten. Die Triere wurde mit zwei Rudern am Heck gesteuert.

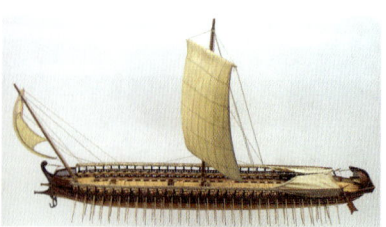

Bei den griechischen Trieren in der Antike handelte es sich um äußerst gefährliche Kriegsschiffe. (Foto: Deutsches Museum)

Römische Trireme

Die Triremen waren schnelle Kriegsschiffe der antiken römischen Flotte. Sie ähnelten in Größe und Konstruktion stark ihren griechischen Vorbildern. An Deck konnten über 200 Legionäre mitreisen. In Seeschlachten konnte am Bug eine Fallbrücke abgesenkt und im feindlichen Schiff mit Haken befestigt werden, so dass die Soldaten an Bord stürmen konnten. Häufig besaßen die Triremen in der Mitte einen Mast mit einem rechteckigen Segel.

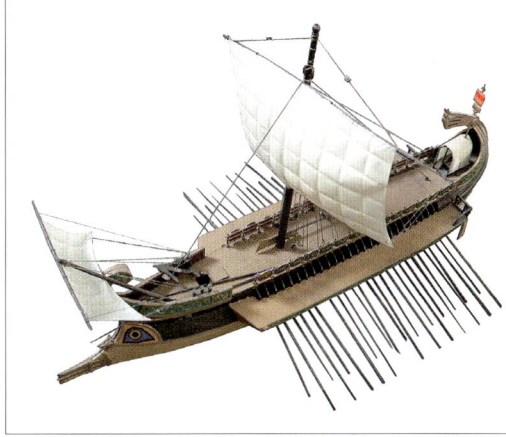

In der Blüte des römischen Imperiums beherrschte dieser Schiffstyp den gesamten Mittelmeerraum. (Foto: Sammlung Focke)

Wikingerschiff

Als Wikingerschiff werden die hochseetauglichen, mit Rudern und Segel ausgerüsteten offenen Typen bezeichnet, die um 1000 in Nordeuropa benutzt wurden. Sie hatten schlanke, bis zu 25 Meter lange Rümpfe aus Eichenholz, deren Klinkerhaut auf Spanten befestigt war. Bug und

Vermutlich hatten Wikingerschiffe farbige Segel. (Foto: Sammlung Focke)

Heck waren in runder Form hochgezogen. Gesteuert wurde mit einem Holzruder, das drehbar an einem Zapfen meist rechts am Heck angebracht war. Statt eines Decksaufbaus hatten die Boote Schutzdächer aus Segeltuch.

27 Hansekogge

Eine Kogge auf einem Siegel von Stralsund. (Abbildung: Sammlung Focke)

Die hochbordige Kogge war der bekannteste Schiffstyp der Hanse, einem Kaufmanns- und Städtebündnis im Mittelalter. Er wurde überwiegend für den Handel mit Massengütern in Nord- und Ostsee eingesetzt, aber auch zur Piratenbekämpfung, für Truppentransporte und Reisen von Adligen. Koggen hatten einen Mast und ein Rahsegel, mit dem sie nicht gegen den Wind kreuzen konnten. Manche Koggen besaßen achtern ein Kastell. Nach dem Wrackfund in Bremen 1962 wurden Koggen nachgebaut und erprobt.

28 Karavelle

Karavellen spielten eine entscheidende Rolle bei Entdeckungs- und Handelsfahrten. (Foto: Sammlung Focke)

Die Karavelle war ein schnelles Segelschiff mit zwei bis vier Masten mit Lateinersegel und Achterkastell, das bei einer Länge von 20 Metern einen geringen Tiefgang und aufeinanderstoßende Planken hatte. Portugiesen und Spanier verwendeten vom 14. bis zum 16. Jahrhundert Karavellen. Angeblich konnten sie besser hoch am Wind segeln als bei achterlichem Wind. 1487/88 soll Bartolomeu Dias das Kap der guten Hoffnung mit Karavellen umrundet haben. Vermutlich waren auch die Niña und Pinta von Christoph Kolumbus Karavellen.

Dhau

Eine Dhau ist ein vermutlich aus Indien stammender Segelschiffstyp, der im Indischen Ozean in unterschiedlicher Form noch heute verbreitet ist. Ihn kennzeichnen ein schräger Bug, der unter Wasser in einen Kiel übergeht, und ein großes Segel in Trapez- oder Dreiecksform an einem eher kurzen Mast. Eingesetzt wird er meist zum Fischfang und zum Transport entlang der Küsten. Dhaus sind aber auch hochseetauglich und werden heute noch gebaut.

Die Merkmale einer Dhau sind das große trapezförmige Segel sowie der weit ausfallende Steven. (Foto: Sammlung Focke)

Galeere

Eine Galeere war ein mit Ruderkraft betriebenes schnelles Kriegsschiff mit einem schmalen, flachen Rumpf, Hilfssegeln und einem Rammsporn, das im Mittelalter und der Frühen Neuzeit meist im Mittelmeer eingesetzt wurde. Galeeren hatten Längen von über 50 Metern und waren meist mit Kanonen am Bug und am Heck bewaffnet. Häufig wurden sie mit Gefangenen und Sträflingen bemannt. Die Flotte Ludwigs XIV. besaß am Ende des 17. Jahrhunderts noch Galeeren.

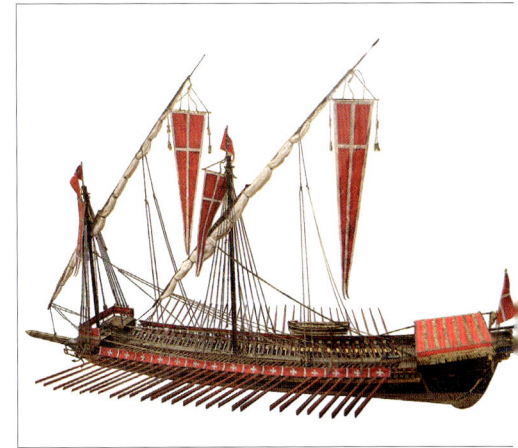

Dank der Muskelkraft konnten die schlanken Galeeren auf Flüssen gegen den Strom gefahren werden. (Abbildung: Myriam Thyes)

SANTA MARIA

Die SANTA MARIA war das Flaggschiff des Christoph Kolumbus, als er 1492 den Seeweg nach Indien suchte, aber in der Karibik landete. Es hatte drei Masten, der genaue Typ (Nau, Karacke oder Karavelle) ist unbekannt. Gebaut wurde es vermutlich um 1480. Es war ca. 24 Meter lang, der längste Mast misst fast 27 Meter. Die Segeleigenschaften beurteilte Kolumbus als schwerfällig. Für Entdeckungsfahrten sei es nicht geeignet. Es strandete Weihnachten 1492.

Rekonstruktion der SANTA MARIA von 1904. (Foto: Sammlung Focke)

SÃO GABRIEL

Die SÃO GARBIEL war 1497 das Flaggschiff Vasco da Gamas bei seiner Suche nach dem östlichen Seeweg nach Indien. Im Mai 1498 erreichte er Calicut. Die 1496/97 gebaute Nau hatte drei Masten, war etwa 21 Meter lang und hatte eine Besatzung von 60 Mann. Die SÃO GABRIEL war mit 20 Kanonen bewaffnet und konnte rund 100 Tonnen laden. Die von den Portugiesen und Spaniern viel benutzte, einfach gebaute Nau ähnelte der etwas breiteren und längeren Kogge und der bei Entdeckungsfahrten beliebten Karavelle, war allerdings etwas größer.

Die SÃO GABRIEL war Vasco da Gamas Flaggschiff bei seinem Versuch, die Welt zu umsegeln. (Abbildung: Sammlung Focke)

MAYFLOWER

Mit dem rund 28 Meter langen dreimastigen Segelschiff MAYFLOWER wanderten 102 in England wegen ihres Glaubens verfolgte Pilgerväter 1620 nach Nordamerika aus. Sie waren nicht die ersten europäischen Siedler, aber wohl die bekanntesten. Ihre Überfahrt dauerte 66 Tage von September bis November 1620. Bevor die Auswanderer an Land gingen, unterschrieben sie einen Vertrag, dass künftig alle gleiche Rechte in einer selbst verwalteten Gemeinschaft haben sollten.

Die MAYFLOWER der Pilgerväter. (Foto: Sammlung Focke)

AMSTERDAM

Das Handelsschiff AMSTERDAM der Niederländischen Ostindien-Kompanie war fast 50 Meter lang, hatte 200 Mann Besatzung und fast 130 Soldaten an Bord. Es war mit 42 Kanonen bewaffnet. Seine Jungfernreise machte das Schiff im Januar 1749, doch das Ziel Batavia (heute Djakarta/Indonesien) erreichte es nicht. Im Sturm lief es vor England auf Grund. Das Wrack wurde 1969 gefunden. Ein Nachbau der AMSTERDAM (1985-1990) liegt im Außenbereich des Schifffahrtsmuseums in Amsterdam.

Der holländische Ostindienfahrer AMSTERDAM liegt als Nachbau in Amsterdam. (Foto: Harald Focke)

35 VICTORIA

Die VICTORIA kehrte 1522 nach fast drei Jahren als einziges Schiff eines Geschwaders Fernando Magellans nach Spanien zurück. Sie ist damit als erstes Schiff um die Welt gesegelt, war etwa 28 Meter lang und rund 7,5 Meter breit. Klassifiziert ist sie als Karacke mit drei Masten. Fock und Großmast waren mit jeweils zwei Rahsegeln belegt. Der Besanmast verfügte über ein Lateinersegel. 1527 sank die VICTORIA auf einer Expedition zu den Westindischen Inseln.

Nachbau der VIKTORIA. (Foto: Sammlung Focke)

36 GOLDEN HINDE

Sir Francis Drake, Freibeuter und erster englischer Weltumsegler, nutzte die Galeone PELICAN, die er am Tag der Einfahrt in die Magellanstraße in GOLDEN HINDE umbenannte, als Flaggschiff für seine Umrundung des Globus zwischen 1577 und 1580. Während der Entdeckungsreise überquerte der 37 Meter lange Dreimaster mit ca. 60 Mann Besatzung den Atlantischen, den Pazifischen und den Indischen Ozean. Heute befinden sich zwei Nachbauten des ruhmreichen Entdeckerschiffes, das 1662 abgewrackt wurde, in England.

Ein Nachbau der GOLDEN HINDE ist in der englischen Hafenstadt Brixham am Ärmelkanal zu besichtigen. (Foto: Dee8654)

Sie galt als eines der größten Schiffe und konstruktive Innovation ihrer Zeit: die ADLER VON LÜBECK. (Abbildung: Sammlung Kaack)

ADLER VON LÜBECK

Die ADLER VON LÜBECK wurde auch als DER GROßE ADLER oder LÜBSCHER ADLER bezeichnet. 1565 legte sie der Schiffbaumeister Sylvester Franke auf Kiel. Das Kriegsschiff, gebaut von der Hansestadt Lübeck, sollte im 16. Jahrhundert als Führungsschiff der Lübecker im Nordischen Krieg gegen die Schweden eingesetzt werden. Es galt als eines der größten Schiffe seiner Zeit, gelangte aber nicht zu einem Kampfeinsatz. Nach Ende des Krieges 1570 wurde das Kriegsschiff zum Frachtsegler umgebaut. Es wurde unter anderem für den Salzhandel mit der Iberischen Halbinsel eingesetzt, wo die für den Frachtbetrieb eigentlich ungeeignete ADLER VON LÜBECK 1581 leckschlug und anschließend abgewrackt werden musste.

■ TECHNISCHE DATEN

Länge	78,3 m
Breite	14,5 m
Tiefgang	5,3 m
Takelungsart	Viermast-Galeone
Geschwindigkeit	k.A.
Bauwerft	Wall, Lübeck
Baujahr	1565–1567

VASA

Heute wird die prachtvolle VASA in einem für sie errichteten Museum gezeigt. (Foto: Javier Kohen)

Ihr Schiffsleben dauerte nicht einmal eine Stunde: Trotz bekannter Stabilitätsprobleme lichtete die VASA unter Kapitän Söfring Hansson Jute am 10. August 1628 die Anker zu ihrer Jungfernfahrt. Vier Segel wurden gesetzt und Salut geschossen. Der erste stärkere Windstoß ließ das Schiff etwa 1.300 Meter nach dem Start kentern. Dabei starben schätzungsweise drei Dutzend Menschen. Gebaut wurde das Kriegsschiff für den Schutz schwedischer Interessen gegen Polen während des Dreißigjährigen Krieges. Der erste Einsatz der VASA sollte die Blockade der Weichselmündung bei Danzig sein. 1956 fanden Meeresarchäologen das erstaunlich gut erhaltene Wrack des Schiffes. Es wurde mit großem Aufwand geborgen und anschließend aufwändig konserviert und restauriert. Die VASA kann heute in einem eigenen Museum in Stockholm besichtigt werden.

▶ **Wussten Sie schon?**
Bei der Hebung der VASA wurden im Inneren des Wracks 13.000 Holzteile, 500 geschnitzte Figuren, 200 Ornamente sowie 4.000 Kupfermünzen aus der Regierungszeit Gustav II. Adolfs gefunden.

■ TECHNISCHE DATEN

Länge	61 m
Breite	11,7 m
Tiefgang	4,8 m
Takelungsart	Dreimast-Galeone
Geschwindigkeit	k.A.
Bauwerft	Skeppsgården, Stockholm
Baujahr	1626–1628

VICTORY

Die VICTORY ist das älteste Kriegsschiff der britischen Marine. Sie nahm an vielen Gefechten teil, bis sie am 21. Oktober 1805 in der Schlacht bei Trafalgar als Flaggschiff von Admiral Nelson diente und zum britischen Nationalsymbol wurde. Bis heute ist sie das Flaggschiff des Ersten Seelords. 1922 kam die

■ TECHNISCHE DATEN	
Länge	69,3 m
Breite	15,8 m
Tiefgang	8,76 m
Takelungsart	Dreimast-Vollschiff
Geschwindigkeit	9 kn
Bauwerft	Chatham Dockyard
Baujahr	1759–1765

Die VICTORY war Nelsons Flaggschiff bei der Schlacht von Trafalgar. (Gemälde: William Turner)

VICTORY in Portsmouth in ein Trockendock und ist seitdem für Besucher geöffnet. Trotz aller Umbauten des Schiffs und der zahlreichen Reparaturen sind heute noch viele der Originalhölzer erhalten.

CONSTITUTION

Die CONSTITUTION ist eine hölzerne Fregatte der U.S. Navy, die in Boston gebaut wurde. Ihre Dienstzeit als aktives Kriegsschiff reichte von 1798 bis 1855. Sie nahm am amerikanisch-französischen Quasi-Krieg, dem Krieg gegen die nordafrikanischen Barbareskenstaaten und am Krieg von 1812 teil. Die CON-

■ TECHNISCHE DATEN	
Länge	62 m
Breite	13,3 m
Tiefgang	7 m
Takelungsart	Dreimast-Vollschifffregatte
Geschwindigkeit	13 kn
Bauwerft	Edmund Hartt, Boston
Baujahr	1794–1797

Das älteste noch schwimmende Kriegsschiff der Welt ist die US-amerikanische Fregatte CONSTITUTION. (Foto: US Navy)

STITUTION befindet sich heute wieder an ihrem Bauort, in Boston. Sie dient heute als Staatsschiff für Empfänge, offizielle Anlässe und als Repräsentant der US-Marine.

THERMOPYLAE

Die THERMOPYLAE als Motiv einer Farblithografie des Künstlers M. Reilly. (Foto: Sammlung Kaack)

Sie war eines der schnellsten und berühmtesten Frachtschiffe ihrer Zeit: die THERMOPYLAE. 1868 von der Aberdeen Line gebaut, kam sie vorwiegend als Teeklipper auf der Route von China nach London zum Einsatz. 1872 schlug sie ihre Konkurrentin CUTTY SARK in einem damals stark beachteten Rennen. Beide Schiffe starteten am selben Tag in Shanghai. Die THERMOPYLAE machte eine Woche vor ihrer Konkurrentin in London fest. 1890 wurde der Klipper nach Kanada verkauft. Sechs Jahre später übernahm ihn die Marine Portugals als Schulschiff PEDRO NUNES.

■ TECHNISCHE DATEN

Länge	88,5 m
Breite	11,7 m
Tiefgang	6,8 m
Takelungsart	Dreimast-Vollschiff
Geschwindigkeit	k.A.
Bauwerft	Aberdeen
Baujahr	1868

SEEADLER

Sturmfahrt der SEEADLER beim Blockadedurchbruch nach einem Gemälde von Christopher Rave aus dem Jahr 1921. (Foto: Sammlung Kaack)

Das ursprünglich als PASS OF BALMAHA in den USA gebaute Vollschiff wurde 1916 von einem deutschen U-Boot als Prise aufgebracht und anschließend zum Hilfskreuzer SEEADLER umgerüstet. Unter dem Kommando von Felix Graf von Luckner ging das Schiff als norwegischer Holzfrachter IRMA getarnt auf Kaperfahrt, durchbrach die englische Seeblockade und versenkte in der Folge 14 feindliche Schiffe. Am 2. August 1917 zerschellte die SEEADLER aufgrund eines ungünstig gewählten Ankerplatzes auf einem Riff vor der südpazifischen Insel Mopelia. Bekannt wurde das Schiff durch Luckners populäre Publikationen und Vorträge.

■ TECHNISCHE DATEN

Länge	83,5 m
Breite	11,8 m
Tiefgang	5,5 m
Takelungsart	Dreimast-Vollschiff
Geschwindigkeit	9 kn
Bauwerft	Robert Duncan and Company, Port Glasgow
Baujahr	1878

RICKMER RICKMERS

Für die Reederei Rickmer Clasen Rickmers unternahm das Vollschiff nach seiner Indienststellung zwölf Fernreisen. 1904 wurde es zur Bark umgetakelt, 1916 von Portugal konfisziert. Nach einem Umbau diente das Schiff von 1924 bis 1962 der portugiesischen Marine unter dem Namen SAGRES als Segelschulschiff.

Als Museumsschiff ist sie zu einem Wahrzeichen Hamburgs geworden. (Foto: Ajepbah)

■ TECHNISCHE DATEN

Länge	97 m
Breite	12,19 m
Tiefgang	6 m
Takelungsart	Dreimast-Bark
Geschwindigkeit	k.A.
Bauwerft	Rickmer Clasen Rickmers, Bremerhaven
Baujahr	1896

1978 kam es auf Initiative hanseatischer Enthusiasten nach Hamburg, wurde mit großem Aufwand restauriert und dient seither unter seinem ersten Namen als Museumsschiff an den Landungsbrücken.

ENDURANCE

Ganze 281 Tage lang war die ENDURANCE im Packeis des Weddell-Meeres eingeschlossen, bevor sie am 21. November 1915, knapp drei Jahre nach ihrem Stapellauf unter dem Namen POLARIS, durch das Eis zerdrückt wurde. In einer dramatischen Rettungsaktion, die noch heute als seemännische Meisterleis-

Die ENDURANCE scheitere im antarktischen Packeis. (Foto: Frank Hurley)

■ TECHNISCHE DATEN

Länge	43,8 m
Breite	7,62 m
Tiefgang	k.A.
Motorenleistung	354 PS
Geschwindigkeit	10 kn
Bauwerft	Framnaes, Sandefjord
Baujahr	1912

tung anerkannt wird, konnten die 29 Besatzungsmitglieder unter dem Polarforscher Ernest Shackleton aus ihrer Lage befreit werden. Die Antarktis-Expedition erlangte dadurch trotz ihres Scheiterns große Berühmtheit.

PAMIR

Die Hamburger Reederei F. Laeisz stellte ihren Neubau PAMIR 1905 in Dienst und setzte den sogenannten Flying-P-Liner weltweit in der Frachtschifffahrt ein. 1932 gewann die Viermast-Bark die Weizenregatta, eine Wettfahrt frachttragender Großsegler von Australien nach Europa. 1949 umrundete die PAMIR als letzter Windjammer ohne Hilfsantrieb das legendäre Kap Hoorn. Bereits Ende 1931 war das Schiff an einen finnischen Reeder verkauft worden. Während des Zweiten Weltkriegs beschlagnahmten es die Neuseeländer. 1948 an Finnland zurückgegeben, kaufte eine deutsche Stiftung die PAMIR und brachte sie als frachtfahrendes Schulschiff in Fahrt. Die PAMIR sank am 21. September 1957 mit einer Ladung Gerste in den Frachträumen auf der Rückreise von Buenos Aires nach Hamburg rund 600 Seemeilen westsüdwestlich der Azoren in dem schweren Hurrikan Carrie. Dabei kamen 80 der 86 Besatzungsmitglieder ums Leben.

■ TECHNISCHE DATEN

Länge	114,5 m
Breite	14,14 m
Tiefgang	7,26 m
Takelungsart	Viermast-Bark
Geschwindigkeit	16 kn
Bauwerft	Blohm & Voss, Hamburg
Baujahr	1905

Die PAMIR unter vollen Segeln vor dem Zweiten Weltkrieg. (Foto: Archiv Allan C. Green)

Fast ein Vierteljahrhundert unter grünen Segeln: die ALEXANDER VON HUMBOLDT. (Foto: Ulf Kaack)

ALEXANDER VON HUMBOLDT

Nach der Außerdienststellung wurde das Feuerschiff RESERVE SONDERBURG (s.S. 152) von einer Stiftung zur Förderung des Jugendsegelns gekauft. Sie ließ das Schiff für über 2 Millionen DM zu einer Bark umbauen. Als Referenz an die Segelschiffe der Rickmers Reederei wurde der Rumpf grün lackiert. 1988 fand die Taufe statt. Wegen ständig wachsenden Sicherheitsanforderungen und den damit verbundenen steigenden Unterhalt- und Wartungskosten wurde das Schiff dem Eigner zu teuer und 2011 außer Dienst gestellt. Nachfolger im Betrieb der Stiftung ist die Alexander von Humboldt II.

■ TECHNISCHE DATEN

Länge	62,55 m
Breite	8,02 m
Tiefgang	4,88 m
Takelungsart	Dreimast-Bark
Geschwindigkeit	10 kn
Bauwerft	AG Weser, Bremen
Baujahr	1906

GROSSHERZOGIN ELISABETH

Auf der GROSSHERZOGIN ELISABETH können Trainees die traditionelle Seemannschaft erlernen.
(Foto: Sammlung Kaack)

Am 19. August 1909 lief bei bei der Werft Jan Smit im niederländischen Alblasserdam unter dem Namen SAN ANTONIO der weltweit erste Frachtsegelschoner mit einem Dieselmotor vom Stapel. Drei Jahrzehnte lang war der Dreimast-Gaffelschoner in der Frachtfahrt zwischen Nord- und Westafrika unterwegs. Unter dem Namen BUDDI war das zwischenzeitlich abgeriggte Schiff in den 1940er-Jahren unter schwedischer Flagge in der Küstenschifffahrt unterwegs. Ein deutscher Kapitän entdeckte die rüstige alte Dame 1973 in einem schwedischen Hafen und holte sie nach Deutschland. Es folgten umfangreiche Instandsetzungsarbeiten nach den Originalplänen. Regelmäßig unternimmt die GROSSHERZOGIN ELISABETH Tages- und Kurztörns sowie eine lange Sommerreise mit Trainees an Bord.

■ TECHNISCHE DATEN

Länge	63,7 m
Breite	8,23 m
Tiefgang	2,7 m
Takelungsart	Dreimast-Gaffelschoner
Geschwindigkeit	7,5 kn
Bauwerft	Jan Smit, Alblasserdam
Baujahr	1909

GERMANIA

Die Schoneryacht GERMANIA war das Hochzeitsgeschenk an Gustav Krupp von Bohlen und Halbach. In der Folge gewann die GERMANIA zahlreiche nationale und internationale Regatten. Mit einer Durchschnittsgeschwindigkeit von 13,1 Knoten schlug sie alle bisherigen Rekorde und düpierte die im Segelsport führenden Engländer. Sehr zum Gefallen von Kaiser Wilhelm II., der Deutschland zu einer führenden Nation im Yachtbau und –sport machen wollte. Zu Beginn des Ersten Weltkriegs lag die GERMANIA im Süden Englands zur Vorbereitung auf die Cowes Week-Regatta. Die Briten beschlagnahmten das Schiff und versteigerten es an einen US-Eigner. Nach mehreren Besitzerwechseln geriet die GERMANIA 1930 in einen Sturm und musste aufgegeben werden.

TECHNISCHE DATEN

Länge	47,21 m
Breite	8,17 m
Tiefgang	5,41 m
Takelungsart	Zweimast-Schoneryacht
Geschwindigkeit	13,1 kn
Bauwerft	Germaniawerft, Kiel
Baujahr	1908

Die schnellste Schoneryacht im Regattasport vor dem Ersten Weltkrieg war die GERMANIA aus dem Hause Krupp. (Foto: Sammlung Kaack)

Eleganz, Ambiente und Seefahrt pur erleben die Passagiere an Bord der EYE OF THE WIND. (Foto: Ulf Kaack)

EYE OF THE WIND

Kapitän Johann Friedrich Kolb aus Fockbek ließ 1911 einen stählernen Frachtschoner bauen und taufte ihn auf den Namen FRIEDRICH. Über mehrere Stationen gelangte das Schiff nach England, wo es seinen heutigen Namen erhielt und von 1978 bis 1980 als Flaggschiff der „Operation Drake" die Welt umsegelte, wobei auch Prinz Charles am Steuerrad stand. Im Kinofilm „White Squall" und anderen Hollywood-Produktionen diente der Zweimaster als Kulisse. Heute ist die EYE OF THE WIND – zwischenzeitlich zur Brigg umgeriggt – als Schul- und Traditionsschiff der Premium-Klasse in weltweiter Fahrt. Sechs Kabinen für maximal zwölf Passagiere gibt es an Bord. Eine gut ausgebildete Stammcrew sorgt für den einwandfreien Bordbetrieb und das Wohl der Gäste.

■ TECHNISCHE DATEN

Länge	40,23 m
Breite	7,01 m
Tiefgang	2,7 m
Takelungsart	Brigg
Geschwindigkeit	8 kn
Bauwerft	C. Lühring, Brake
Baujahr	1911

PASSAT

Wie ihre ältere Schwester PAMIR gehörte die schnittige PASSAT einst zur Flotte der berühmten Flying-P-Liner. Sie wurde von der Hamburger Reederei Laeisz für den Getreide- und Salpetertransport gebaut und kostete 680.000 Goldmark. Am Heiligabend des Jahres 1911 trat die PASSAT ihre erste Reise von Hamburg um Kap Hoorn nach Chile an. Insgesamt umsegelte sie 39 Mal das berüchtigte Kap. Bei günstigem Wind segelte die Viermast-Bark bis zu 18 Knoten schnell und trotzte so der aufkommenden Konkurrenz der Dampfschifffahrt. Ab 1932 fuhr die PASSAT unter finnischer Flagge, bevor sie 1951 nach Deutschland zurück kam und zu einem frachttragenden Schulschiff umgebaut wurde.

▶ **Wussten Sie schon?**

Heute liegt die PASSAT als Museum, Veranstaltungssaal sowie schwimmendes Hotel und Standesamt in Travemünde.

Nur wenige Wochen nach dem Untergang der PAMIR entging die PASSAT in einem schweren Orkan nur knapp einem ähnlichen Schicksal. Ihre Gersteladung verrutschte und sie bekam starke Schlagseite. Nach Umladen der Fracht in Lissabon segelte sie aus eigener Kraft nach Hamburg zurück, wurde ausgemustert und aufgelegt. Die Hansestadt Lübeck erwarb das Schiff. In der Folge wurde die PASSAT als Jugendherberge, internationale Begegnungsstätte sowie als Schulstätte für eine Seemannsschule genutzt.

■ TECHNISCHE DATEN

Länge	115 m
Breite	14,4 m
Tiefgang	7,24 m
Takelungsart	Viermast-Bark
Geschwindigkeit	17,40 kn
Bauwerft	Blohm & Voss, Hamburg
Baujahr	1911

Berühmter Flying-P-Liner aus der Laeisz-Flotte: die Viermast-Bark PASSAT. (Foto: Sammlung Kaack)

51 NIOBE

Die NIOBE sank 1932 bei einem tragischen Unglück in der Ostsee. (Foto: Sammlung Kaack)

Nach dem Krieg war die Marine in ihrer Größe sehr stark reduziert. Trotzdem wurde seemännischer Nachwuchs benötigt. So ging die NIOBE im Februar 1922 für umfangreiche Umbauarbeiten in die Marinewerft Wilhelmshaven und wurde 1923 als Segelschulschiff in Dienst gestellt. An Bord war Platz für 34 Mann Besatzung sowie 65 Offiziersanwärter. Der Umbau war ein massiver Eingriff in die Stabilität des Schiffes. Das rächte sich am 26. Juli 1932: Die NIOBE kenterte im Fehmarnbelt in einer Gewitterbö. 69 Menschen kamen ums Leben.

■ TECHNISCHE DATEN

Länge	46,1 m
Breite	9,17 m
Tiefgang	5,6 m
Takelungsart	Dreimast-Bark
Geschwindigkeit	7 kn
Bauwerft	Frederikshavn's Værft og Flydedok
Baujahr	1912–1913

52 STATSRAAD LEHMKUHL

Die STATSRAAD LEHMKUHL während des Tall Ship Races 2007 in der Ostsee. (Foto: Bruno Girin)

Die heutige STATSRAAD LEHMKUHL wurde 1914 als Segelschulschiff GROSSHERZOG FRIEDRICH AUGUST für den „Deutschen Schulschiff-Verein" gebaut. Die stählerne Bark gelangte 1919 als Reparationszahlung nach England. 1923 kaufte sie der Norwegische Reederverband und setzte sie bis 1966 als Segelschulschiff STATSRAAD LEHMKUHL ein. Während des Zweiten Weltkriegs war sie zeitweise von der Wehrmacht beschlagnahmt. Seit 1978 ist eine Stiftung Eigner der Bark. Heute ist sie als Traditionsschiff und im Charterbetrieb unter Segeln.

■ TECHNISCHE DATEN

Länge	98 m
Breite	12,6 m
Tiefgang	5,2 m
Takelungsart	Dreimast-Bark
Geschwindigkeit	17 kn
Bauwerft	Joh. C. Tecklenborg, Geestemünde
Baujahr	1913–1914

MARE FRISIUM

Ursprünglich wurde die MARE FRISIUM 1916 als Logger gebaut und kam überwiegend in der Fischerei auf der Doggerbank zum Einsatz. In den späten 1940er-Jahren erfolgte die Umrüstung zum Frachtsegler. Eine Zeitlang pendelte das Schiff unter dem Namen HELMUT zwischen Deutschland und Schweden. Zwischenzeitlich ist die MARE FRISIUM zum Traditions- und Passagierschiff umgebaut worden und bietet Platz für 90 Tages- und 29 Übernachtungsgäste. Zwei stilvoll eingerichtete Salons, das großzügige Deck und 15 Kabinen mit eigener Dusche und WC bieten ein stilvolles Ambiente.

Bei zahlreichen maritimen Events an der Küste ist die MARE FRISIUM präsent. (Foto: Ulf Kaack)

■ **TECHNISCHE DATEN**

Länge	49,5 m
Breite	6,7 m
Tiefgang	3,3 m
Takelungsart	Dreimast-Marstoppsegelschoner
Geschwindigkeit	9 kn
Bauwerft	Niederlande
Baujahr	1916

FRIDTJOF NANSEN

Das Schiff wurde 1919 als Frachtgaffelschoner mit Hilfsmotor für die Küstenschifffahrt in der Ostsee gebaut. Zunächst in Dänemark bereedert, gelangte es unter dem Namen GERTRUD II nach Deutschland und transportierte bis 1986 vor allem Erntegut sowie Kohle und Briketts. 1944 wurde es für Flüchtlingstransporte eingesetzt und rettete über 500 Menschen das Leben. Von 1991 bis 1992 erfolgte auf der Peene-Werft in Wolgast der Umbau zum Marssegelschoner FRIDTJOF NANSEN.

Aus einem ehemaligen Frachtsegler wurde 1991 das Traditionsschiff FRIDTJOF NANSEN. (Foto: nnu)

■ **TECHNISCHE DATEN**

Länge	52 m
Breite	6,8 m
Tiefgang	3,2 m
Takelungsart	Dreimast-Marssegelschoner
Geschwindigkeit	11 kn
Bauwerft	Kalundborg Skibsværft
Baujahr	1919

SEUTE DEERN

Fest vertäut in Bremerhaven als Museumsschiff: die Dreimast-Bark SEUTE DEERN. (Foto: Heribert Pohl)

Sie ist ein Wahrzeichen Bremerhavens: die SEUTE DEERN. Gebaut als Viermast-Gaffelschoner in den USA, gelangte das Schiff 1932 als Holzfrachter nach Finnland. 1938 erwarb sie die Hamburger Tankreederei und ließ sie bei Blohm & Voss zur Dreimast-Bark umbauen. Mit dem Namen SEUTE DEERN wurde sie frachtfahrendes Schulschiff. Ab 1954 lag sie als Jugendherberge im niederländischen Delfzijl, kehrte aber 1966 nach Deutschland zurück. Die SEUTE DEERN ist heute der größte hölzerne Frachtsegler der Welt, der im Original erhalten geblieben ist.

■ TECHNISCHE DATEN

Länge	75,7 m
Breite	11,3 m
Tiefgang	4 m
Takelungsart	Dreimast-Bark
Geschwindigkeit	10 kn
Bauwerft	Gulfport Shipbuilding Co.
Baujahr	1919

BLUENOSE

Das Großsegel der BLUENOSE hatte eine Fläche von 386 Quadratmetern.

Briefmarken und Geldstücke schmückt das berühmteste Schiff Kanadas. Legendär sind die Erfolge des Schoners, der im traditionellen „Fisherman's Cup", einer Regatta für Fischerboote, 17 Jahre in Folge unbesiegt blieb. Ihren Namen hat die BLUENOSE den Fischern der kanadischen Provinz Nova Scotia zu verdanken, die bei ihren Fangreisen zu den Grand Banks auf Grund der dort herrschenden Kälte „Blaunasen" genannt wurden. Später wurde sie einige Jahre als Frachter eingesetzt, bevor sie 1946 vor Haiti sank.

■ TECHNISCHE DATEN

Länge	49 m
Breite	8 m
Tiefgang	5 m
Takelungsart	Gaffelschoner
Geschwindigkeit	10 kn
Bauwerft	Smith & Rhuland Lunenburg / Kanada
Baujahr	1921

SEDOV

Die heutige SEDOV wurde 1921 als MAGDALENE VINNEN II für die Reederei F. A. Vinnen in Bremen gebaut. Sie segelte unter anderem bis 1931 in der chilenischen Salpeterfahrt, wobei sie mehrmals Kap Hoorn umrundete. Nach 1931 war sie in der australischen Weizenfahrt eingesetzt. 1936 erwarb der Norddeutsche Lloyd den Segler und nannte ihn KOMMODORE JOHNSEN. Anfang März 1937 entging er auf der Reise von Buenos Aires nach Hamburg in einem schweren Sturm nur knapp dem Untergang. Nach dem Zweiten Weltkrieg gelangte die Viermast-Bark in britischen Besitz und im Dezember 1945 als Reparationszahlung in die Sowjetunion, die sie nach Odessa verlegte und auf den Namen SEDOV taufte. Im Besitz des Fischereiministeriums trat sie 1951 ihre erste Reise an. Von 1952 bis 1957 diente die SEDOV als Schulschiff der sowjetischen Marine, von 1957 bis 1966 war sie als ozeanographisches Forschungsschiff im Atlantik unterwegs. Zwischen 1975 und 1981 lag sie in der Marinewerft Kronstadt, wo sie komplett überholt wurde. Eigner ist seit 1991 die staatliche Technische Universität Murmansk. Neben ihrer Hauptaufgabe als Ausbildungsschiff bietet die SEDOV Interessierten die Möglichkeit, als aktiver Teil der Besatzung mitzusegeln.

■ TECHNISCHE DATEN

Länge	117,5 m
Breite	14,6 m
Tiefgang	6,31 m
Takelungsart	Viermast-Bark
Geschwindigkeit	18 kn
Bauwerft	Germaniawerft, Kiel
Baujahr	1921

Die Viermast-Bark SEDOV beim Einlaufen in den französischen Mittelmeerhafen Sète. (Foto: Christian Ferrer)

KRUZENSHTERN

Die KRUZENSHTERN ist als einziger der berühmten Flying-P-Liner (Flotte der Reederei F. Laeisz) noch heute im Einsatz auf See. Getauft wurde sie 1926 auf den Namen PADUA. Sie wurde anschließend als frachttragendes Segelschulschiff eingesetzt. Unter anderem brachte sie Baumaterialien nach Südamerika, kehrte von dort mit Salpeter zurück und transportierte später auch Weizen aus Australien. Den Weg von Hamburg nach Port Lincoln in Süd-Australien legte sie 1933/34 in der Rekordzeit von 67 Tagen zurück. Nach dem Zweiten Weltkrieg musste die PADUA als Reparationsleistung an die Sowjetunion abgegeben werden. Hier erhielt sie den Namen KRUZENSHTERN.

Heute nutzt das russische Ministerium für Fischwirtschaft das Schiff zur Ausbildung des Nachwuchses der Fischereiflotte. Dabei nimmt es an zahlreichen internationalen Regatten teil, so auch an der alle fünf Jahre stattfindenden Sail in Bremerhaven. Zunehmend werden auch zahlende Passagiere mitgenommen, die so zum Unterhalt des Schiffes beitragen.

▶ **Wussten Sie schon?**
In den 30er- und 140er-Jahren wurde die PADUA als Filmkulisse für „Die Meuterei auf der Elsinore", „Ein Herz geht vor Anker" und „Große Freiheit Nr. 7" genutzt.

■ **TECHNISCHE DATEN**

Länge	114,5 m
Breite	14,04 m
Tiefgang	6,26 m
Takelungsart	Viermast-Bark
Geschwindigkeit	17,4 kn
Bauwerft	Joh. C. Tecklenborg, Geestemünde
Baujahr	1925

Der letzte legendäre Flying-P-Liner in Fahrt ist die KRUZENSHTERN, die einstige PADUA. (Foto: Ulf Kaack)

Eines der letzten noch segelnden Vollschiffe ist die norwegische SØRLANDET.
(Foto: Stiftelsen Fullriggern Sørlandet)

SØRLANDET

59

Die SØRLANDET wurde 1927 auf Initiative der Reederfamilie Skjelbred als Segelschulschiff gebaut, die damit die Qualität der Ausbildung von Seeleuten in Norwegen steigern wollte. Mit ihrer Fahrt zur Weltausstellung nach Chicago war sie 1933 das erste norwegische Segelschulschiff, das den Atlantik überquerte. Während des Zweiten Weltkriegs nutze die deutsche Wehrmacht die SØRLANDET als schwimmendes Gefängnis. Bei einem Luftangriff wurde das Vollschiff versenkt. Die Deutschen hoben das Wrack, und in desolatem Zustand erhielten seine Eigner es nach Kriegsende zurück. Die SØRLANDET wurde repariert und ging 1948 wieder in Fahrt. Bis 1973 bereederte die „Sørlandet Seilende Skoleskibs Institution den Großsegler zur Ausbildung von Schiffsjungen. Anschließend lag das Schiff auf.

Erneut ergriff die Reederei Skjelbred die Initiative: Nach umfassenden Modernisierungs- und Restaurierungsarbeiten unternimmt die SØRLANDET seitdem vor allem Reisen mit zahlenden Mitseglern. Darüber hinaus nutzt die Königlich Norwegische Marine das Schiff zu Ausbildungszwecken. Regelmäßig nimmt es außerdem an den spektakulären Tall Ship Races mit großem Erfolg teil.

■ TECHNISCHE DATEN

Länge	64,15 m
Breite	8,87 m
Tiefgang	4,4 m
Takelungsart	Dreimast-Vollschiff
Geschwindigkeit	14 kn
Bauwerft	Høivolds Mek. Verksted, Kristiansand
Baujahr	1927

AMERIGO VESPUCCI

Häufig nimmt die AMERIGO VESPUCCI an internationalen Segelschiffparaden und -regatten teil. (Foto: Sammlung Kaack)

Seit ihrer Indienststellung im Juli 1931 ist die AMERIGO VESPUCCI – mit Ausnahme des Zweiten Weltkriegs – im Dienst als Segelschulschiff der italienischen Marine. Der Großteil der Ausbildung findet in europäischen Gewässern statt. Sie segelte auch nach Nord- und Südamerika und überquerte den Pazifik. 2002 absolvierte die AMERIGO VESPUCCI eine Weltumrundung. Ihre Besatzung besteht aus zwei Kapitänen, 24 Offizieren, 34 Unteroffizieren und 200 Mannschaften sowie 150 bis 190 Kadetten.

■ TECHNISCHE DATEN

Länge	101 m
Breite	15,56 m
Tiefgang	6,9 m
Takelungsart	Dreimast-Vollschiff
Geschwindigkeit	10 kn
Bauwerft	Castellammare di Stabia, Neapel
Baujahr	1930–1931

SEA CLOUD I

Luxus pur erleben die Kreuzfahrtpassagiere an Bord der SEA CLOUD I. (Foto: XFalkx)

Die SEA CLOUD I ist ein Luxuskreuzfahrer mit dem Rigg einer Viermast-Bark. Im Jahre 1931 wurde sie im Auftrag des US-amerikanischen Multimillionärs Edward Francis Hutton als weltweit größte und luxuriöseste Privatsegelyacht unter dem Namen HUSSAR II gebaut. Nach Kriegseinsätzen als US-Küstenwachschiff, mehrfachem Eignerwechsel, langen Liegezeiten und zwischenzeitlich drohender Verschrottung wurde das Schiff mit großem Aufwand restauriert. Seit 1994 gehört die SEA CLOUD I einer Gruppe Hamburger Kaufleute und wird für luxuriöse Kreuzfahrten betrieben.

■ TECHNISCHE DATEN

Länge	109,7 m
Breite	14,9 m
Tiefgang	5,13 m
Takelungsart	Viermast-Bark
Geschwindigkeit	15 kn
Bauwerft	Germaniawerft, Kiel
Baujahr	1931–1932

GORCH FOCK I

An ihrem Liegeplatz in Stralsund wird die GORCH FOCK I restauriert und soll irgendwann wieder in Fahrt gehen. (Foto: Ulf Kaack)

Unmittelbar nach dem Untergang der NIOBE wurde der Bauauftrag für ein neues Segelschulschiff erteilt, das am 3. Mai 1933 vom Stapel lief und auf den Namen GORCH FOCK getauft wurde. Nach Fertigstellung diente es bis zum Beginn des Zweiten Weltkriegs als Ausbildungsschiff für Seekadetten und Unteroffiziersanwärter. Trainingsfahrten fanden überwiegend in den deutschen Nord- und Ostseegewässern statt. Nur wenige Reisen führten die GORCH FOCK in ausländische Häfen. Mit Beginn der Kampfhandlungen fand sie Verwendung als stationäres Schul- und Büroschiff, wurde im April 1944 nach Rügen geschleppt und als Schulschiff wieder in den Dienst übernommen. Am 1. April 1945 wurde die GORCH FOCK im Strelasund selbstversenkt. Zwei Jahre später folgten die Hebung und anschließende Instandsetzung des Wracks. Unter ihrem neuen Namen TOVARISCHTSCH diente sie wieder der Ausbildung von Seekadetten – nun denen der Handelsmarine der Sowjetunion. Am 9. September 2003 erwarb der Verein Tall-Ship Friends e.V. den Veteranen und schleppte ihn nach Stralsund. Nach umfangreichen Reparaturarbeiten wurde die Bark auf ihren alten Namen GORCH FOCK getauft. Mittlerweile ist sie in Stralsund zu besichtigen.

■ TECHNISCHE DATEN

Länge	82,1 m
Breite	12 m
Tiefgang	4,8 m
Takelungsart	Dreimast-Bark
Geschwindigkeit	12 kn
Bauwerft	Blohm & Voss, Hamburg
Baujahr	1933

63 EAGLE

Die EAGLE der U.S.-Coast-Guard ist eine Bark aus der GORCH FOCK-Serie von Blohm & Voss. (Foto: USCG)

Das erste Schwesterschiff der GORCH FOCK I lief 1936 vom Stapel und erhielt den Namen HORST WESSEL. Sie unternahm mehrere Auslandsreisen, unter anderem nach Las Palmas und Edinburgh, war jedoch vorwiegend in heimatlichen Seegebieten präsent. Mit Beginn des Zweiten Weltkriegs lag sie stationär in Kiel und wurde später der Marine-Hitlerjugend in Stralsund zur Verfügung gestellt. 1946 kam die Bark als Reparationsleistung in die USA. Sie dient bis heute der U.S.-Coast-Guard unter dem Namen EAGLE als Schulschiff.

■ TECHNISCHE DATEN

Länge	89 m
Breite	12 m
Tiefgang	5 m
Takelungsart	Dreimast-Bark
Geschwindigkeit	17 kn
Bauwerft	Blohm & Voss, Hamburg
Baujahr	1936

64 CHRISTIAN RADICH

Elegante Linienführung: das norwegische Segelschulschiff CHRISTIAN RADICH. (Foto: Zeglarz)

Nach seiner Indienststellung unternahm das Vollschiff CHRISTIAN RADICH mehrere Ausbildungsfahrten für den Nachwuchs der norwegischen Handelsmarine. 1940 wurde es von der deutschen Wehrmacht beschlagnahmt und als Depotschiff verwendet. Bei Kriegsende lag sie heruntergekommen und gesunken in Flensburg. Es wurde an Norwegen zurückgegeben, auf der Bauwerft repariert und nahm 1947 den Dienst als Segelschulschiff wieder auf. Diese Aufgabe hat die CHRISTIAN RADICH noch heute, fährt aber zunehmend mit Gästen, die als Trainees in alle Bordarbeiten eingebunden sind.

■ TECHNISCHE DATEN

Länge	72,5 m
Breite	9,8 m
Tiefgang	4,9 m
Takelungsart	Dreimast-Vollschiff
Geschwindigkeit	17 kn
Bauwerft	Framnæs Mekaniske Verksted, Sandefjord
Baujahr	1937

GREIF

Ursprünglich war die Schonerbrigg WILHELM PIECK als Staatsyacht für den ersten DDR-Präsidenten, Wilhelm Pieck, anlässlich dessen 75. Geburtstags vorgesehen. Nachdem der Zweimaster unter größten Schwierigkeiten – es fehlte an Material und Fachpersonal – pünktlich fertiggestellt werden konnte, verschenkte ihn das Staatsoberhaupt noch während der Feierlichkeiten weiter als „Schiff der Jugend" an die Organisation FDJ. Ein Jahr später segelte es unter der Flagge der Gesellschaft für Sport und Technik. Die Reisen der WILHELM PIECK führten fast ausschließlich in die Ostsee. Bis zur Wiedervereinigung haben 6.771 junge Matrosen unter sechs verschiedenen Kapitänen ihr seemännisches Rüstzeug an Bord des Schiffs erlernt. Dabei hat die WILHELM PIECK 112.015 Seemeilen unter der DDR-Flagge hinter sich gebracht. 1991 wurde das Schiff umfassend überholt, modernisiert und auf den Namen GREIF getauft. Seitdem ist der Zweimaster mit seiner ehrenamtlichen Stammcrew sowie bis zu 30 Trainees vornehmlich in der Ostsee auf Reisen. Dabei wird den Mitseglern die traditionelle Seemannschaft beigebracht und die Kameradschaft auf den schwankenden Planken vermittelt.

■ TECHNISCHE DATEN

Länge	41,1 m
Breite	7,4 m
Tiefgang	3,6 m
Takelungsart	Zweimast-Schonerbrigg
Geschwindigkeit	14 kn
Bauwerft	Warnow-Werft, Rostock-Warnemünde
Baujahr	1951

Bereits sechs Jahre vor der der GORCH FOCK wurde im Arbeiter- und Bauernstaat die neu gebaute WILHELM PIECK in Dienst gestellt. (Foto: Sammlung Kaack)

66 ROALD AMUNDSEN

Die ROALD AMUNDSEN sollte ursprünglich ein Fischereifahrzeug werden. 1952 entstand der Stahlrumpf im Rahmen einer Serie von Hochseeloggern auf der Roßlauer Werft an der Elbe. Noch während der Bauphase erfolgte der Umbau zum Tankschiff. Unter dem Namen VILM versorgte das Schiff die Einheiten der DDR-Volksmarine mit Treibstoff, Trinkwasser und Ausrüstung. Später wurde es als Bilgenwassertransporter eingesetzt und diente nach der Wiedervereinigung als Wohnschiff für Marineangehörige. 1991 gelangte das Schiff in Privatbesitz. Die neuen Eigner nahmen im Rahmen eines ABM-Projektes umfassende Renovierungsarbeiten vor und bauten das Schiff zur Brigg um. Getauft auf den Namen ROALD AMUNDSEN ging das Schiff Mitte 1993 in Fahrt. In der Vergangenheit hat die Brigg Südamerika angesteuert und ist den Amazonas hinauf gefahren. Weitere Destinationen waren Island, die Karibik, das Mittelmeer, Nordamerika, die britische Insel sowie Frankreich, Portugal und Spanien. Heimathafen der ROALD AMUNDSEN ist Eckernförde. Von hier aus unternimmt sie im Sommer Fahrten in der Nord- und Ostsee. Im Herbst nimmt sie Kurs auf die Kanarischen Inseln, wo sie den Winter verbringt.

■ TECHNISCHE DATEN

Länge	50,2 m
Breite	7,2 m
Tiefgang	4,2 m
Takelungsart	Brigg
Geschwindigkeit	9 kn
Bauwerft	Roßlauer Werft
Baujahr	1952

Die ROALD AMUNDSEN ist ein ehemaliger NVA-Versorger und heute als Traditionsschiff in Fahrt. (Foto: M. Miserok)

SEA CLOUD II

Seit 2001 bereist die SEA CLOUD II alle Weltmeere und deren Küstenregionen. Die Bark ist ein Kreuzfahrtschiff der höchsten Luxusklasse. Wie die SEA CLOUD I segelt sie unter der Flagge der Hamburger Sea Cloud Cruises GmbH, ist aber weder deren Schwesterschiff noch die Nachfolgerin. In den klimatisierten

Luxus und Eleganz pur erleben die Gäste auf der Kreuzfahrt-Bark SEA CLOUD II. (Foto: JMC Glade)

■ TECHNISCHE DATEN

Länge	105,9 m
Breite	16 m
Tiefgang	5,7 m
Takelungsart	Dreimast-Bark
Geschwindigkeit	13 kn
Bauwerft	Astilleros Gondan, Spanien
Baujahr	1998–2000

Kabinen und Suiten finden bis zu 96 Passagiere Platz. Hinzu kommen eine Lounge, die Bibliothek, das Restaurant und ein Fitnessbereich in stilvoller Behaglichkeit. Die SEA CLOUD II wird überwiegend im Mittelmeer und in der Karibik eingesetzt.

ALEXANDER VON HUMBOLDT II

Nach einer intensiven Planungsphase konnte die ALEXANDER VON HUMBOLDT II im Herbst 2011 getauft werden. Der Neubau vereint eine traditionelle Bauweise mit modernen Erkenntnissen, die heute für den Betrieb eines Traditionsschiffes nach internationalen Maßstäben erforderlich sind. Die Rahen

Ein wenig behäbiger als ihre schlanke Vorgängerin wirkt die ALEXANDER VON HUMBOLDT II. (Foto: Ulf Kaack)

■ TECHNISCHE DATEN

Länge	65 m
Breite	10 m
Tiefgang	4,7 m
Takelungsart	Dreimast-Bark
Geschwindigkeit	k.A.
Bauwerft	BVT, Bremen
Baujahr	2008–2011

sind fierbar und das Handling der Segel wird durch acht elektrisch angetriebene Winden erleichtert. Die Mannschaft und die Mitsegler schlafen in klimatisierten Vierbettkammern mit eigener Nasszelle.

SAVANNAH

Die SAVANNAH überquerte als erstes Dampfschiff den Nordatlantik. (Abb.: Samuel Ward)

Die SAVANNAH war das erste Schiff, das 1819 den Nordatlantik teilweise mit der Kraft ihrer 90 PS starken Dampfmaschine überquerte, die zwei Schaufelräder antrieb. Zur Sicherheit hatte das Holzschiff Segel an drei Masten, die meistens gesetzt waren. Mit Dampfkraft fuhr die Savannah bei ihrer ersten Reise nur 85 Stunden, die vom 26. Mai bis zum 20. Juni 1819 dauerte. Bereits 1820 wurden Maschine und Räder abgebaut und die SAVANNAH als Paketsegler verwendet. 1821 zerschellte sie in einem Sturm.

■ TECHNISCHE DATEN

Länge	30,5 m
Breite	7,92 m
Tiefgang	4,26 m
Motorenleistung	90 PS
Geschwindigkeit	8 kn
Bauwerft	Fickett & Crocker, New York
Baujahr	1818

SIRIUS

Die SIRIUS schaffte als erste die Atlantiküberquerung nur mit Dampfantrieb. (Abb.: George Atkinson)

Die SIRIUS war das erste Schiff, das den Nordatlantik allein unter Dampf überquerte, obwohl auch sie noch über eine volle Besegelung verfügte. Ihre Maschine hatte 320 PS und trieb zwei Seitenräder an. Ihr Rumpf war aus Holz. Die Höchstgeschwindigkeit lag bei weniger als 6 Knoten. Von Cork nach New York brauchte sie im April 1838 bei starkem Wind 18 Tage und 10 Stunden. Schon bald fuhr sie nur noch zwischen Cork und Glasgow. Im Januar 1847 endete sie an den Klippen von Ballycotton Bay.

■ TECHNISCHE DATEN

Länge	63,4 m
Breite	7,8 m
Tiefgang	k. A.
Motorenleistung	320 PS
Geschwindigkeit	k. A.
Bauwerft	Robert Menzies & Son, Leith
Baujahr	1837

GREAT BRITAIN

Das von Isambard Brunel entworfene Schiff lief 1843 vom Stapel. Es hatte sechs Masten mit 1.400 m² Segelfläche und eine 1.000 PS starke Dampfmaschine. In den Kajüten war Platz für 360 Passagiere. 1845 erreichte die GREAT BRITAIN als erstes Eisenschiff New York. 1846 lief sie an der irischen

Die GREAT BRITAIN verlässt Bristol.
(Abb.: Great Britain Trust)

TECHNISCHE DATEN

Länge	98,15 m
Breite	15,39 m
Tiefgang	4,9 m
Motorenleistung	1.000 PS
Geschwindigkeit	k. A.
Bauwerft	Great Western Steamship Company, Bristol
Baujahr	1843–1845

Küste auf, wurde aber repariert. Ab 1882 fuhr sie als Segler. 1886 in einem Sturm beschädigt, erreichte sie die Falklandinseln. Dort war sie bis 1937 Bunkerstation. 1970 kehrte sie nach Bristol zurück und wurde Museumsschiff. Es liegt in einem Dock und kann von außen und innen besichtigt werden.

GREAT WESTERN

Mit vier Masten und ihrem Holzrumpf sah die GREAT WESTERN aus wie ein Segler, doch ihre seitlichen Schaufelräder zeigten, dass sie ein Dampfschiff war, konstruiert von Isambard Brunel. Als erstes Schiff gelangte die GREAT WESTERN ohne Segelhilfe von Bristol nach New York. Sie benötigte

Die GREAT WESTERN in Broad Pill. (Abb.: Joseph Walter)

TECHNISCHE DATEN

Länge	65 m
Breite	10,8 m
Tiefgang	5,2 m
Motorenleistung	450 PS
Geschwindigkeit	8,60 kn
Bauwerft	k. A.
Baujahr	1837

gut 15 Tage für die Überfahrt. Den Passagieren wurde in den Kabinen und Salons ein Komfort geboten, der Hotels nicht nachstand. Ab 1847 fuhr die GREAT WESTERN als Postschiff im Westindiendienst. 1857 wurde sie in London zerlegt.

73 HELENA SLOMAN

Der erste deutsche Nordatlantikdampfer hieß HELENA SLOMAN. (Abb.: Rob. Sloman jr.)

Als erster deutscher Reeder setzte der Hamburger Robert M. Sloman 1850 mit der Helena Sloman ein Dampfschiff aus Eisen mit Schraubenantrieb im Nordatlantikverkehr zwischen Hamburg und New York ein. Bereits im Januar 1850 per Zeitungsannonce angekündigt, machte die HELENA SLOMAN ihre Jungfernfahrt erst im Mai. Sie schaffte neun Knoten und bot „Comfort und Bequemlichkeit". Schon im November 1850 schlug sie auf ihrer dritten Reise in einem schweren Sturm leck und sank vor Neufundland.

■ TECHNISCHE DATEN

Länge	67 m
Breite	k. A.
Tiefgang	k. A.
Motorenleistung	360 PS
Geschwindigkeit	k. A.
Bauwerft	T. & W. Pimm, Hull
Baujahr	1850

74 DEUTSCHLAND

Die DEUTSCHLAND war das erste Schiff der Hapag. (Abb.: Sammlung Focke)

Die DEUTSCHLAND war das erste Schiff der neuen Hamburg-Amerika Linie. Das Vollschiff wurde in Hamburg gebaut und konnte außer Fracht 20 Passagiere in Kajüten und 200 im Zwischendeck befördern. Mit ihrer Jungfernreise im Oktober 1848 eröffnete die DEUTSCHLAND den Liniendienst der neuen Reederei. Wegen der dänischen Blockade der Elbemündung fuhr sie zwischen 1849 und 1851 unter russischer Flagge als HERMANN, danach wieder für die HAL. 1857 sank das Schiff auf der Reise von Cardiff nach New York.

■ TECHNISCHE DATEN

Länge	106 m
Breite	12 m
Tiefgang	6 m
Motorenleistung	600 PS
Geschwindigkeit	13 kn
Bauwerft	Caird & Company Greenock
Baujahr	1866

HAMMONIA/BORUSSIA

Die Schwesterschiffe HAMMONIA und BORUSSIA waren ab 1855 die ersten Dampfer der Hamburg-Amerika Linie. Zunächst dienten sie als Truppentransporter im Krim-Krieg, so dass ihre zivilen Jungfernreisen erst 1856 begannen. Die Reederei hob hervor, beide

Mir der BORUSSIA begann die Hapag 1856 ihren New York-Dienst. (Abb.: Hamburg-Museum)

■ **TECHNISCHE DATEN**

Länge	89 m
Breite	11,7 m
Tiefgang	7,6 m
Motorenleistung	360 PS
Geschwindigkeit	12 kn
Bauwerft	Caird & Company, Greenock
Baujahr	1855–1856

Dampfer habe sie auch im Winter durchgehend betreiben können. Die HAMMONIA wurde bereits 1864 nach Liverpool verkauft. Die BORUSSIA bekam 1870 eine neue Dampfmaschine, fuhr im Westindien-Dienst, wurde 1874 aufgelegt und 1876 ebenfalls nach England verkauft.

BREMEN 1858

Mit dem in England gebauten eisernen Dampfer BREMEN eröffnete der Norddeutsche Lloyd im Juni 1858 kurz nach seiner Gründung in Bremen den Transatlantikdienst von Bremerhaven nach New York. Er wurde von einer Dampfmaschine angetrieben, hatte aber zur Sicherheit auch noch eine volle Hilfsbesegelung, da die neue Technik noch an-

Mit der BREMEN startete der Norddeutsche Lloyd seinen Nordatlantikdienst. (Abb.: Hapag-Lloyd)

■ **TECHNISCHE DATEN**

Länge	101,46 m
Breite	11,89 m
Tiefgang	k. A.
Motorenleistung	1.310 PS
Geschwindigkeit	11 kn
Bauwerft	Caird & Company, Greenock
Baujahr	1858

fällig war. Im Januar 1859 musste die BREMEN mit gebrochener Schraubenwelle nach Bremerhaven zurücksegeln. 1874 wurde sie nach Liverpool verkauft und nur noch als Segler eingesetzt. Der Norddeutsche Lloyd nannte vier weitere Nordatlantikschiffe BREMEN.

77 KAISER WILHELM DER GROSSE

Ab 1897 setzte der Norddeutsche Lloyd das in Stettin gebaute Zweischraubenschiff KAISER WILHELM DER GROSSE auf dem Nordatlantik ein. Die Jungfernfahrt des Vierschornsteiners dauerte keine sechs Tage, die Geschwindigkeit betrug dabei 21,4 Knoten. Die Dampfmaschine leistete 28.000 PS. Mit ihr erreichte der Liner fast 23 Knoten. Im Ersten Weltkrieg diente KAISER WILHELM DER GROSSE als Hilfskreuzer. Schon Ende August 1914 versenkte ihn ein britischer Panzerkreuzer vor der westafrikanischen Küste. Die erstmals bei diesem Transatlantikliner des Norddeutschen Lloyd verwendeten vier hohen Schornsteine fanden vielfach Nachahmer. Sie beeindruckten auch die Passagiere nachhaltig, weil sie moderne Technik, hohe Geschwindigkeit und eine luxuriöse Ausstattung signalisierten. Zahlreiche wasserdichte Schotten sorgten für Sicherheit. Der Doppelschrauben-Schnelldampfer KAISER WILHELM DER GROSSE errang mit 22,29 Knoten 1898 als erster deutscher Liner das Blaue Band.

■ TECHNISCHE DATEN

Länge	197,7 m
Breite	20,13 m
Tiefgang	8,3 m
Motorenleistung	31.000 PS
Geschwindigkeit	22,5 kn
Bauwerft	AG Vulcan, Stettin
Baujahr	1897

Mit seinen vier Schornsteinen wirkte KAISER WILHELM DER GROSSE überaus repräsentativ. (Foto: Hapag-Lloyd)

DEUTSCHLAND

Die Hapag bestellte ihre DEUTSCHLAND wie drei Jahre zuvor der Norddeutsche Lloyd seine KAISER WILHELM DER GROSSE bei Deutschlands damals führender Werft, dem Stettiner Vulcan, der jedoch ein enttäuschendes Schiff ablieferte. (Abb.: Sammlung Focke)

Wie die KAISER WILHELM DER GROSSE hatte die DEUTSCHLAND vier Schornsteine, war aber größer und schneller. Mit 22,4 Knoten nahm sie ihr das Blaue Band ab. Sie vibrierte und war laut, so dass sie langsamer fahren musste. 1910 wurde die DEUTSCHLAND umgebaut. Die vier Dampfmaschinen wurden gegen schwächere ausgetauscht, die nur für 17 Knoten reichten. Der Liner hieß nun VICTORIA LUISE und machte ab 1911 Kreuzfahrten. Als Hilfskreuzer war das Schiff im Krieg nicht zu gebrauchen, danach wurde es erneut umgebaut. Als HANSA fuhr es von 1921 bis 1924 im Kanada-Dienst.

■ TECHNISCHE DATEN

Länge	208,5 m
Breite	20,4 m
Tiefgang	8 m
Motorenleistung	37.800 PS
Geschwindigkeit	23,15 kn
Bauwerft	AG Vulcan, Stettin
Baujahr	1900

KRONPRINZESSIN CECILIE

Die KRONPRINZESSIN CECILIE war das letzte von vier Schwesterschiffen. (Abb.: Hapag-Lloyd)

Die KRONPRINZESSIN CECILIE gehörte zu dem Quartett der Vierschornstein-Schnelldampfer des Norddeutschen Lloyd um 1900. Sie machte als letzte der vier 1907 ihre Jungfernreise nach New York. Zu Beginn des Ersten Weltkriegs wurde sie zunächst in Bar Harbor/Maine, USA, aufgelegt und kam dann nach Boston. 1917 wurde sie bei Kriegseintritt der USA beschlagnahmt und als Truppentransporter MOUNT VERNON verwendet. In den zivilen Dienst kehrte das Schiff nicht mehr zurück, 1940 wurde es verschrottet.

■ TECHNISCHE DATEN

Länge	215,34 m
Breite	22,02 m
Tiefgang	9,5 m
Motorenleistung	45.000 PS
Geschwindigkeit	23 kn
Bauwerft	AG Vulcan, Stettin
Baujahr	1906–1907

KAISER FRANZ JOSEF I.

Der KAISER FRANZ JOSEF I. war das Flaggschiff der österreichisch-ungarischen Handelsmarine (Abb.: Sammlung Meyer/Winkler)

Die KAISER FRANZ JOSEF I. war das größte Passagierschiff Österreich-Ungarns. Von Triest führte die Jungfernreise im April 1912 nach Buenos Aires. Danach lief das Schiff im New York-Dienst. Nach dem Krieg fuhr es unter italienischer Flagge kurzzeitig als GENERAL DIAZ und bald als PRESIDENTE WILSON erneut im USA-Dienst. 1926 wurde es renoviert. Ab 1929 machte der Liner Ostasienreisen, von 1936 an lief er als MARCO POLO zwischen Venedig und Alexandria. 1944 wurde das Schiff von den Deutschen vor La Spezia versenkt.

■ TECHNISCHE DATEN

Länge	145,54 m
Breite	18,35 m
Tiefgang	7,9 m
Motorenleistung	12.800 PS
Geschwindigkeit	17 kn
Bauwerft	Cantiere Navale Triestino, Monfalcone
Baujahr	1911–1912

SELANDIA

Das Fracht- und Passagierschiff SELANDIA der dänischen Ostasiatischen Kompanie war ab 1912 das erste Seeschiff mit Dieselantrieb. Die Bauwerft Burmeister & Wain in Kopenhagen hatte die beiden Motoren mit jeweils 1.250 PS konstruiert. Sie sorgten für 12 Knoten. Die Abgase entwichen

Die SELANDIA war das erste seefähige Schiff mit Dieselmotor. (Foto: Sammlung Focke)

■ TECHNISCHE DATEN

Länge	117,6 m
Breite	16,22 m
Tiefgang	9,14 m
Motorenleistung	2.500 PS
Geschwindigkeit	12,2 kn
Bauwerft	Burmeister & Wain, Kopenhagen/Dänemark
Baujahr	1911–1912

nicht über einen Schornstein, sondern durch den hinteren der drei Masten. Im Ersten Weltkrieg verkehrte die SELANDIA im Pazifik, danach fuhr sie bis 1936 auf der Linie Kopenhagen–Bangkok. Sie sank 1942 vor Japan.

BISMARCK

Die BISMARCK war der dritte der Hapag-Riesen vor dem Ersten Weltkrieg. Der Stapellauf fand kurz vor Kriegsbeginn Ende Juni 1914 in Anwesenheit Kaiser Wilhelms II. statt. Die BISMARCK wurde erst nach dem Krieg als Reparation für Großbritannien zu Ende gebaut. Die White Star Reederei über-

Die BISMARCK gehörte zur IMPERATOR-Klasse der Hapag. (Foto: Blohm & Voss)

■ TECHNISCHE DATEN

Länge	291,4 m
Breite	30,5 m
Tiefgang	11 m
Motorenleistung	60.000 PS
Geschwindigkeit	23,5 kn
Bauwerft	Blohm & Voss, Hamburg
Baujahr	1914

nahm sie als MAJESTIC. Das Schiff lief im Mai 1922 zur Jungfernreise nach New York aus. Bis zur Indienststellung der NORMANDIE 1935 war sie das größte Schiff der Welt. 1936 wurde sie außer Dienst gestellt und 1940 verschrottet.

83 VATERLAND

Die VATERLAND fuhr nach dem Ersten Weltkrieg als LEVIATHAN für die USA. (Foto: Hapag-Lloyd)

Die VATERLAND war noch größer und schneller als der IMPERATOR. Sie nahm ihren Dienst im Mai 1914 auf. Bei Kriegsbeginn im August musste sie in den USA bleiben, die sie in LEVIATHAN umbenannten und ab 1917 als Truppentransporter einsetzten. Nach dem Krieg lag sie zunächst auf und wurde dann bis 1922 aufwändig zum größten Schiff der Welt umgebaut. Ab Sommer 1923 fuhr sie bis 1934 mit geringem Erfolg im Nordatlantikdienst, nicht zuletzt wegen des Alkoholverbots an Bord. 1938 wurde sie verschrottet.

■ TECHNISCHE DATEN

Länge	287,5 m
Breite	30,5 m
Tiefgang	11 m
Motorenleistung	100.000 PS
Geschwindigkeit	26,3 kn
Bauwerft	Blohm & Voss, Hamburg
Baujahr	1913

84 CAP TRAFALGAR

Gemälde der CAP TRAFALGAR von Willi Stoewer.

Sie war im Frühjahr 1914 das größte Passagierschiff zwischen Europa und Südamerika. 2.000 Fahrgäste konnten mitreisen. Die CAP TRAFALGAR besaß eine Dampfmaschine. Die Werft hatte nach der TITANIC-Katastrophe größten Wert auf Sinksicherheit gelegt. Nach dem Beginn des Ersten Weltkriegs wurde das Schiff zum Hilfskreuzer ausgerüstet. Bei einer Kohlenübernahme in Trinidad traf die CAP TRAFALGAR am 14. September 1914 auf den britischen Hilfskreuzer CARMANIA, der das deutsche Schiff nach zwei Stunden versenkte.

■ TECHNISCHE DATEN

Länge	186 m
Breite	21,9 m
Tiefgang	8,5 m
Motorenleistung	15.900 PS
Geschwindigkeit	17,8 kn
Bauwerft	AG Vulcan, Hamburg
Baujahr	1913

CAP POLONIO

Statt Passagiere nach Südamerika zu befördern, sollte die 1914 vom Stapel gelaufene CAP POLONIO im Ersten Weltkrieg als Hilfskreuzer VINETA dienen. Doch sie war zu langsam, so dass die Kaiserliche Marine sie der Reederei wieder zurück gab. Nach dem Krieg bekamen sie die Briten als Truppentransporter als Reparationsleistung zugesprochen. Wegen technischer Probleme konnte die Hamburg Süd das Schiff zurückkaufen. 1922 begann seine erste kommerzielle Reise. An Bord war Platz für mehr als 1.500 Passagiere. Mit der CAP POLONIO hatte die Reederei Hamburg Süd die drei von ihr angestrebten Superlative erreicht: Sie war der größte, schnellste und luxuriöseste Liner auf dem Südatlantik. Ab 1927 ging die CAP POLONIO meist auf Kreuzfahrt. 1930 wurde sie aufgelegt und ab 1935 verschrottet.

■ TECHNISCHE DATEN

Länge	201,8 m
Breite	22,1 m
Tiefgang	8,36 m
Motorenleistung	16.000 PS
Geschwindigkeit	16,9 kn
Bauwerft	Blohm & Voss, Hamburg
Baujahr	1914

Wegen des Kriegsausbruchs wurde die CAP POLONIO zunächst als Hilfskreuzer VINETA eingesetzt.
(Foto: Blohm & Voss)

COLUMBUS

Der Bau der COLUMBUS begann 1914 in Danzig, wurde aber erst 1924 in Bremerhaven im Technischen Betrieb des Norddeutschen Lloyd beendet. Die Jungfernreise startete erst zehn Jahre nach der Kiellegung im April 1924. Die COLUMBUS war aufgrund ihrer bis dahin nicht übertroffenen Größe das Flaggschiff der deutschen Handelsflotte. Die von Paul Ludwig Troost gestalteten Innenräume fanden nicht nur bei Fachleuten hohe Anerkennung, sondern sorgten auch für die große Beliebtheit der COLUMBUS bei den Passagieren sowohl im Liniendienst zwischen Bremerhaven und New York als auch bei den Kreuzfahrten. 1928 wurde die Dampfmaschine gegen Turbinen getauscht, die Geschwindigkeit wuchs von 19 auf 23 Knoten. Die COLUMBUS bekam flachere Schornsteine, damit sie den Schnelldampfern BREMEN und EUROPA stärker ähnelte. Bei Ausbruch des Zweiten Weltkriegs kreuzte das Schiff in der Karibik. Es scheiterte wegen der Verfolgung durch amerikanische und britische Kriegsschiffe mit dem Versuch, nach Deutschland zurückzukehren. Sie feuerten zwei Warnschüsse vor den Bug. Die Besatzung wollte das wertvolle Schiff jedoch nicht in die Hände der Briten fallen lassen. Sie setzte die COLUMBUS in Brand, öffnete die Seeventile und ging von Bord. Drei Heizer schafften es nicht mehr rechtzeitig in die Boote und starben.

▶ **Wussten Sie schon?**
Der Seebahnhof an der Weser in Bremerhaven, die Columbuskaje, wurde 1927/28 für den Lloyd-Dampfer COLUMBUS gebaut, weil dieser zu groß war für die bisherigen Kaianlagen.

■ **TECHNISCHE DATEN** ■

Länge	232,89 m
Breite	25,3 m
Tiefgang	8 m
Motorenleistung	32.000 PS
Geschwindigkeit	19 kn
Bauwerft	F. Schichau GmbH, Werk Danzig
Baujahr	1914

Die COLUMBUS war Wegbereiter der BREMEN und der EUROPA. (Foto: Sammlung Focke)

STAVANGERFJORD

Die STAVANGERFJORD der Norwegen Amerika Linie verband Oslo mit New York. Ihre Dampfmaschine mit Kohlenfeuerung wurde 1924 auf Öl umgestellt. 1932 erhielt die STAVANGERFJORD zwei Abdampfturbinen. 1940 wurde sie als Trossschiff von der Kriegsmarine beschlagnahmt. 1946 kehrte sie auf den Atlantik zurück. Ende 1953 verlor sie im Sturm ihr Ruder; nur mit den Schrauben steuernd kehrte sie nach Norwegen zurück. Ende 1963 machte die STAVANGERFJORD als das älteste Fahrgastschiff auf dem Atlantik ihre letzte Reise.

Die STAVANGERFJORD gehörte zu den Linern mit der längsten Dienstzeit. (Foto: Sammlung Focke)

■ **TECHNISCHE DATEN**

Länge	162,3 m
Breite	19,57 m
Tiefgang	8,93 m
Motorenleistung	1.567 PS
Geschwindigkeit	16 kn
Bauwerft	Cammell, Laird & Company, Birkenhead
Baujahr	1917

MAURETANIA / LUSITANIA

Die Cunard-Reederei ließ die Schwesterschiffe MAURETANIA und LUSITANIA mit dem neuen Turbinenantrieb ausrüsten. Die Liner hatten Platz für 2.100 Fahrgäste. Ende 1907 wurden sie in Dienst gestellt. Mit 23 Knoten eroberten sie das Blaue Band. Die LUSITANIA wurde 1915 von einem deutschen U-Boot versenkt. Die MAURETANIA war im Ersten Weltkrieg Lazarettschiff, danach kehrte sie in den New York-Dienst zurück. 1922 erhielt sie Ölfeuerung. Sie verbesserte ihren Rekord auf 26 Knoten. 1934 wurde sie außer Dienst gestellt und verschrottet.

Die MAURETANIA hielt 22 Jahre das Blaue Band. (Abb: Sammlung Focke)

■ **TECHNISCHE DATEN**

Länge	240,8 m
Breite	26,8 m
Tiefgang	10 m
Motorenleistung	78.000 PS
Geschwindigkeit	26 kn
Bauwerft	Swan, Hunter & Wigham Richardson, Wallsend
Baujahr	1904–1906

89 ATHENIA

Als erstes britisches Schiff wurde die ATHENIA im Zweiten Weltkrieg von einem deutschen U-Boot versenkt. (Foto: Sammlung Focke)

Als erstes Schiff wurde die britische ATHENIA im Zweiten Weltkrieg versenkt. Das 1923 in Dienst gestellte Passagierschiff verkehrte im Liniendienst zwischen England und Kanada. Am 3. September 1939 wurde es 60 Meilen südlich der nordöstlich von Schottland in der Nordsee liegenden Felseninsel Rockall von einem deutschen U-Boot angegriffen. Die ATHENIA sank mit 112 Passagieren und Besatzungsmitgliedern.

■ TECHNISCHE DATEN

Länge	160,4 m
Breite	20,2 m
Tiefgang	8,44 m
Motorenleistung	9.000 PS
Geschwindigkeit	15 kn
Bauwerft	Fairfield Shipbuilders, Govan
Baujahr	1922–1923

90 MONTE SARMIENTO

Die MONTE SARMIENTO war bei ihrer Indienststellung das größte Motorschiff der Welt. (Foto: Hamburg Süd)

Sie war das erste von fünf schlicht eingerichteten Motorschiffen der MONTE-Klasse, die ab 1924 als „Einheits-Passagierschiffe" für alle den Komfort der III. Klasse bot. Passagiere waren zunächst überwiegend Auswanderer und Saisonarbeiter. Nach 1925 bot die Reederei preisgünstige Kreuzfahrten an, zeitweise in Zusammenarbeit mit der NS-Organisation „Kraft durch Freude". Im Zweiten Weltkrieg war die MONTE SARMIENTO ab 1939 Wohnschiff der Marine in Kiel, wo sie Anfang 1942 bombardiert wurde und ausbrannte.

■ TECHNISCHE DATEN

Länge	159,7 m
Breite	20,05 m
Tiefgang	11,6 m
Motorenleistung	6.800 PS
Geschwindigkeit	14 kn
Bauwerft	Blohm & Voss, Hamburg
Baujahr	1924

ALBERT BALLIN

Die ALBERT BALLIN war das Typschiff der Hapag-Liner der 1920er-Jahre. (Foto: Blohm & Voss)

Ab 1923 stellte die Hapag mit ALBERT BALLIN, DEUTSCHLAND, HAMBURG und NEW YORK vier mittelgroße Passagierschiffe mit gehobener Ausstattung für den Nordatlantik in Dienst, die anfangs nur 16 Knoten liefen und bis New York elf Tage benötigten. Deshalb wurden die Schiffe bald mit stärkeren Maschinen ausgerüstet und verlängert. Die Schiffe der BALLIN-Klasse waren stark auf einen wirtschaftlichen Betrieb ausgerichtet, was auch an der hohen Frachtkapazität erkennbar war. Die Fahrgäste schätzten die Behaglichkeit und den Luxus der Innenausstattung. Dank der Schlingertanks hatten die Hapag-Liner auch bei Wellengang ein angenehmes Seeverhalten. ALBERT BALLIN, benannt nach dem erfolgreichen jüdischen Hapag-Chef vor dem Ersten Weltkrieg, musste auf Druck der Nazis 1935 HANSA heißen. 1940 wurde sie Wohnschiff der Kriegsmarine. 1945 lief sie auf eine Mine und sank, wurde gehoben und repariert. Als SOVETSKIY SOYUZ fuhr sie bis 1980 unter Sowjetflagge. Die DEUTSCHLAND rettete 1945 70.000 Flüchtlinge aus den deutschen Ostgebieten und wurde anschließend von britischen Bombern in der Ostsee versenkt. Auch die HAMBURG beteiligte sich an den Rettungsfahrten und lief dabei auf Minen. Sie wurde geborgen und bis 1977 von der Sowjetunion als YURIY DOLGORUKIY eingesetzt. Die NEW YORK sank durch Bomben im April 1945, wurde gehoben, aber nicht mehr betrieben, sondern ab 1949 abgewrackt.

■ TECHNISCHE DATEN

Länge	191,2 m
Breite	22,2 m
Tiefgang	8,65 m
Motorenleistung	13.500 PS
Geschwindigkeit	16 kn
Bauwerft	Blohm & Voss, Hamburg
Baujahr	1922

CAP ARCONA

Das Flaggschiff der Hamburg Süd ging 1927 auf Jungfernreise. Es war eines der schnellsten, luxuriösesten und größten Schiffe auf der Südatlantikroute nach Brasilien, Argentinien und Uruguay. Von Hamburg bis Buenos Aires brauchte die CAP ARCONA 15 Tage. Sie besaß einen Tennisplatz und ein Schwimmbad. Allgemein gelobt wurden die teils innovativen Bauleistungen der Hamburger Werft Blohm & Voss, die einen weitgehend vibrationsfreien Turbinenantrieb verwirklichte und der CAP ARCONA mit der abgerundeten Brückenfront auch ein modernes Gesicht gab. Es war international wegweisend für alle weiteren Liner auf dem Süd- und Nordatlantik. Im Krieg war sie Wohnschiff, an dessen Ende rettetete sie Flüchtlinge. Im April 1945 musste sie 5.000 KZ-Häftlinge übernehmen. Britische Jagdbomber beschossen das Schiff in der Ostsee. Es kenterte, über 5.500 Menschen starben. Die Versenkung gehört mit denen der WILHELM GUSTLOFF und der GOYA zu den verlustreichsten Schiffsuntergängen überhaupt.

▶ **Wussten Sie schon?**
Die CAP ARCONA war auch als Kreuzfahrtschiff beliebt, besonders bei reichen Südamerikanern. Einige kamen mit ihr in der Ersten Klasse nach Europa, um hier den Sommer zu verbringen.

■ **TECHNISCHE DATEN**

Länge	205,9 m
Breite	25,8 m
Tiefgang	8,7 m
Motorenleistung	24.000 PS
Geschwindigkeit	21 kn
Bauwerft	Blohm & Voss, Hamburg
Baujahr	1927

Die CAP ARCONA war eines der luxuriösesten Schiffe ihrer Zeit. (Foto: Hamburg Süd)

ILE DE FRANCE

Mit drei Schornsteinen wirkte die ILE DE FRANCE 1927 zwar harmonisch, aber schon etwas altmodisch. Noch vor der BREMEN hatte sie ein Wasserflugzeug an Bord, das Briefe noch

Die ILE DE FRANCE war im Art Deco-Stil eingerichtet. (Foto: Sammlung Focke)

■ TECHNISCHE DATEN

Länge	241,35 m
Breite	28 m
Tiefgang	9,75 m
Motorenleistung	52.000 PS
Geschwindigkeit	23,5 kn
Bauwerft	Société Anonyme des Chantiers et Ateliers de Saint Nazaire Penhoët, Frankreich
Baujahr	1926–1927

schneller nach New York brachte. Dort lag die ILE DE FRANCE bei Kriegsbeginn. Nach der Kapitulation Frankreichs nutzten die Briten sie. Erst Ende 1946 kehrte sie in den Le Havre-New York-Dienst zurück. 1947 wurde sie modernisiert. Berühmt wurde die ILE DE FRANCE durch die Rettung von Schiffbrüchigen der ANDREA DORIA 1956.

ST. LOUIS

Die ST. LOUIS und ihr Schwesterschiff MILWAUKEE waren die ersten großen Motorschiffe der Hapag. Von 1929 fuhr sie meist auf dem Nordatlantik, machte aber auch Kreuzfahrten. Im März 1939 fuhr sie mit 900 jüdischen Emigranten nach Kuba. Sie durften nicht an Land. Erst im Juni 1939 durfte die ST. LOUIS Antwerpen

Die ST. LOUIS wurde durch ihre Irrfahrt mit jüdischen Flüchtlingen bekannt. (Foto: Hapag-Lloyd)

■ TECHNISCHE DATEN

Länge	165,76 m
Breite	22,08 m
Tiefgang	k. A.
Motorenleistung	12.600 PS
Geschwindigkeit	16 kn
Bauwerft	Bremer Vulkan, Vegesack
Baujahr	1928–1929

anlaufen, als Belgien, Großbritannien und Frankreich die in Deutschland verfolgten Juden aufnahmen. Als Marinewohnschiff wurde die ST. LOUIS 1944 bombardiert. Sie brannte aus, wurde repariert und bis 1952 in Hamburg als Hotelschiff verwendet.

EUROPA

![Ein Brand am Werftkai verzögerte die Indienststellung der EUROPA um ein Jahr. (Foto: Sammlung Focke)]

Ein Brand am Werftkai verzögerte die Indienststellung der EUROPA um ein Jahr. (Foto: Sammlung Focke)

Zuerst verzögerte ein Streik, dann ein verheerender Brand am Werftkai die Indienststellung des Schwesterschiffs der BREMEN. Dennoch wurde ihre Jungfernfahrt im März 1930 ein großer Erfolg: Trotz eines Sturms errang sie mit 27,9 Knoten das Blaue Band. Im Krieg war die EUROPA Wohnschiff der Marine, nach ihm beschlagnahmten die USA den Schnelldampfer. Als Reparation ging er an Frankreich. Das Schiff wurde umgebaut und von 1950 bis 1961 als LIBERTÈ im Nordatlantikdienst eingesetzt. Anfang 1962 begann die Verschrottung.

■ TECHNISCHE DATEN

Länge	282,77 m
Breite	30,65 m
Tiefgang	6,5 m
Motorenleistung	130.000 PS
Geschwindigkeit	27,9 kn
Bauwerft	Blohm & Voss, Hamburg
Baujahr	1928–1930

REX / CONTE DI SAVOIA

Die CONTE DI SAVOIA und ihr Schwesterschiff REX. (Foto: Sammlung Focke)

Nach dem Erfolg der BREMEN und EUROPA wollten auch die Italiener zwei Super-Liner. Sie bekamen ab 1932 die Schwesterschiffe REX und CONTE DI SAVOIA. Die REX begann Ende September 1932 in Genua ihre Jungfernfahrt, doch die Mängel waren so groß, dass sie vor Gibraltar drei Tage ankern musste. Sie erreichte New York mit Mühe. 1933 konnte sie den Rekord der BREMEN auf 28,9 Knoten verbessern. Im Zweiten Weltkrieg sollte sie zum Flugzeugträger umgebaut werden. Doch in Triest schossen britische Flugzeuge die REX in Brand.

■ TECHNISCHE DATEN

Länge	248 m
Breite	29 m
Tiefgang	k. A.
Motorenleistung	k. A.
Geschwindigkeit	27 kn
Bauwerft	Cantieri Riuniti dell'Adriatico, Triest
Baujahr	1932

BATÓRY / PILSUDSKI

Polen setzte vor dem Krieg zwei Liner im Nordatlantikdienst ein. (Foto: POL)

Polen bestellte 1933 zwei Nordatlantik-Liner in Italien, die PILSUDSKI kam 1935 in den Dienst, sie lief im November 1939 vor der englischen Küste auf eine Mine und sank. Die BATÓRY war 1936 fertig. Zu Beginn des Krieges lief sie nach Kanada, kam aber Anfang 1940 mit einem Konvoi der Alliierten als Truppentransporter nach Großbritannien. 1946 wurde sie modernisiert. Ein Feuer verzögerte den zivilen Einsatz bis 1947. Wegen des Kalten Krieges durfte das Schiff ab 1951 keinen US-Hafen anlaufen, so dass es zeitweise Polen mit Pakistan und Indien verband. 1957 kehrte die BATÓRY auf den Atlantik zurück. Zielhafen war Montreal. 1969 wurde sie Hotel in Gdynia und 1971 verschrottet. Der nach dem Ersten Weltkrieg neu gegründete Staat Polen hatte sich 1930 entschlossen, die Gdynia-Amerika Linie zu gründen, um mit den beiden großen, von polnischen Künstlern luxuriös ausgestatteten Passagierschiffsneubauten BATÓRY und PILSUDSKI einen regelmäßigen Dienst zwischen dem früher deutschen Gdingen über Kopenhagen nach Halifax und New York anzubieten. Die vielen polnischen Auswanderer nach Kanada und den USA konnten damit eine direkte Verbindung in ihre alte Heimat nutzen.

■ TECHNISCHE DATEN

Länge	160,32 m
Breite	21,33 m
Tiefgang	7,32 m
Motorenleistung	12.000 PS
Geschwindigkeit	18 kn
Bauwerft	Cantieri Riuniti dell' Adriatico, Monfalcone
Baujahr	1934–1935

NIEUW AMSTERDAM

Die NIEUW AMSTERDAM. (Foto: Werner)

Anfang der 1930er-Jahre wollte die Holland-Amerika Linie mit einem attraktiven Liner Geld verdienen. Dafür ließ sie den Zweischornsteiner NIEUW AMSTERDAM bauen. Königin Wilhelmina taufte ihn im April 1937. Im Mai begann die erste Reise nach New York. Nach der deutschen Besetzung der Niederlande übernahmen die Briten das Schiff als Truppentransporter. Ende 1947 kehrte die NIEUW AMSTERDAM in den Liniendienst zurück. 1967 erhielt sie neue Kessel, ab 1971 machte sie Karibik-Kreuzfahrten.

■ TECHNISCHE DATEN

Länge	231,2 m
Breite	26,82 m
Tiefgang	9,55 m
Motorenleistung	34.000 PS
Geschwindigkeit	21 kn
Bauwerft	Rotterdamsche Droogdok Maatschappij, Rotterdam
Baujahr	1937

POTSDAM

Der Norddeutsche Lloyd übernahm die POTSDAM, die ursprünglich die Hapag für ihren Fernostdienst bestellt hatte. (Foto: Blohm & Voss)

Der Bremer Ostasien-Schnelldampfer POTSDAM war 1935 eines der ersten Schiffe der Welt mit turboelektrischem Antrieb. Von Bremerhaven nach Singapur benötigte es 19 Tage, für eine Rundreise gut zwei Monate. Im Krieg war die POTSDAM Wohnschiff. 1945 rettete sie 50.000 Flüchtlinge aus Ost- und Westpreußen. Im Juni 1945 wurde das Schiff an Großbritannien ausgeliefert. Es diente bis 1960 als Truppentransporter, danach als Pilgerschiff zwischen Karatschi und Dschidda. Nach 40 Dienstjahren wurde es 1976 verschrottet.

■ TECHNISCHE DATEN

Länge	193,2 m
Breite	22,6 m
Tiefgang	8,8 m
Motorenleistung	26.000 PS
Geschwindigkeit	21 kn
Bauwerft	Blohm & Voss, Hamburg
Baujahr	1935

GNEISENAU

Das luxuriös ausgestattete Passagierschiff des Norddeutschen Lloyd nahm 1936 für nur drei Jahre den Schnelldienst nach Ostasien auf. Das Zweischraubenschiff war mit Getriebeturbinen ausgestattet. Als 1939 der Zweite Weltkrieg begann, lag es in Bremerhaven. Die Kriegsmarine übernahm

Die GNEISENAU fuhr nur kurz im zivilen Dienst und wurde dann von der Kriegsmarine übernommen. (Foto: Sammlung Focke)

■ TECHNISCHE DATEN

Länge	198,5 m
Breite	22,6 m
Tiefgang	k. A.
Motorenleistung	26.000 PS
Geschwindigkeit	21 kn
Bauwerft	AG Weser
Baujahr	1935–1936

die GNEISENAU als Wohnschiff. Ein geplanter Umbau zum Flugzeugträger kam nicht zustande. Anfang Mai 1943 lief die GNEISENAU in der Ostsee auf eine Mine und sank. Die Verschrottung nach Kriegsende dauerte bis 1954.

SCHARNHORST

Die SCHARNHORST war der erste der drei Tropen-Schnelldampfer des Norddeutschen Lloyd für den Ostasiendienst, die Mitte der 1930er-Jahre die Fahrzeit zwischen Bremen und Schanghai von 50 Tagen auf 34 verkürzen sollten. Nur ein Jahr nach dem Stapellauf im Dezember 1934 verließ die

Für die Ostasienroute: Die SCHARNHORST. (Foto: Sammlung Focke)

■ TECHNISCHE DATEN

Länge	198,7 m
Breite	22,6 m
Tiefgang	k. A.
Motorenleistung	26.000 PS
Geschwindigkeit	21 kn
Bauwerft	AG Weser
Baujahr	1934–1935

SCHARNHORST Bremerhaven zu ihrer Jungfernfahrt. Sie besaß einen Steven in Maier-Form, der von der Seite wie ein Löffel aussah, und einen turboelektrischen Antrieb. Bei Ausbruch des Zweiten Weltkriegs war die SCHARNHORST in Japan, wo sie zum Flugzeugträger umgebaut wurde.

102 PRETORIA / WINDHUK

Mit den Schwestern PRETORIA und WINDHUK zielten die Deutschen Afrika-Linien auf die britische Konkurrenz. (Foto: Sammlung Focke)

Um gegen die Briten zu bestehen, ließen die Deutschen Afrika Linien zwei große Turbinendampfer für die Linie Hamburg-Kapstadt bauen. Ende 1936 machte die PRETORIA ihre Jungfernreise, die WINDHUK im Frühjahr 1937. Das moderne Konzept der beiden Afrika-Liner entwickelten die Werft Blohm & Voss und die Reederei gemeinsam. Die Kabinenausstattung war bewusst vielfältig gewählt. Bemerkenswert war die gemeinsame Empfangshalle für die 1. Klasse und die Touristenklasse. Beim Antrieb fiel die Entscheidung zugunsten von Turbinen mit Höchstdruckkesseln, die sich auf beiden Schiffen bewährten. Die PRETORIA wurde im Krieg zunächst Wohnschiff, dann Lazarett. Sie rettete 1945 Flüchtlinge aus Ostpreußen. Ab 1948 fuhr sie als Truppentransporter EMPIRE ORWELL für die Briten, später beförderte sie Pilger. Die WINDHUK lag Ende Dezember 1939 in Santos, wurde von Brasilien beschlagnahmt und an die USA verkauft, aber schon 1948 außer Dienst gestellt.

■ TECHNISCHE DATEN

Länge	166,77 m
Breite	22,1 m
Tiefgang	9,6 m
Motorenleistung	14.200 PS
Geschwindigkeit	18 kn
Bauwerft	Blohm & Voss, Hamburg
Baujahr	1936

QUEEN MARY

Als Antwort auf die BREMEN und EUROPA gab die Cunard Line trotz der Weltwirtschaftskrise 1930 den Bau der riesigen QUEEN MARY in Auftrag. Erst Ende Mai 1936 ging sie auf Jungfernfahrt, auf der sie mit über 30 Knoten das Blaue Band eroberte. Im Krieg diente sie als Truppentransporter, wegen ihrer hohen

Die QUEEN MARY musste das Blaue Band 1952 an die UNITED STATES abgeben. (Foto: Cunard)

■ TECHNISCHE DATEN

Länge	310,74 m
Breite	36,14 m
Tiefgang	11,9 m
Motorenleistung	200.000 PS
Geschwindigkeit	33 kn
Bauwerft	John Brown & Company, Clydebank/Schottland
Baujahr	1934–1936

Geschwindigkeit meist ohne Geleit. Im Sommer 1947 begann die QUEEN MARY wieder ihren Nordatlantikdienst, noch immer mit ihren nun altmodischen drei Schornsteinen. 1967 wurde sie Museumsschiff in Long Beach.

WILLEM RUYS

Für den Südostasiendienst bestellte der Rotterdamsche Lloyd 1938 die WILLEM RUYS. Ihr Bau begann 1939, wurde aber wegen der deutschen Besetzung der Niederlande eingestellt. im Dezember 1946 lief der letzte Kolonial-Liner erstmals von Rotterdam nach Batavia aus. Ab

Der Zweite Weltkrieg verzögerte die Indienststellung der WILLEM RUYS um acht Jahre. (Foto: Sammlung Focke)

■ TECHNISCHE DATEN

Länge	192,38 m
Breite	24,99 m
Tiefgang	8,89 m
Motorenleistung	k.A.
Geschwindigkeit	21 kn
Bauwerft	Koninklijke Maatschappij „De Schelde", Vissingen/Niederlande
Baujahr	1939–1947

Mai 1958 wechselte die WILLEM RUYS auf die New York-Route und 1959 in den Australien-Dienst. 1964 wurde das Schiff verkauft. Als ACHILLE LAURO machte es Kreuzfahrten.

105 PATRIA

Die PATRIA war für den Dienst zur Westküste Südamerikas vorgesehen. (Foto: Hapag-Lloyd)

Die PATRIA der Hapag war ab 1938 das erste deutsche Passagierschiff mit diesel-elektrischem Antrieb. Nach einer Probefahrt mit Grundberührung kenterte die PATRIA im Dock in Hamburg, blieb aber unbeschädigt. Ende August 1938 ging sie auf Jungfernfahrt zur Westküste Südamerikas. Die Passagiere genossen die Klimaanlage. Ab 1940 lag die PATRIA in Stettin, ab 1942 in Flensburg, wo sie Großadmiral Dönitz 1945 als Regierungssitz nutzte. Ab 1946 fuhr sie als ROSSIYA für die Sowjetunion, von 1948 bis 1985 meist im Schwarzen Meer.

■ TECHNISCHE DATEN

Länge	171,37 m
Breite	22,57 m
Tiefgang	7,77 m
Motorenleistung	15.000 PS
Geschwindigkeit	17 kn
Bauwerft	Deutsche Werft, Hamburg
Baujahr	1938

106 ORANJE

1939 war die ORANJE das stärkste Motorschiff der Welt. (Foto: Nationalarchiv NL)

Die ORANJE fuhr ab September 1939 zwischen Amsterdam, Kapstadt und Batavia (heute Jakarta). Ab Dezember ankerte sie wegen des Krieges in Surabaja. Die australische Marine übernahm sie bis 1946. Dann kehrte sie in den Dienst nach Niederländisch-Indien zurück. Ab 1950 machte die ORANJE Rundreisen nach Australien. 1964 wurde sie verkauft und umgebaut; als ANGELINA LAURO fuhr sie nach Australien und Neuseeland und kreuzte sie in der Karibik.

■ TECHNISCHE DATEN

Länge	199,94 m
Breite	25,45 m
Tiefgang	8,83 m
Motorenleistung	37.500 PS
Geschwindigkeit	26,3 kn
Bauwerft	Nederlandsche Scheepsbouw Maatschappij, Amsterdam
Baujahr	1938

QUEEN ELIZABETH

Das noch unfertige Turbinen-Passagierschiff QUEEN ELIZABETH verließ die Werft Ende Februar 1940, um sich vor deutschen Luftangriffen nach New York in Sicherheit zu bringen. Als Truppentransporter nahm sie bis zu 15.000 Soldaten an Bord. Im März 1946

Die QUEEN ELIZABETH gehörte in den 1950er-Jahren zu den Superschiffen auf dem Nordatlantik. (Foto: Cunard)

■ TECHNISCHE DATEN

Länge	314 m
Breite	36 m
Tiefgang	12 m
Motorenleistung	160.000 PS
Geschwindigkeit	k. A.
Bauwerft	John Brown & Company, Clydebank/Schottland
Baujahr	1940

begann ihr ziviler Dienst zwischen Southampton und New York, den sie bis Ende 1968 versah. Ihre künftige Aufgabe unter ihrem neuen Namen SEAWISE UNIVERSITY in Hongkong nahm sie nicht mehr auf: Anfang 1972 zerstörte ein Feuer das Schiff. Es kenterte und wurde abgewrackt.

AMERICA

William Francis Gibbs, der Schöpfer der UNITED STATES, entwarf auch die kleinere AMERICA. Im Juli 1940 war der Turbinenliner einsatzbereit, doch wegen des Krieges nahm er den Nordatlantikdienst nicht auf. Die Marine ließ das Schiff zum Truppentransporter WEST POINT umbauen.

Die AMERICA von 1940 war deutlich kleiner als die UNITED STATES. (Foto: Sammlung Focke)

■ TECHNISCHE DATEN

Länge	220,4 m
Breite	28,4 m
Tiefgang	8,84 m
Motorenleistung	37.400 PS
Geschwindigkeit	22 kn
Bauwerft	Newport News Shipbuilding and Dry Dock Company, Virginia
Baujahr	1938–1939

1946 startete die AMERICA ihre zivile Karriere. 1964 wurde sie verkauft und fuhr als AUSTRALIS nach Australien und Neuseeland. Ab 1979 lag sie still. 1994 riss sie sich auf dem Weg zur Abwrackwerft im Sturm von den Leinen los und strandete vor Fuerteventura.

109 SANTA URSULA / SANTA ELENA

Die Hamburg Süd beschränkte sich nach dem Krieg auf Frachter und Kombischiffe wie die SANTA URSULA.
(Foto: Sammlung Focke)

Bereits Mitte Dezember 1950 ließ die Hamburg Süd bei den Howaldtswerken in Hamburg die SANTA URSULA und im Februar 1951 die SANTA ELENA vom Stapel laufen, ihre ersten Motor-Kombischiffe im Südamerikadienst für Fracht und 28 Passagiere nach dem Krieg. Sie ähnelten der bewährten BELGRANO-Klasse von 1936. Im Frühjahr 1951 machten sie ihre Jungfernreisen zum La Plata. Bis 1964 fuhren sie unter deutscher Flagge, dann wurden sie nach Chile verkauft und fuhren nun im Küstendienst in Südamerika.

■ TECHNISCHE DATEN

Länge	136,3 m
Breite	18,7 m
Tiefgang	k. A.
Motorenleistung	3.500 PS
Geschwindigkeit	13 kn
Bauwerft	Howaldtswerke, Hamburg
Baujahr	1950–1951

HOMELAND

Die 1904/05 als VIRGINIAN in Glasgow für den Kanada-Dienst ab Liverpool gebaute HOMELAND war unter der Flagge der Home Lines das erste Passagierschiff, das Hamburg nach dem Krieg wieder mit den USA und Kanada verband. Nun allerdings unter dem Namen DROTTNINGHOLM für die schwedische Reederei Swedish American Line. Das Turbinenschiff hatte eine deutsche Besatzung, die von der Hapag gestellt wurde. Über 1.700 Passagiere fanden in drei Klassen Platz an Bord. Den Namen HOMELAND erhielt das Schiff 1951 und pendelte zwischen Hamburg, Cherbourg, Southampton, Halifax und New York. 1952 kehrte sie auf die Route Genua-New York zurück, auf der sie schon zuvor gelaufen war. Ihr folgte die ITALIA. 1955 wurde die HOMELAND nach 50 Dienstjahren in Triest abgewrackt. Die Bedeutung der HOMELAND liegt darin, dass Hamburg nach der durch den Zweiten Weltkrieg bedingten zwölfjährigen Pause wieder eine Passagierschiffsverbindung nach Amerika bekam. Die Anstrengungen der Besatzung machten die unübersehbaren Nachteile des schon sehr alten Schiffes wett. Es war auf Anhieb so erfolgreich, dass schon nach nur einem Jahr ein größeres und deutlich jüngeres Schiff eingesetzt werden konnte.

■ TECHNISCHE DATEN

Länge	164 m
Breite	18,4 m
Tiefgang	k. A.
Motorenleistung	9.000 PS
Geschwindigkeit	17 kn
Bauwerft	A. Stephen & Sons, Glasgow
Baujahr	1904–1905

Die HOMELAND schloss Hamburg 1951 wieder an den New York-Dienst an. (Foto: Sammlung Focke)

111 INDEPENDENCE / CONSTITUTION

Die American Export Line bediente mit der INDEPENDENCE und der CONSTITUTION die „Sonnenroute" zwischen dem Mittelmeer und New York. (Foto: American Export)

Die American Export Line bestellte für die „Sonnenroute" zwischen New York und dem Mittelmeer die Schwesterschiffe INDEPENDENCE und CONSTITUTION, die 1951 ihren Dienst aufnahmen. Die beiden amerikanischen Liner mit den markanten hohen Doppelschornsteinen standen von Anfang an in einem harten Wettbewerb mit den mehrfach erneuerten italienischen Passagierschiffen der 1950er-Jahre, die nicht nur durch ihre Eleganz beeindruckten, sondern auch durch die Qualität ihrer mediterranen Küche. Wegen ihres Kabinenkomforts und ihres Lidobereichs mit dem Pool auf dem Achterdeck waren sie zunächst beliebt. Doch auch sie konnten auf Dauer gegen die Jets nicht bestehen und machten nur noch Kreuzfahrten. Die Eigner wechselten mehrfach, zeitweise lagen die Schiffe auf. Mitte der Neunzigerjahre entsprachen beide nicht mehr den internationalen Sicherheitsbestimmungen auf See. Die CONSTITUTION sank 1997 auf ihrem Weg zur Abwrackwerft, die INDEPENDENCE wurde im indischen Alang 2008 abgewrackt.

■ **TECHNISCHE DATEN**

Länge	208 m
Breite	27 m
Tiefgang	9,2 m
Motorenleistung	k.A.
Geschwindigkeit	22,5 kn
Bauwerft	Bethlehem Steal Co, Quincy
Baujahr	1951

MAASDAM / RYNDAM

Außer der MAASDAM, die auf diesem Foto schon STEFAN BATÓRY hieß, fuhr noch die QUEEN ELIZABETH regelmäßig zwischen Southampton und New York. (Foto: POL)

Als einfache Touristenschiffe sollten die MAASDAM und die RYNDAM das Luxusangebot der Holland-Amerika Linie auf dem Nordatlantik ab 1951 nach unten abrunden. Die MAASDAM lief ab 1963 kurzzeitig auch Bremerhaven an, dann wechselte sie in den Kanada-Dienst. 1968 wurde sie nach Polen verkauft. Als STEFAN BATÓRY verband sie Gdynia mit Montreal. Dabei lief sie auf der Ausreise regelmäßig Kopenhagen, Rotterdam und Tilbury bei London an. Von Montreal ging es über Southampton, Rotterdam und Kopenhagen zurück nach Gdynia. Als die STEFAN BATÓRY erstmals unter polnischer Flagge nach Rotterdam kam, kam bei zahlreichen Holländern der Wunsch auf, das Schiff zurückzukaufen. Aufgrund des Kriegsrechts im kommunistischen Polen zu Beginn der 1980er-Jahre mieden Reisende aus westlichen Staaten das Schiff. Damit entgingen der Reederei erhebliche Einnahmen in wertvollen Devisen. Sie blieb bis 1988 als letztes Turbinenschiff auf dem Atlantik, weil es keine Direktflüge zwischen Polen und Nordamerika gab. Kurzeitig als Wohnschiff genutzt, wurde sie 2000 abgewrackt.

■ **TECHNISCHE DATEN**

Länge	153 m
Breite	21 m
Tiefgang	8,8 m
Motorenleistung	k.A.
Geschwindigkeit	16,5 kn
Bauwerft	Wilton-Fijenoord, Schiedam
Baujahr	1951–1952

ITALIA

Die ITALIA verband als das größte Passagierschiff unter deutscher Flagge von 1952 bis 1958 Hamburg und Cuxhaven mit New York. Die Hapag stellte außer in der Maschine die Besatzung. Ihr gepflegter weißer Anstrich kaschierte das altmodische Aussehen der ITALIA und ließ sie durchaus elegant wirken. Sie bot noch immer soliden Komfort. Sogar in der 1. Klasse konnte sie mit vielen anderen Linern mithalten. Fast 70 Prozent der Kabinen der ITALIA hatten ein Bad oder eine Dusche und WC. Die klassischen Salons und teilweise auch der Speisesaal der ITALIA waren repräsentativ ausgestattet und beeindruckten durch ihre Höhe durch zwei Decks. Ende des 1950er Jahrzehnts wuchsen die Komfortansprüche der USA-Reisenden immer schneller, so dass die ITALIA auf Dauer nicht mehr mithalten konnte. Zur Saison 1958 ließen die Home Lines deshalb den größten Teil der Kabinen mit Sofabetten modernisieren, um wieder Anschluss zu finden. Mit ihren 17 Knoten benötigte die ITALIA elf Tage für die Überquerung des Nordatlantiks. Im Winter kreuzte sie mit Erfolg in der Inselwelt der Karibik. Als KUNGSHOLM lief das Schiff 1928 für die Schweden-Amerika Linie bei Blohm & Voss vom Stapel. Im Zweiten Weltkrieg fuhr es als Truppentransporter JOHN ERICSSON für die USA. 1959 wechselte die ITALIA nach einer Modernisierung in den Kanada-Dienst, bevor sie ab 1961 zwischen New York und den Bahamas pendelte und Kreuzfahrten machte. Trotz ihres hohen Alters fand sie erneut Anklang beim amerikanischen Publikum, bis sie dem ersten Neubau der Home Lines Platz machen musste, der OCEANIC. Nach einem kurzen Einsatz als Hotel auf den Bahamas traf die ITALIA im September 1965 in Bilbao zum Abwracken ein. 1965 wurde das Schiff abgewrackt.

■ TECHNISCHE DATEN

Länge	185,6 m
Breite	23,8 m
Tiefgang	k. A.
Motorenleistung	15.000 PS
Geschwindigkeit	17,5 kn
Bauwerft	Blohm & Voss, Hamburg
Baujahr	1928

Die ITALIA wurde 1928 als KUNGSHOLM in Hamburg gebaut. (Foto: Deutsches Schiffahrtsmuseum)

ANDREA DORIA / CRISTOFORO COLOMBO / LEONARDO DA VINCI

Die italienischen Nordatlantikliner galten in den 1950er-Jahren als die schönsten. (Foto: Italia Line)

Die neuen, ab 1953 in Dienst gestellten italienischen Luxusliner mit einem Schornstein waren nicht zuletzt wegen ihrer niedrigen Aufbauten besonders formschön und elegant. Auch ihre Ausstattung war besonders geschmackvoll. Die ANDREA DORIA wurde bekannt durch ihre Nebel-Kollision mit der STOCKHOLM im Juli 1956. Dabei wurde ihr Rumpf auf rund 18 Metern aufgerissen. Sie sank am nächsten Tag. Auf ihr starben 47 Menschen, 1706 wurden gerettet. Das Schwesterschiff CRISTOFORO COLOMBO fuhr von 1954 bis 1973 auf dem Nordatlantik, danach im Südamerikadienst. 1983 wurde es abgewrackt. Die LEONARDO DA VINCI ersetzte 1960 als größerer, teils verbesserter Nachbau die ANDREA DORIA. Sie blieb bis 1965 im Liniendienst, wurde 1978 aufgelegt und brannte 1980 in La Spezia aus. Bei der LEONARDO DA VINCI wurden einige Lehren aus der Katastrophe der ANDREA DORIA umgesetzt: Die wasserdichten Schotts wurden erhöht. Der Maschinenraum wurde in zwei voneinander unabhängige Abteilungen getrennt. Neuartige Davits konnten die nun motorisierten Rettungsboote auch bei einer Schlagseite von 25 Grad aussetzen.

■ TECHNISCHE DATEN

Länge	234 m
Breite	28 m
Tiefgang	9,5 m
Motorenleistung	50.714 PS
Geschwindigkeit	23 kn
Bauwerft	Ansaldo, Genua
Baujahr	1952–1960

115 SANTA TERESA / SANTA INÉS

1953 stellte die Hamburg Süd ihre letzten kombinierten Passagierschiffe in Dienst, die durch ihre abgerundeten Aufbauten auffielen. Sie konnten 28 Fahrgäste auf dem Niveau der 1. Klasse in eleganten Kabinen zwischen Europa und Südamerika befördern. Besonders auffällig an den letzten Hamburger Kombischiffen für die Südatlantikroute waren von außen die abgerundeten, stromlinienförmigen Aufbauten, die bis zum Heck durchgezogen waren, um den Fahrgästen optimale Aufenthaltsbedingungen zu bieten. Sowohl für die Formgebung als auch die Ausstattung war der bekannte Hamburger Architekt Caesar Pinnau verantwortlich. Innen war viel Mahagoni verbaut worden und zwar sowohl in den Kabinen als auch in den Gesellschaftsräumen, die sich die Passagiere mit den Offizieren teilten. Insgesamt waren die SANTA TERESA und die SANTA INÉS gegenüber ihren Vorgängerinnen SANTA URSULA und SANTA ELENA nicht nur vergrößert, sondern auch technisch in vielfacher Hinsicht weiterentwickelt worden. 1961 wurden die Motorschiffe nach Pakistan verkauft, weil der Luftverkehr auch nach Südamerika stark zugenommen hatte, der die Reisedauer enorm verkürzte. Damit endete nach fast 100 Jahren der Passagierdienst der bekannten Hamburger Reederei.

■ TECHNISCHE DATEN

Länge	144,3 m
Breite	18,7 m
Tiefgang	k. A.
Motorenleistung	4.000 PS
Geschwindigkeit	14 kn
Bauwerft	Howaldtswerke, Hamburg
Baujahr	1952–1953

Die SANTA TERESA war das erste der besonders formschönen Kombischiffe der Hamburg Süd. (Foto: Hamburg Süd)

BERLIN

Mit der GRIPSHOLM, einem 1925 gebauten Motorschiff aus Schweden, kehrte der Norddeutsche Lloyd 1954 in den Nordatlantikdienst zurück. Ab 1955 hieß es BERLIN. Es war mit 16 Knoten langsam, aber wegen des guten Service schnell beliebt. Die Einrichtung stammte noch aus den 1920er-Jahren. Die kleine 1. Klasse war altmodisch, aber stilvoll eingerichtet, die Touristenklasse dagegen schlicht und einfach ohne individuellen sanitären Komfort. Erst Ende 1966 wurde die BERLIN außer Dienst gestellt und abgewrackt.

TECHNISCHE DATEN

Länge	179,83 m
Breite	22,65 m
Tiefgang	9,51 m
Motorenleistung	13.500 PS
Geschwindigkeit	16 kn
Bauwerft	Armstrong, Whitworth & Co., Newcastle
Baujahr	1925

Mit der BERLIN kehrte der Norddeutsche Lloyd nach dem Krieg in den Nordatlantikdienst zurück. (Foto: Harald Focke)

ISRAEL / ZION / THEODOR HERZL / JERUSALEM

Als Wiedergutmachung bekam Israel vier ähnliche Passagierschiffe von der Bundesrepublik Deutschland. (Foto: Deutsche Werft)

Als Wiedergutmachung lieferte Deutschland vier kleinere Passagierschiffe an Israel. Sie wurden ab 1955 auf der Deutschen Werft in Hamburg gebaut und verbanden Haifa mit New York. Zwar war der Liniendienst der Reederei ZIM vor allem für Besuche der zahlreichen amerikanischen Juden in Israel gedacht, doch sorgten sie allein nicht für die erhoffte Auslastung. Anlaufhäfen auf der Transatlantikroute waren deshalb zusätzlich Piräus, Neapel, Gibraltar sowie Funchal auf Madeira. Der Nachteil der vielen Zwischenstopps war eine deutlich verlängerte Reisezeit. Auch die koschere Küche stieß bei manchen Interessenten auf Vorbehalte. ISRAEL und ZION hatten Platz für mehr als 300 Passagiere, davon 24 in der 1. Klasse. An Bord befand sich auch eine Synagoge. 1957 folgten THEODOR HERZL und JERUSALEM, die für über 570 Fahrgäste eingerichtet waren. Ab 1965 machten die Schiffe nur noch Kreuzfahrten. Später wurden sie ins Ausland verkauft.

■ TECHNISCHE DATEN

Länge	148,5 m
Breite	19,8 m
Tiefgang	6,5 m
Motorenleistung	k. A.
Geschwindigkeit	18,5 kn
Bauwerft	Deutsche Werft, Hamburg
Baujahr	1955–1957

SOUTHERN CROSS

Die 1955 in Belfast gebaute SOUTHERN CROSS war der erste große Liner, dessen Maschinenraum weit achtern lag, was am Schornstein erkennbar war. Weitere Schiffe folgten ihrem Beispiel, wenn auch nicht immer so extrem. Ziel waren ruhige Kabinen. Die SOUTHERN CROSS war anfangs im Australien-Dienst eingesetzt. Sie nahm keine Fracht mit. 1975 wurde sie für Kreuzfahrten grundlegend modernisiert, die sie unter den Namen CALYPSO, AZURE SEAS und OCEAN BREEZE unternahm. 2004 wurde sie in Bangladesch verschrottet. Heute gilt die SOUTHERN CROSS für ihre Zeit der 1950er-Jahre als revolutionärer Liner wie keiner sonst. Neben der Maschinenanordnung des 20 Knoten schnellen Turbinenschiffs war es auch der Verzicht auf eine 1. Klasse. Das war aber sicher nicht der Grund dafür, dass die britische Königin Mitte August 1954 zur Schiffstaufe nach Belfast in Nordirland kam. Bekannt wurde die SOUTHERN CROSS auch durch ihre Weltreisen, die etwa zweieinhalb Monate dauerten. Der anfängliche Erfolg führte dazu, dass die Reederei Shaw Savill ein etwas größeres Schwesterschiff bestellte. Die NORTHERN STAR lief Ende Juni 1961 vom Stapel und unternahm ebenfalls Reisen rund um die Welt.

■ TECHNISCHE DATEN

Länge	184 m
Breite	23,8 m
Tiefgang	7,8 m
Motorenleistung	k. A.
Geschwindigkeit	20 kn
Bauwerft	Harland & Wolff, Belfast
Baujahr	1955

Als erstes großes Passagierschiff hatte die SOUTHERN CROSS ihre Maschine weit achtern. (Foto: Sammlung Focke)

119 HANSEATIC

Die HANSEATIC hatte den Ruf als „Schiff der guten Laune". (Foto: Deutsches Schiffahrtsmuseum)

Die Hamburg-Atlantik Linie kaufte 1958 die EMPRESS OF SCOTLAND und baute sie mit geringem Aufwand in Hamburg so geschickt um, dass sie als HANSEATIC wieder zeitgemäß wirkte. Ab 1930 hatte der Dreischornsteiner einen Rekord zwischen Vancouver und Yokohama aufgestellt. Nach dem Einsatz als Truppentransporter, im Liniendienst und auf Kreuzfahrten wurde die EMPRESS 1957 aufgelegt. Im September 1966 brach in New York im Maschinenraum der HANSEATIC ein Feuer aus. Sie wurde nach Hamburg geschleppt und verschrottet.

■ TECHNISCHE DATEN

Länge	205,2 m
Breite	26,7 m
Tiefgang	9,09 m
Motorenleistung	30.000 PS
Geschwindigkeit	20 kn
Bauwerft	Fairfield, Glasgow
Baujahr	1930

120 TRANSVAAL CASTLE

Die TRANSVAAL CASTLE war der letzte britische Südafrika-Liner. (Foto: Union Castle)

Auch auf der Südafrika-Route verdrängten die Jets die Passagierschiffe, die in England starteten und auch die Post beförderten. Luxuriöse Neubauten mit Turbinenantrieb verringerten ab Ende der 1950er-Jahre die Fahrtzeit von 13 auf 11 Tage. 1958 kam die PENDENNIS CASTLE, 1960 die WINDSOR CASTLE und 1961 als letzte die TRANSVAAL CASTLE, die ab 1966 S. A. VAAL hieß. 1977 endete auch ihr Passagierdienst. 1977 wurde sie an die Carnival Cruise Lines verkauft und in FESTIVALE umbenannt. Sie wurde 2003 verschrottet.

■ TECHNISCHE DATEN

Länge	232 m
Breite	27,4 m
Tiefgang	9,7 m
Motorenleistung	k. A.
Geschwindigkeit	22,5 kn
Bauwerft	John Brown & Co., Clydebank
Baujahr	1961

SEVEN SEAS

Der ehemalige US-Frachter und Hilfsflugzeugträger von 1940 wurde 1953 zum Passagierschiff umgebaut. 1955 lief die SEVEN SEAS erstmals von Bremerhaven nach Montreal aus, ab Jahresende unter der Flagge der Europa-Canada Linie. Sie war bis 1965 das wohl bekannteste deutsche Auswanderer-

Die SEVEN SEAS war ein beliebtes Auswandererschiff. (Foto: Stadtarchiv Bremerhaven)

■ TECHNISCHE DATEN

Länge	149,7 m
Breite	21,18 m
Tiefgang	7,43 m
Motorenleistung	8.500 PS
Geschwindigkeit	16 kn
Bauwerft	Sun Shipbuilding, Chester
Baujahr	1940–1941

schiff. Sie bot eine preiswerte und dennoch sichere Überfahrt. Im Juli 1965 brach im Motorraum ein Brand aus. danach lag die SEVEN SEAS zehn Jahre lang als Wohnschiff in Rotterdam, ehe sie 1977 in Gent verschrottet wurde.

ARIADNE

Im Oktober 1957 kaufte die Hapag die seit 1951 als Fähre zwischen Göteborg und London eingesetzte PATRICIA und ließ sie bei Blohm & Voss zum Luxus-Kreuzfahrtschiff ARIADNE aufwändig umbauen. Im Februar 1958 machte es seine Jungfernfahrt. Zu hohe Preise in einem noch nicht entwickelten deut-

Die ARIADNE fuhr nur kurz für die Hapag und blieb ihr einziges Passagierschiff nach 1945. (Foto: Hapag-Lloyd)

■ TECHNISCHE DATEN

Länge	138,5 m
Breite	17,7 m
Tiefgang	5,8 m
Motorenleistung	8.650 PS
Geschwindigkeit	18 kn
Bauwerft	Swan, Hunter & Wigham Richardson Ltd, Newcastle
Baujahr	1951

schen Kreuzfahrtmarkt ließen die ARIADNE trotz einiger attraktiver Ausflüge in die Karibik schnell scheitern. Bereits 1960 wurde die ARIADNE wieder verkauft. Die Hapag setzte nie wieder ein Passagierschiff ein.

ROTTERDAM

Die ROTTERDAM ist heute Museumsschiff in ihrem ehemaligen Heimathafen. (Foto: Focke)

Die Holland-Amerika Linie entschloss sich Mitte der 1950er-Jahre zu einem Neubau mit Turbinenantrieb für die New York-Route. Königin Juliane taufte den größten in den Niederlanden gebauten Liner im April 1958. Die ROTTERDAM fiel durch ihre stromlinienförmigen Aufbauten und die beiden Abgasmasten auf. Die Jungfernfahrt begann im September 1959. Das Schiff eignete sich auch für Kreuzfahrten. Der Linieneinsatz endete 1971. 1997 wurde die ROTTERDAM verkauft und bis 2000 als REMBRANDT weiter betrieben. Seit 2009 wird sie unter ihrem alten Namen als Hotel und Museum in Rotterdam genutzt.

■ TECHNISCHE DATEN

Länge	228 m
Breite	28,6 m
Tiefgang	9,1 m
Motorenleistung	35.000 PS
Geschwindigkeit	21,5 kn
Bauwerft	Rotterdam Dry Dock Company, Rotterdam
Baujahr	1959

ORIANA

Die ORIANA fiel durch ihre ungewöhnliche Schornsteinanordnung auf. (Foto: P & O)

Die wegen ihrer Schornsteinanordnung auffällige ORIANA lief ab Anfang Dezember 1960 als letzter Liner der Orient Line im Australien-Dienst. Der zunächst beigefarbene Rumpf war ab 1964 weiß. Seit 1973 machte die ORIANA Kreuzfahrten im Südpazifik. Ihr Heimathafen war ab 1981 Sydney. Bereits 1986 wurde sie dort aufgelegt. Ab 1987 war sie Museum in Beppu/Japan. 1995 wurde sie nach Shanghai verkauft, später nach Nordostchina verlegt. Im Juni 2004 beschädigte ein Sturm die ORIANA, sodass sie verschrottet wurde.

■ TECHNISCHE DATEN

Länge	245 m
Breite	29,5 m
Tiefgang	9,7 m
Motorenleistung	65.000 PS
Geschwindigkeit	27,5 kn
Bauwerft	Vickers-Armstrongs, Elswick
Baujahr	1960

BREMEN V

Der Norddeutsche Lloyd kaufte 1957 den Truppentransporter PASTEUR und ließ ihn in ein Passagierschiff für die Linie von Bremerhaven nach New York umbauen. Die BREMEN machte im Juli 1959 ihre Jungfernreise. Die BREMEN war das schnellste Schiff zwischen Bremerhaven und New York nach der UNITED STATES, die sie in der Qualität von Küche und Service übertraf. Ab Mitte der 1960er-Jahre litt sie an Fahrgastschwund aufgrund der Jets und an Antriebsdefekten. 1971 übernahm die griechische Reederei Chandris die unrentable BREMEN und setzte sie kurz als REGINA MAGNA für Kreuzfahrten ein. Dann wurde sie Wohnschiff in Dschidda. 1980 versank sie auf dem Weg zur Abwrackwerft im Arabischen Meer.

■ TECHNISCHE DATEN

Länge	212,4 m
Breite	26,8 m
Tiefgang	9,3 m
Motorenleistung	60.000 PS
Geschwindigkeit	23 kn
Bauwerft	Penhoet, Chantier et Ateliers, St. Nazaire/ Bremer Vulkan
Baujahr	1938–1939

▶ **Wussten Sie schon?**
Damit keine Fremdenlegionäre im Suezkanal von Bord sprangen, mussten sie auf der PASTEUR die Durchfahrt unter Deck zubringen, wo die Bullaugen zugeschweißt waren.

Die BREMEN war das größte und schnellste deutsche Nachkriegs-Passagierschiff im Liniendienst. (Foto: NDL)

107

GALILEO GALILEI / GUGLIELMO MARCONI

Die Schwesterschiffe GALILEO GALILEI und GUGLIELMO MARCONI wurden für den Australiendienst gebaut. (Foto: Italia Line)

Im März 1963 machte die GALILEO GALILEI ihre erste Reise nach Australien. Im November 1963 kam das Schwesterschiff GUGLIELMO MARCONI hinzu, bis 1973 im Liniendienst. In den ersten Jahren fuhren die Schiffe durch den Suezkanal, später auch durch den Panamakanal. 1975 lief die GALILEO GALILEI auf Grund. Ab 1979 machte sie Kreuzfahrten, wurde jedoch bereits 1979 für vier Jahre aufgelegt. Danach kreuzte sie als GALILEO in der Karibik. 1988 wurde sie modernisiert und ab 1990 als MERIDIAN eingesetzt, dann als SUN VISTA. 1999 brach ein Brand im Maschinenraum aus. Alle Passagiere und Besatzungsmitglieder überlebten, das Schiff sank. Die Schwesterschiffe GALILEO GALILEI und GUGLIELMO MARCONI bewiesen noch in den 1960er- und 1970er-Jahren, dass die Italiener lange an ihrem Passagierdienst festhielten und zudem nicht nur auf der wichtigsten Strecke, dem Nordatlantik, außergewöhnlich schöne, moderne und besonders elegant ausgestattete Schiffe einsetzten.

■ TECHNISCHE DATEN

Länge	214 m
Breite	28,6 m
Tiefgang	8,6 m
Motorenleistung	44.628 PS
Geschwindigkeit	24 kn
Bauwerft	Cantieri Riuniti, Monfalcone
Baujahr	1963

IVAN FRANKO 127

In Wismar entstand ein Quintett formschöner Passagierschiffe für die Sowjetunion. (Foto: Pjotr Manhonin)

Als IVAN FRANKO-Klasse werden fünf Passagierschiffe mit eleganter Silhouette bezeichnet, die in Wismar von 1963 bis 1972 für die UdSSR gebaut wurden. IVAN FRANKO machte von Oktober 1964 bis 1997 meist Kreuzfahrten. Die ALEKSANDR PUSHKIN fuhr ab August 1965 lange im Liniendienst zwischen Leningrad und Montreal. Ab 1991 wurde sie modernisiert. Als MARCO POLO ist sie seit 1993 noch im Einsatz. Die TARAS SHEVCHENKO machte ab April 1967 Kreuzfahrten. 1995 wurde sie in Odessa umgebaut. Wegen finanzieller Probleme der Reederei kam sie im Juni 1998 in Piräus an die Kette, 2004 wurde sie zum Abwracken verkauft. Die SHOTA RUSTAVELI wurde Ende Juni 1968 abgeliefert. Ab November 2003 wurde sie abgebrochen. Die MIKHAIL LERMONTOV lief ab März 1972 im Kreuzfahrt- und Passagierliniendienst von Bremerhaven zu den Kanarischen Inseln, nach Montreal und New York. Nach dem die USA 1980 ihre Häfen für Sowjetschiffe gesperrt hatten, endeten die Kreuzfahrten. 1982 wurde das Schiff in Bremerhaven umgebaut. Im Februar 1986 schlug es leck und sank. Die Passagiere wurden gerettet.

■ TECHNISCHE DATEN

Länge	175,79 m
Breite	23,61 m
Tiefgang	8,11 m
Motorenleistung	21.300 PS
Geschwindigkeit	20,45 kn
Bauwerft	VEB Mathias-Thesen-Werft, Wismar
Baujahr	1963–1972

MICHELANGELO / RAFFAELO

Die gitterförmige Ummantelung ihrer beiden Schornsteine war das Kennzeichen der erfolglosen Schwestern MICHELANGELO und RAFFAELO. (Foto: Italia Line)

Mit der MICHELANGELO und der RAFFAELO kamen 1965 in Genua und Triest die größten italienischen Passagierschiffe seit dem Zweiten Weltkrieg in Fahrt. Sie wurden als Drei-Klassenschiffe für 1.800 Fahrgäste auf der „Sonnenroute" über den Nordatlantik zwischen Italien und den USA gebaut und waren wegen ihrer Ausmaße für Kreuzfahrten ungeeignet. Die beiden Schornsteine der schneeweißen MICHELANGELO und der RAFFAELO waren mit einer auffälligen Gitterkonstruktion umgeben und hatten oben waagerechte Bleche, um die Abgase der Turbinen abzuleiten und die Sonnendecks von Ruß freizuhalten. Die schicken Liner waren bis zu 29 Knoten schnell, waren aber wegen zu geringer Buchungszahl nie rentabel. Bereits 1975 wurden die vom Staat subventionierten Liner außer Dienst gestellt und 1977 als Wohnschiffe an den Iran verkauft. RAFFAELO kenterte 1983 nach einem irakischen Luftangriff, MICHELANGELO wurde 1991 verschrottet. Im Rückblick erscheint es unverständlich, dass die erfahrenen Italiener noch zu einer Zeit gleich zwei auffallend große Nordatlantikliner in Dienst stellten, als der Rückgang der Passagierzahlen bereits überdeutlich war. Es gibt keine anderen Schiffe jener Jahre, die so schnell scheiterten wie die beiden stattlichen MICHELANGELO und RAFFAELO.

■ TECHNISCHE DATEN

Länge	275 m
Breite	31 m
Tiefgang	9,7 m
Motorenleistung	87.000 PS
Geschwindigkeit	26,5 kn
Bauwerft	Ansaldo, Genua / Cantieri, Triest
Baujahr	1965

CANBERRA

Die CANBERRA war eines der schönsten und schnellsten Passagierschiffe aller Zeiten. Sie lief im Australien-Dienst der P&O-Orient Line. Ihre Dampfturbinen trieben Wechselstromgeneratoren an, die Elektromotoren versorgten. Ab 1973 wurde sie für Kreuzfahrten eingesetzt. Im April 1982

Die CANBERRA gilt als eines der schönsten Passagierschiffe aller Zeiten. (Foto: P & O)

■ TECHNISCHE DATEN

Länge	249 m
Breite	31 m
Tiefgang	9,9 m
Motorenleistung	88.000 PS
Geschwindigkeit	25 kn
Bauwerft	Harland & Wolff, Belfast
Baujahr	1961

beschlagnahmte die Regierung das Schiff als Truppentransporter im Falklandkrieg. Trotz ihrer Größe und des weißen Anstrichs wurde es nicht angegriffen. Nach Kriegsende ging die CANBERRA bis Oktober 1997 wieder auf Kreuzfahrt.

LOFOTEN

Das älteste Schiff der Hurtigruten ist zugleich das kleinste. Die LOFOTEN lief 1964 in Oslo vom Stapel und steht unter Denkmalschutz. Es verfügt noch über klassische Panoramasalons und Holzdecks. Die nur 87 Kabinen sind eher einfach, aber behaglich eingerichtet – auch nach der 2003 erfolgten Reno-

Die LOFOTEN ist das letzte klassische Hurtigruten-Schiff. (Foto: Sammlung Focke)

■ TECHNISCHE DATEN

Länge	87,41 m
Breite	13,28 m
Tiefgang	4,6 m
Motorenleistung	3.372 PS
Geschwindigkeit	16 kn
Bauwerft	Akers mekaniske verksted, Norwegen
Baujahr	1964

vierung und Neuausstattung. Die Fahrgäste der LOFOTEN entscheiden sich für sie wegen der familiären Atmosphäre und des authentischen Ambientes als nostalgisches Postschiff der 1950er-Jahre. Alle anderen zeitgenössischen Schiffe sind ausgemustert.

KUNGSHOLM

Die KUNGSHOLM hier als MONA LISA mit nur einem Schornstein. (Foto: Sammlung Kaack)

Die KUNGSHOLM wurde 1966 als letztes Schiff der Schweden-Amerika Linie für den Nordatlantikdienst zwischen Göteborg und New York gebaut. 1975 wurde es verkauft und nur noch als Kreuzfahrtschiff eingesetzt. Nach einem Umbau 1978 in Bremen hieß es SEA PRINCESS und hatte nur noch einen Schornstein. Weitere Umbauten folgten 1982, 2001 und 2008 unter den Namen SEA PRINCESS, VICTORIA und MONA LISA, OCEANIC II und ab Anfang 2008 wieder MONA LISA. Von 2011 bis 2013 lag das Schiff als Hotel VERONICA in Oman.

■ **TECHNISCHE DATEN**

Länge	201 m
Breite	26,5 m
Tiefgang	8 m
Motorenleistung	k.A.
Geschwindigkeit	21 kn
Bauwerft	John Brown Co., Clydebank
Baujahr	1966

SHALOM

Das frühere israelische Flaggschiff SHALOM wurde 1967 an die Deutsche Atlantik Linie nach Hamburg verkauft, wo sie als HANSEATIC II fuhr. (Foto: DSM)

Als Ersatz für die im Herbst 1966 ausgebrannte HANSEATIC sollte das in Frankreich gebaute ehemalige israelische Flaggschiff SHALOM für die Deutsche Atlantik Linie ab November 1967 den Liniendienst fortsetzen und Kreuzfahrten machen. Die Reisen zwischen Cuxhaven und New York wurden jedoch bereits 1969 beendet. Nachdem die Hamburger Reederei 1973 ihren Betrieb eingestellt hatte, ging das Schiff mit den beiden Abgaspfosten als DORIC an die Home Lines, für die sie meist ab Port Everglades in der Karibik kreuzte.

■ **TECHNISCHE DATEN**

Länge	197 m
Breite	25 m
Tiefgang	8,2 m
Motorenleistung	31.400 PS
Geschwindigkeit	21 kn
Bauwerft	Chantiers de l'Atlantique, Saint Nazaire
Baujahr	1964

EUROPA

Die EUROPA blieb nur kurz im Liniendienst zwischen Bremerhaven und New York. (Foto: Sammlung Focke)

Im Herbst 1965 übernahm der Norddeutsche Lloyd die KUNGSHOLM der Schweden-Amerika Linie. Als EUROPA machte sie 1966 ihre Jungfernreise nach New York. Schon bald überwogen Kreuzfahrten in der Karibik. Wegen des ungünstigen Wechselkurses zwischen Dollar und DM verursachten sie Verluste, so dass das Schiff nach Europa zurückkehrte. Rentabel wurde es erst Anfang der 1970er-Jahre nach massiven Preiserhöhungen für ein Luxus-Publikum. Ganz in Weiß mit orangefarbenen Schornsteinen war sie endlich erfolgreich. Ohne die Qualitäten der EUROPA und ihren Erfolg beim Publikum nach 1973 hätte es bei Hapag-Lloyd kein weiteres Kreuzfahrtschiff gegeben. 1.045.000 Seemeilen, 34 Atlantiküberquerungen, 315 Kreuzfahrten lautet die Bilanz des Schiffs.

▶ **Wussten Sie schon?**

Sowohl bei der Schweden-Amerika Linie als auch beim Norddeutschen Lloyd war die KUNGSHOLM die Nachfolgerin der fast 20 Jahre älteren GRIPSHOLM.

■ **TECHNISCHE DATEN**

Länge	183,9 m
Breite	23,5 m
Tiefgang	8 m
Motorenleistung	14.700 PS
Geschwindigkeit	18 kn
Bauwerft	De Schelde, Vlissingen
Baujahr	1953

134 KONG HARALD

Die KONG HARALD gehört zu den modernen Schiffen der Hurtigruten, zu deren 100. Bestehen sie in Stralsund vom Stapel lief. (Foto: Finn Rindahl)

Ab 1993 begannen die Reedereien der Hurtigruten, ihre aus den 1950er-Jahren stammenden kleinen Post- und Passagierschiffe für den Küstendienst zwischen Bergen und Kirkenes durch größere zu ersetzen, die für „die schönste Seereise der Welt" den zeitgemäßen Komfort von Kreuzfahrtschiffen boten. KONG HARALD, RICHARD WITH und NORDLYS waren die ersten der neuen Schiffe, denen 1996 NORDKAPP und POLARLYS folgten. Seitdem wurde die Flotte ständig weiter modernisiert. Einige der Schiffe bieten auch Kreuzfahrten in anderen Revieren an.

■ TECHNISCHE DATEN

Länge	121,8 m
Breite	19,2 m
Tiefgang	4,7 m
Motorenleistung	12.300 PS
Geschwindigkeit	19 kn
Bauwerft	Volswerft Stralsund
Baujahr	1992

135 WAPPEN VON HAMBURG

Die WAPPEN VON HAMBURG war ein besonders schnelles Helgoland-Schiff. (Foto: Sammlung Kaack)

Die WAPPEN VON HAMBURG von 1965 war das dritte Seebäderschiff mit diesem Namen. Die Howaldtswerke bauten sie für den Helgoland-Dienst von Hamburg und Cuxhaven. Im Winter sollte es Kreuzfahrten machen, was jedoch schnell scheiterte. Die WAPPEN VON HAMBURG galt als Flaggschiff der Helgolandflotte und war bis zum Herbst 2006 im Einsatz, seit den 1990er-Jahren mit schwindender Auslastung. 2010/11 wurde sie abgewrackt. Der Fahrstand der Brücke hat im Deutschen Schiffahrtsmuseum in Bremerhaven überlebt.

■ TECHNISCHE DATEN

Länge	109,6 m
Breite	15 m
Tiefgang	4,1 m
Motorenleistung	10.160 PS
Geschwindigkeit	22 kn
Bauwerft	Howaldtswerke Kiel
Baujahr	1964–65

QUEEN ELIZABETH 2

Die QUEEN ELIZABETH 2 war von 1969 bis 2004 Flaggschiff der Cunard Line und der letzte große Transatlantikliner. Sie wurde ab 1963 so geplant, dass sie alle Luxuswünsche erfüllte und mit ihrem langen Vorschiff zugleich traditionell und zeitlos elegant aussah. Mit fast 6 Millionen Seemeilen und 2,5 Millionen Passagieren hält sie den Weltrekord. 806 hat sie den Atlantik überquert und 26 Weltreisen gemacht. Nach dem Rückzug der UNITED STATES war die QUEEN ELIZABETH 2 das schnellste Passagierschiff der Welt. 1982 war sie als Truppentransporter im Falklandkrieg eingesetzt. 1986/87 wurde das Schiff in Bremerhaven umgebaut: Die Dampfturbinen wurden durch Diesel ersetzt. 2007 wurde die QE 2 verkauft. Seit November 2008 liegt die noch heute modern wirkende QUEEN ELIZABETH 2 ungenutzt in Dubai.

▶ **Wussten Sie schon?**
Die QUEEN ELIZABETH 2 war mit Dieselmotoren noch schneller als mit Turbinen. Vorher lief sie höchstens 33 Knoten, mit Dieseltriebwerken waren es noch 1,5 Knoten mehr.

■ **TECHNISCHE DATEN**

Länge	293,5 m
Breite	32,03 m
Tiefgang	9,87 m
Motorenleistung	130.000 PS
Geschwindigkeit	34,5 kn
Bauwerft	John Brown & Company, Clydebank/Schottland
Baujahr	1965–1969

Die QUEEN ELIZABETH 2 mit ihrer Silhouette eines klassischen Liners wirkt noch heute aus jeder Perspektive elegant. (Foto. Sammlung Kaack)

137 ETTA VON DANGAST

Als Ausflugsdampfer in der Jade unterwegs: die 1935 gebaute ETTA VON DANGAST. (Foto: Ulf Kaack)

Vor allem auf dem Jadebusen und im Wattenmeer ist das Fahrgastschiff ETTA VON DAGAST ein vertrauter Anblick. Der Oldtimer unternimmt mit Touristen regelmäßig Ausflugsfahrten zum Leuchtturm Arngast und zu den Seehundsbänken in der Nordsee. Ursprünglich wurde das Schiff von einer Dampfmaschine angetrieben und war in nordnorwegischen Gewässern in Fahrt. Zeitweise von der Royal Navy beschlagnahmt, war es nach dem Zweiten Weltkrieg als Schlepper im Hamburger Hafen und ab 1956 als Fähre nach Langeoog im Einsatz. Nach einer Modernisierung 1981 erhielt es den Namen ETTA VON DANGAST.

■ TECHNISCHE DATEN

Länge	26,27 m
Breite	5,04 m
Tiefgang	1 m
Motorenleistung	125 PS
Geschwindigkeit	8 kn
Bauwerft	k.A.
Baujahr	1935

138 SPIEKEROOG III

46 Jahre lang verkehrte die SPIEKEROOG III ab Neuharlingersiel. (Foto: Ulf Kaack)

Bis zu ihrer Außerdienststellung 2013 war die SPIEKEROOG III viele Jahre lang das kleinste und älteste der zwischen der Insel Spiekeroog und Neuharlingersiel eingesetzten Fährschiffe. Aber auch das sympathischste, wie viele ehemalige Reisende meinen. Das Schiff mit Zulassung für die Watt- und Küstenfahrt hatte für seine Passagiere zwei Decks: das Hauptdeck mit zwei Salons und der Heckladefläche sowie das Oberdeck mit dem Sonnendeck. 1976 machte die SPIEKEROOG III Schlagzeilen, als sie in schwerem Orkan vom Anleger losgerissen wurde und führerlos auf Mellum strandete.

■ TECHNISCHE DATEN

Länge	33,54 m
Breite	6,8 m
Tiefgang	1,45 m
Motorenleistung	421 PS
Geschwindigkeit	11,5 kn
Bauwerft	Husumer Schiffswerft
Baujahr	1967

ROLAND VON BREMEN

Die ROLAND VON BREMEN fuhr von 1966 bis 1984 von Bremerhaven aus im Ausflugsverkehr nach Helgoland. Sie entstand 1939 als Kühlschiff in Kopenhagen und wurde 1966 in Genua zum Seebäderschiff umgebaut. Ihre Sil-

Die ROLAND VON BREMEN war früher ein Bananenfrachter. (Foto: Sammlung Focke)

■ TECHNISCHE DATEN

Länge	114 m
Breite	15,72 m
Tiefgang	5,21 m
Motorenleistung	3.700 PS
Geschwindigkeit	16 kn
Bauwerft	Helsingørs Jernskibs og Maskinbyggeri
Baujahr	1938–1939

houette und ihre geringe Geschwindigkeit erinnerten weiterhin an ihren Ursprung als Frachter. Mit bis zu 1.900 Passagieren hatte es die größte Kapazität aller Helgolandschiffe seiner Zeit, die sie auch mit ihrer Zahl der Decksliegestühle bei weitem übertraf. 1985 wurde die ROLAND VON BREMEN abgewrackt.

FRIEDRICH

Eine bewegte Vergangenheit hat dieses heute als eines der Wahrzeichen Bremens geltende Schiff. Ab 1880 unter dem Namen SÜD-HAMBURG als dampfbetriebenes Fährschiff für den Transport von Werftarbeitern im Einsatz, war es auch als Löschboot ausgerüstet. 1918 kam es an die Weser, erhielt 1925 das charakteristische zweite Deck und absolvierte nun unter dem Namen

In früheren Jahren fuhr die FRIEDRICH Touristen durch Bremens Hafen. Heute ist der Oldtimer als Traditionsschiff in Fahrt. (Foto: Ulf Kaack)

■ TECHNISCHE DATEN

Länge	18,33 m
Breite	7,15 m
Tiefgang	2,2 m
Motorenleistung	200 PS
Geschwindigkeit	k.A.
Bauwerft	Reiherstieg Schiffswerft & Maschinenfabrik, Hamburg
Baujahr	1879–1880

FRIEDRICH Hafenrundfahrten. 1950 ersetzte ein Dieselmotor den Dampfantrieb. Die FRIEDRICH blieb bis 1963 in Fahrt. 1985 begannen umfangreiche Restaurierungsarbeiten. Heute ist die FRIEDRICH ein schwimmendes Traditionsschiff.

141 TANNENBERG

Die TANNENBERG pendelte von 1935 bis 1939 als schnellstes Schiff des „Seedienstes Ostpreußen" zwischen Kiel/Travemünde und Memel/Libau, um den Landweg durch den Polnischen Korridor in das nach dem Ersten Weltkrieg vom Kernland des Deutschen Rei-

Die TANNENBERG war das neueste Fährschiff des Seedienstes Ostpreußen vor dem Krieg.
(Foto: Sammlung Focke)

■ TECHNISCHE DATEN

Länge	129,5 m
Breite	15,5 m
Tiefgang	7,4 m
Motorenleistung	12.000 PS
Geschwindigkeit	20 kn
Bauwerft	Oderwerke, Stettin
Baujahr	1935

ches abgetrennte Ostpreußen zu vermeiden. Die TANNENBERG lief 20 Knoten und hatte Platz für 2.000 Passagiere und 100 Autos. Im Zweiten Weltkrieg wurde sie von der Kriegsmarine als Minenschiff genutzt. Sie sank im Sommer 1941 in der Ostsee.

142 HOVERCRAFT NAUTICAL 4

Die Saunders Roe Nautical 4, auch als Mountbatten-Klasse bezeichnet, war ein von 1968 bis 1977 gebautes englisches Luftkissenfahrzeug für bis zu 50 Autos und über 400 Passagiere, das bis 2000 auf See eingesetzt wurde, meist als Fähre im Ärmelkanal zwischen Frankreich und England. Der Rekord von Dover nach Calais steht bei 22 Mi-

Luftkissenboote von Hovercraft waren zeitweilig eine ernste Konkurrenz der Kanalfähren, konnten sich aber auf Dauer nicht gegen sie behaupten.
(Foto: Andrew Barridge)

■ TECHNISCHE DATEN

Länge	56,38 m
Breite	23,77 m
Tiefgang	0 m
Motorenleistung	15.200 PS
Geschwindigkeit	70 kn
Bauwerft	British Hovercraft Corporation, Isle of Wight/England
Baujahr	1968–1977

nuten Fahrtzeit. Die Dienstgeschwindigkeit lag bei 60 Knoten, also etwa 115 Kilometern pro Stunde. Das größte Hovercraft vom Typ Mk III konnte bis Windstärke 9 eingesetzt werden.

HERALD OF FREE ENTERPRISE 143

Die RoRo-Fähre HERALD OF FREE ENTERPRISE wurde ab 1980 von der Reederei Townsend im Liniendienst zwischen Calais und Dover eingesetzt. Als das Schiff am 6. März 1987 mit 543 Passagieren und 80 Besatzungsmitgliedern an Bord den Hafen von Zeebrügge verließ, schlief der mit der Kontrolle der Bugtore beauftragte Matrose. Bei leichtem Seegang drang nach der Hafenausfahrt schnell eine große Menge Wasser durch die offenen Bugklappen in das Schiff. Die Ladung verrutschte und binnen zwei Minuten kenterte HERALD OF FREE ENTERPRISE mit der Backbordseite auf eine Sandbank. Dabei kamen 193 Menschen ums Leben.

Nach ihrer Bergung wird die HERALD OF FREE ENTERPRISE von Schleppern in den Hafen von Vissingen bugsiert. (Foto: Archiv Ranter)

■ TECHNISCHE DATEN

Länge	131,91 m
Breite	23,19 m
Tiefgang	5,72 m
Motorenleistung	k. A.
Geschwindigkeit	22 kn
Bauwerft	Schichau Unterweser, Bremerhaven
Baujahr	1979–1980

TOM SAWYER 144

Ursprünglich als Eisenbahn-, Fracht- und Passagierfähre, auch als RoPax-Fähre bezeichnet, für die Verbindung zwischen Travemünde und dem schwedischen Trelleborg als ROBIN HOOD in Dienst gestellt, verkehrt die TOM SAWYER seit 2002 für die in Lübeck-Travemünde beheimatete Reederei TT-Line auf der Ostsee zwischen Rostock und Trelleborg. Sie verfügt über 134 Kabinen und bietet Platz für 400 Passagiere. Auf drei Decks mit insgesamt 2.260 Lademetern können bis zu 142 Lkw-Ladetrailer übernommen werden. Die Besatzung besteht aus 40 Seeleuten, Technikern und Servicekräften.

Auf der Fahrt nach Trelleborg passiert die TOM SAWYER die Steilküste im Südosten der dänischen Insel Møn. (Foto: Ulf Kaack)

■ TECHNISCHE DATEN

Länge	177,2 m
Breite	26 m
Tiefgang	5,75 m
Motorenleistung	20.122 PS
Geschwindigkeit	20 kn
Bauwerft	SSW Werft Bremerhaven
Baujahr	1988–1989

FINNJET

Die FINNJET beeindruckte durch ihre enorme Geschwindigkeit, die alle anderen Ostseefähren übertraf. (Foto: Matthias Harbers)

Die Wärtsilä-Werft in Helsinki baute 1976 mit der FINNJET die schnellste Fähre der Welt, die mit über 30 Knoten zwischen Helsinki und Travemünde verkehrte. Ihre zwei Gasturbinen verbrauchten allerdings viel Treibstoff. Deshalb erhielt das Schiff 1981 zusätzlich einen dieselelektrischen Antrieb, der 18,5 Knoten ermöglichte und vor allem im Winter eingesetzt wurde. 1998 wechselte die FINNJET auf die Strecke Rostock-Tallinn-St. Petersburg. 2005 wurde sie als unrentabel außer Dienst gestellt und 2008 verschrottet.

■ TECHNISCHE DATEN

Länge	215 m
Breite	25 m
Tiefgang	k.A.
Motorenleistung	74.779 PS
Geschwindigkeit	33 kn
Bauwerft	Oy Wärtsilä Ab, Helsinki/Finnland
Baujahr	1976–1977

ESTONIA

Der Gründe für den Untergang der ESTONIA liegen bis heute im Dunklen. (Foto: Sjöfards Tidningen)

Die Ostseefähre ESTONIA ging am 28. September 1994 auf der Fahrt von Tallinn nach Stockholm vor der finnischen Insel Utö mit 852 Menschen unter. Es war das schwerste Schiffsunglück in Europa nach 1945. In die 1980 gebaute Fähre für Passagiere und Fracht drang bei starkem Seegang nachts Wasser ein. Möglicherweise brachen zunächst die Scharniere, dann die komplette Bugklappe. Das Schiff bekam Schlagseite und sank schnell. Nur 94 Menschen wurden gerettet. Ungeklärt ist der Vorwurf, die ESTONIA habe illegal Militärgüter transportiert.

■ TECHNISCHE DATEN

Länge	157,02 m
Breite	24,2 m
Tiefgang	5,5 m
Motorenleistung	23.929 PS
Geschwindigkeit	19,5 kn
Bauwerft	Meyer Werft, Papenburg
Baujahr	1980

COLOR MAGIC

Die Eigenschaften einer Autofähre kombiniert die COLOR MAGIC mit dem Komfort eines Kreuzfahrtschiffes. Sie verkehrt, ebenso wie ihr drei Jahre älteres Schwesterschiff COLOR FANTASY, täglich zwischen Kiel und Oslo. Getauft wurde das Schiff 2007 von der Schauspielerin Veronica Ferres. Anschließend gab die norwegische Band a-ha ein Konzert auf einer schwimmenden Bühne in der Kieler Förde. In 1.016 Kabinen finden 2.975 Passagiere Platz während der 20-stündigen Seereise der COLOR MAGIC. Ihre beiden Autodecks können bis zu 550 Pkw aufnehmen. 250 Personen zählt die Besatzung, ihr Heimathafen ist Oslo.

■ TECHNISCHE DATEN

Länge	223,75 m
Breite	35 m
Tiefgang	6,8 m
Motorenleistung	42.420 PS
Geschwindigkeit	22,1 kn
Bauwerft	Aker Finnyards, Turku/Finnland
Baujahr	2005–2007

Die norwegische COLOR MAGIC kurz vor dem Anlegen in der Kieler Förde. (Foto: Ulf Kaack)

148 WILHELM GUSTLOFF / ROBERT LEY

Die WILHELM GUSTLOFF war der erste Neubau der KdF-Flotte. (Foto: Blohm & Voss)

Die WILHELM GUSTLOFF war das erste neue Schiff der NS-Urlaubs-Organisation „Kraft durch Freude". Im März 1938 wurde sie in Dienst gestellt, ihr Schwesterschiff ROBERT LEY folgte ein Jahr später. Alle Passagiere hatten gleich ausgestattete Außenkabinen. Im Krieg waren beide Kreuzfahrer Lazarett- und Wohnschiffe. Danach halfen sie bei der Rettung von Flüchtlingen. Ein sowjetisches U-Boot versenkte die WILHELM GUSTLOFF Ende Januar 1945. 9.000 Menschen starben im eiskalten Wasser der Ostsee. Weltweit ist dies der Schiffsuntergang mit den meisten zu beklagenden Toten. Die ROBERT LEY brannte in Hamburg nach einem Luftangriff aus. Die von der Reederei Hamburg Süd bereederte WILHELM GUSTLOFF besaß eine vergleichsweise schlichte Einrichtung, die sich an den Schiffen der MONTE-Klasse orientierte. Die beiden Schwesterschiffe WILHELM GUSTLOFF und ROBERT LEY waren die bis dahin größten nur für Kreuzfahrten gebauten Schiffe der Welt.

■ TECHNISCHE DATEN

Länge	208,55 m
Breite	23,59 m
Tiefgang	7,04 m
Motorenleistung	9.500 PS
Geschwindigkeit	15,5 kn
Bauwerft	Blohm & Voss, Hamburg
Baujahr	1937–1938

122 KREUZFAHRTSCHIFFE

STOCKHOLM 149

Die STOCKHOLM war der erste Nachkriegsneubau der Schweden-Amerika Linie. Das kleine Motorschiff machte im Februar 1948 seine erste Reise nach New York. Bekannt wurde es durch die Kollision mit der ANDREA DORIA im Juli 1956. Die STOCKHOLM konnte mit eingedrücktem Bug nach New York

Die DDR nutzte die VÖLKERFREUNDSCHAFT für Urlaubsreisen. (Foto: Sammlung Focke)

■ TECHNISCHE DATEN

Länge	160,08 m
Breite	21,04 m
Tiefgang	7,55 m
Motorenleistung	12.000 PS
Geschwindigkeit	18 kn
Bauwerft	Götaverken, Göteborg
Baujahr	1946–1948

zurückkehren und im Dezember ihren Dienst wieder aufnehmen. Von 1960 bis 1985 setzte die DDR die STOCKHOLM als VÖLKERFREUNDSCHAFT für „Urlauberreisen" ein. 1992 wurde sie modernisiert; sie ist als AZORES noch in Fahrt.

REGINA MARIS 150

Die Lübeck Linie ließ 1965 bei den Lübecker Flenderwerken ein kleines Passagierschiff bauen, das ab Mitte 1966 nur für Kreuzfahrten eingesetzt werden sollte, im Frühjahr und Herbst im Mittelmeer, im Sommer in Nord- und Ostsee und im Winter von Teneriffa aus nach Westafrika und Südame-

Der erste Neubau eines Kreuzfahrtschiffes in der Bundesrepublik Deutschland war die REGINA MARIS. (Foto: DSM)

■ TECHNISCHE DATEN

Länge	118,01 m
Breite	16,02 m
Tiefgang	5,35 m
Motorenleistung	8.050 PS
Geschwindigkeit	18 kn
Bauwerft	Lübecker Flenderwerke
Baujahr	1966

rika. Noch immer waren Kreuzfahrten in Deutschland der Oberschicht vorbehalten. Deswegen war die REGINA MARIS zu selten gut gebucht und wirtschaftlich nicht erfolgreich. Im November 1976 wurde sie nach Kanada verkauft.

151 BRITANNIA

Einst war die BRITANNIA Privatjacht der britischen Königsfamilie. (Foto: Sammlung Focke)

Das Turbinenschiff BRITANNIA wurde 1953 als Königliche Yacht gebaut. Nach der Taufe durch Elizabeth II. wurde sie 1954 in Dienst gestellt. Die Queen und ihre Familie nutzten die BRITANNIA bei fast 1.000 Besuchen im In- und Ausland. 1997 kündigte die Regierung der Konservativen einen Neubau an, doch die Labour Party setzte nach ihrem Wahlsieg die ersatzlose Außerdienststellung durch. Die Royals wollten die bisher von den Steuerzahlern aufgebrachten jährlichen Unterhaltskosten von 30 Millionen Euro nicht übernehmen. Die BRITANNIA ist heute Museumsschiff in Leith bei Edinburgh.

■ TECHNISCHE DATEN

Länge	126 m
Breite	17 m
Tiefgang	4,6 m
Motorenleistung	12.000 PS
Geschwindigkeit	21,5 kn
Bauwerft	John Brown, Clydebank
Baujahr	1953–1954

152 FRITZ HECKERT

Die FRITZ HECKERT litt an den Problemen ihres unausgereiften Antriebskonzepts. (Foto: DSM)

Die FRITZ HECKERT war der erste Neubau eines „Urlauberschiffes" in Deutschland nach 1945 und das einzige Passagierschiff der Welt mit einem kombinierten Antrieb durch Dieselmotoren und Gasturbinen, der sich als anfällig erwies. Das Schiff wurde in Wismar gebaut und im April 1960 in Dienst gestellt. Meist kreuzte es in der Ostsee. Am Mai 1972 wurde es in Stralsund als Arbeiterwohnheim genutzt. Nach 1991 lag es unter dem Namen GULF FANTASY als Hotelschiff in den Vereinigten Arabischen Emiraten. 1999 wurde es verschrottet.

■ TECHNISCHE DATEN

Länge	141,17 m
Breite	17,6 m
Tiefgang	5,57 m
Motorenleistung	9.400 PS
Geschwindigkeit	17 kn
Bauwerft	Mathias-Thesen-Werft, Wismar/DDR
Baujahr	1960–1961

EUROPA

Hapag-Lloyd bestellte 1998 bei Kvaerner-Masa in Helsinki ein Luxus-Kreuzfahrtschiff. Im September 1999 war es in Hamburg bereit zur Jungfernfahrt nach Malaga. Anfangs hatte das Schiff Platz für gut 400 Passagiere, später wurde die Kapazität auf 500 erhöht. Auch der neuen EUROPA gelang es, sich im Ranking der besten und luxuriösesten Schiffe stets an die Weltspitze zu setzen. Diese EUROPA war die erste, die nicht mehr die Columbuskaje in Bremerhaven anlief, sondern Hamburg als deutschen Hafen nutzte.

Mit der EUROPA von 1999 setzte sich Hapag-Lloyd weltweit an die Spitze. (Foto: Hapag-Lloyd)

■ TECHNISCHE DATEN

Länge	198,6 m
Breite	24 m
Tiefgang	6,1 m
Motorenleistung	18.354 PS
Geschwindigkeit	21 kn
Bauwerft	Kvaerner-Masa, Helsinki
Baujahr	1998–1999

DEUTSCHLAND

Bis zum Verkauf 2015 in die USA war die DEUTSCHLAND das einzige größere Kreuzfahrtschiff unter deutscher Flagge. Bekannt wurde es ab 1999 als „Traumschiff" des ZDF. Die DEUTSCHLAND wurde nach der Taufe durch Bundespräsident Richard von Weizsäcker im Mai 1998 an die Reederei übergeben. Ziel der Jungfernkreuzfahrt war Norwegen. Kennzeichen der DEUTSCHLAND war ihre Ausstattung als nostalgisches Grand Hotel im Stil der „Goldenen 20er-Jahre". Nach der Insolvenz der Reederei ist ihre Zukunft ungewiss.

Mit ihrer nostalgischen Ausstattung sollte die DEUTSCHAND ein älteres Publikum ansprechen. (Foto: Sammlung Focke)

■ TECHNISCHE DATEN

Länge	175,3 m
Breite	23 m
Tiefgang	5,79 m
Motorenleistung	16.750 PS
Geschwindigkeit	20 kn
Bauwerft	Howaldtswerke-Deutsche Werft, Kiel
Baujahr	1998

HAMBURG

Die HAMBURG war der größte Neubau eines deutschen Kreuzfahrtschiffes nach dem Ende des Zweiten Weltkriegs. Ursprünglich sollte sie auch im Liniendienst nach New York laufen, doch bald wurde sie nur für Kreuzfahrten eingesetzt. Wegen der Dollarschwäche sowie hoher Kosten für Öl und Besatzung musste die Reederei sie an die Black Sea Shipping Company verkaufen, die sie in MAKSIM GORKIY umbenannte. Das Schiff kam oft nach Bremerhaven, wo es regelmäßig modernisiert wurde. Ende 2008 wurde es außer Dienst gestellt und anschließend verschrottet. Zuvor war der Versuch engagierter Hamburger gescheitert, die frühere HAMBURG als Museums- und Hotelschiff in ihren ehemaligen Heimathafen zurückzuholen. Eine einmalige Chance war damit vertan.

■ TECHNISCHE DATEN

Länge	194,72 m
Breite	26,57 m
Tiefgang	8,27 m
Motorenleistung	22.660 PS
Geschwindigkeit	22 kn
Bauwerft	Deutsche Werft, Hamburg
Baujahr	1968–1969

Die HAMBURG war eines der letzten Passagierschiffe mit Turbinenantrieb. Die meisten Neubauten wurden mit den kostengünstigeren Dieselmotoren ausgerüstet. (Foto: Deutsches Schiffahrtsmuseum)

VISTAFJORD

Das Kreuzfahrtschiff VISTAFJORD wurde am 15. Mai 1973 an die Norwegen-Amerika Linie abgeliefert und mit ihrer älteren Schwester SAGAFJORD eingesetzt. 1981/82 wurde die VISTAFJORD als Fernseh-„Traumschiff" in Deutschland bekannt. 1983 übernahm Cunard die beiden Schiffe,

Die VISTAFJORD war das letzte Kreuzfahrtschiff der Norwegen-Amerika Linie. (Foto: NAL)

■ TECHNISCHE DATEN

Länge	191,4 m
Breite	25 m
Tiefgang	8,5 m
Motorenleistung	24.000 PS
Geschwindigkeit	20 kn
Bauwerft	Swan & Hunter Ltd., Wallsend on Tyne
Baujahr	1973

ließ die VISTAFJORD renovieren und nannte sie CARONIA. 2004 ging sie mit der SAGAFJORD(SAGA ROSE) als SAGA RUBY an Acromas Shipping, die sie modernisierte und bis Januar 2014 einsetzte.

QUEEN VICTORIA

Die QUEEN VICTORIA war das erste Kreuzfahrtschiff, das die Cunard-Reederei in Italien bauen ließ. Es kostete 400 Millionen Dollar. Am 18. Dezember 2007 kam das Schiff auf seiner Jungfernreise erstmals nach Hamburg. Im Januar 2008 begann die erste Weltreise. Die Einrichtung der QUEEN VICTORIA lehnt

In der QUEEN VICTORIA verbinden sich englische Tradition und italienischer Chic. (Foto: Cunard)

■ TECHNISCHE DATEN

Länge	294 m
Breite	32,25 m
Tiefgang	8 m
Motorenleistung	64.000 PS
Geschwindigkeit	23,7 kn
Bauwerft	Fincantieri-Werft, Marghera/Italien
Baujahr	2006–2007

sich an den englischen Stil des victorianischen Zeitalters an, obwohl sie von Italienern entworfen wurde. Erstmals bietet ein Schiff getrennte Theaterlogen an. Auf dem Schiff können Kabinen in zwei Klassen gebucht werden.

BERLIN

Mit der BERLIN startete die Deilmann-Reederei in das Kreuzfahrtgeschäft. (Foto: Sammlung Focke)

Von 1986 bis 1998 war die BERLIN das ZDF-„Traumschiff". Die Deilmann-Reederei ließ sie bei HDW in Kiel bauen. Ab Juni 1980 machte sie weltweit Kreuzfahrten unter deutscher Flagge, von 1982 bis 1985 als PRINCESS MASUHRI für Singapur. 1986 wurde sie verlängert. Nun konnten 420 Passagiere mitfahren. Diese geringe Zahl gefährdete die Rentabilität des Schiffes. Ende 2004 wurde die BERLIN an Saga Cruises verkauft. Nach einem weiteren Umbau hieß das Schiff SPIRIT OF ADVENTURE. 2011 ging es als FTI BERLIN an den Reiseveranstalter FTI, seit 2014 wieder als BERLIN.

■ TECHNISCHE DATEN

Länge	122,51 m
Breite	17,51 m
Tiefgang	4,81 m
Motorenleistung	9.600 PS
Geschwindigkeit	18 kn
Bauwerft	Howaldtswerke-Deutsche Werft, Kiel
Baujahr	1980

EUROPA

Die zeitlos schöne EUROPA von 1982 wurde in Bremen gebaut. (Foto: Hapag-Lloyd)

In einer auftragsschwachen Zeit bestellte Hapag-Lloyd beim Bremer Vulkan 1979 zu einem extrem günstigen Preis ein neues Kreuzfahrtschiff mit klassisch-schönen Formen, das im Dezember 1980 vom Stapel lief und im Januar 1982 seine Jungfernreise machte.

Die EUROPA besaß modernste Technik, war großzügig und komfortabel ausgestattet. Nicht zuletzt wegen ihres überragenden Service galt sie als das beste Kreuzfahrtschiff der Welt. Erst 1998 trennte sich Hapag-Lloyd von diesem gelungenen Schiff. Es ist noch immer im Einsatz.

■ TECHNISCHE DATEN

Länge	199,63 m
Breite	28,5 m
Tiefgang	8,42 m
Motorenleistung	29.000 Ps
Geschwindigkeit	21 kn
Bauwerft	Bremer Vulkan, Bremen-Vegesack
Baujahr	1980–1981

AMERICAN QUEEN 160

Ein Schaufelraddampfer im Mississippi-Delta, gleichmäßig rauschen und stampfen die Schaufelräder durchs Wasser – ein Anblick wie aus einem der Südstaaten-Abenteuer von Tom Sawyer und Huckleberry Finn. Doch die AMERICAN QUEEN in ihrem viktorianisch-eleganten Aussehen ist kein Museums-

■ TECHNISCHE DATEN

Länge	127 m
Breite	28 m
Tiefgang	2,6 m
Motorenleistung	Dampfmaschine
Geschwindigkeit	6 kn
Bauwerft	k.A.
Baujahr	1995

Auf den Flüssen der US-Südstaaten ist die AMERICAN QUEEN zuhause. (Foto: Thegreenj)

schiff, sondern das größte Flusskreuzfahrtschiff der Welt. Mit Passagieren ist sie zwischen dem Golf von Mexiko und dem Ohio River unterwegs, wobei Städte wie New Orleans, Memphis und Nashville angelaufen werden.

COSTA CONCORDIA 161

Zum Zeitpunkt ihrer Indienststellung galt die 450 Millionen Euro teure COSTA CONCORDIA als das größte italienische Kreuzfahrtschiff. Der Mittelmeerinsel Giglio verhalf sie zu weltweiter Aufmerksamkeit, nachdem sie am 13. Januar 2012 bei der Annäherung an die Insel mit einem Felsen kollidierte, an-

■ TECHNISCHE DATEN

Länge	290,2 m
Breite	35,5 m
Tiefgang	8,2 m
Motorenleistung	57.104 PS
Geschwindigkeit	22,5 kn
Bauwerft	Fincantieri, Sestri Ponente
Baujahr	2005

An Bord des Kreuzfahrtschiffs COSTA CONCORDIA war Platz für 3.780 Passagiere. (Foto: Cezary Piwowarski)

schließend leckschlug und mit 65 Grad Schlagseite auf Grund lief. In Folge des Manövers, für das ein Gericht drei Jahre später den Kapitän als Hauptschuldigen befand, starben 32 Menschen. Das Schiff wurde ab 2014 in Genua verschrottet.

QUEEN ELIZABETH

Sie ist ein etwas größeres, ebenfalls in Italien gebautes Schwesterschiff der QUEEN VICTORIA und das zweitgrößte, das Cunard jemals in Dienst gestellt hat. Sie ist ein Deck höher als die QUEEN VICTORIA. Taufpatin war am 11. Oktober 2010 die britische Königin. 2010 nahm die QUEEN ELIZABETH ihren Dienst als Kreuzfahrtschiff mit einer Reise zu den Kanarischen Inseln und nach Madeira auf. 2014 wurde die QE, wie sie von ihren Liebhabern kurz genannt wird, in Hamburg grundüberholt. Von Mai bis Dezember kreuzt sie meist in europäischen Gewässern, sonst in Übersee. Die modernen Cunard-Schiffe verfügen zwar über ähnlich hohe Passagierkapazitäten wie ihre Konkurrenten, anders als diese sehen sie aber immer noch fast so aus wie die letzten klassischen Nordatlantikliner. Bewahrt hat die Reederei auch das Design des Schornsteins, das bis heute dem der QUEEN ELIZABETH 2 von 1969 ähnelt. Es macht die Cunard-Schiffe unverwechselbar.

■ TECHNISCHE DATEN

Länge	294 m
Breite	32,3 m
Tiefgang	7,8 m
Motorenleistung	64.000 PS
Geschwindigkeit	22 kn
Bauwerft	Fincantieri-Werft, Marghera/Italien
Baujahr	2009–2010

Die QUEEN ELIZABETH vollendete das Cunard-Trio moderner Kreuzfahrtschiffe, die allesamt Namen britischer Königinnen tragen. (Foto: Cunard)

Dauerdomizil der AUGUST GRASSOW ist das DGzRS-Stationsgebäude am Hafen von Horumersiel. (Foto: M. Miserok)

AUGUST GRASSOW 163

Der Verein Historische Seenotrettung Horumersiel konnte 2004 ein ehemaliges Ruderrettungsboot der DGzRS erwerben. Hierbei handelte es sich um die 1906 für die Station Westeraccumersiel gebaute AUGUST GRASSOW. Bis 1948 war sie in dem kleinen Küstenort östlich von Norddeich stationiert und absolvierte von dort aus ihre Rettungsfahrten im Watt vor den ostfriesischen Inseln. 1949 übergab sie die DGzRS als Gegenleistung für Handwerksarbeiten in Privatbesitz. Zunächst wurde sie für Gästefahrten und anschließend als „schwimmender Hochsitz" für die Seehundjagd eingesetzt. Eine Eignergemeinschaft renovierte das robuste Boot 1970. Es erhielt einen neuen Motor, einen Kajütaufbau und den Namen FAHR WOHL. Im Herbst 2004 begannen die Rettungsboot-Freunde mit dem Rückbau und den Restaurierungsarbeiten. Der Rumpf aus kanneliertem Stahlblech musste komplett überholt und konserviert werden. Eine Vielzahl handwerklicher Arbeiten fiel beim Innenausbau und der Fertigung der beiden Masten an. Zusätzlich bauten die Enthusiasten einen Ablauf- und Transportwagen nach Originalplänen. Am 1. Juli 2006 wurde die AUGUST GRASSOW zum zweiten Mal auf ihren Namen getauft.

■ TECHNISCHE DATEN

Länge	8,6 m
Breite	2,8 m
Tiefgang	0,5 m
Motorenleistung	zweimastiges Ruderrettungsboot
Geschwindigkeit	5 kn
Bauwerft	Bootswerft Havighorst, Bremen-Blumenthal
Baujahr	1906

164 RS 1 COLIN ARCHER

Heutiger Betreiber ist das Norwegische Maritime Museum in Oslo. (Foto: Thorvald Knudsen)

Ein Jahr nach Gründung der norwegischen Seenotrettungsgesellschaft entwarf der Konstrukteur Colin Archer diesen Prototypen eines Segel-Rettungsbootes. Die Eigenschaften des auf den Namen RS 1 COLIN ARCHER getauften Fahrzeuges überzeugten auf Anhieb und wurden 30 Jahre lang für alle folgenden Boote beibehalten. 236 Menschenleben und 67 Schiffe konnten seine Besatzungen in 40 Jahren aus Seenot retten. Das Original wird noch heute von einer Interessengemeinschaft in Norwegen gepflegt und gesegelt.

■ TECHNISCHE DATEN

Länge	13,95 m
Breite	4,65 m
Tiefgang	2,25 m
Motorenleistung	–
Geschwindigkeit	22,5 kn
Bauwerft	Colin Archer Rekkevik / Norwegen
Baujahr	1893

165 OBERINSPECTOR PFEIFER

Das erste Motorrettungsboot in der Flotte der deutschen Seenotretter. (Foto: Archiv DGzRS)

Mit der OBERINSPECTOR PFEIFER begann für die DGzRS das Zeitalter der Motorisierung. Am 2. März 1911 absolvierte es vor Laboe seinen ersten Rettungseinsatz. Erst zwei Monate zuvor hatte die DGzRS den Neubau in Dienst gestellt. Die ersten Erfahrungen der Besatzung waren überaus positiv. „Das Boot und der Motor bewährten sich in der schweren See vorzüglich, auch lief das in der Brandung übergenommene Wasser gut wieder ab", berichtete der Vormann der Station Laboe nach einem Einsatz.

■ TECHNISCHE DATEN

Länge	10 m
Breite	2,94 m
Tiefgang	0,6 m
Motorenleistung	15 PS
Geschwindigkeit	7 kn
Bauwerft	Bootswerft Havighorst, Bremen-Blumenthal
Baujahr	1911

RICKMER BOCK 166

Das Motorrettungsboot RICKMER BOCK wurde im Oktober 1944 zunächst unter dem Namen HINDENBURG in Dienst gestellt. Im Oktober 1950 erhielt es seinen heutigen Namen. Stationiert war die RICKMER BOCK u.a. auf Borkum, Norderney, Helgoland, Amrum, Sylt und zuletzt in Büsum, wo sie 1981 außer Dienst gestellt wurde. Anschließend war sie bis 2003 Museumsschiff auf dem Gelände der DGzRS-Zentrale in Bremen und liegt seitdem als fahrfähiger Veteran im Hafen von Büsum. Die RICKMER BOCK hat sich im Rettungsdienst außerordentlich bewährt. In den 1950er-Jahren ist sie auf der Reede von Helgoland nach einer Kollision mit einem Wrackteil gesunken und wurde nach der Bergung wieder in Dienst gestellt. Die besonders guten Einsatz-Eigenschaften bei Eisgang, gegeben durch die Knickspantform, verzögerten die Ausmusterung. Insgesamt konnten die Besatzungen der RICKMER BOCK während ihrer aktiven Zeit 1.223 Menschen aus Seenot retten.

▶ **Wussten Sie schon?**
Seit ihrer Gründung 1865 hat die Deutsche Gesellschaft zur Rettung Schiffbrüchiger mehr als 81.000 Menschen aus Seenot gerettet und unmittelbarer Gefahr befreit.

■ TECHNISCHE DATEN

Länge	14 m
Breite	4,55 m
Tiefgang	1,38 m
Motorenleistung	150 PS
Geschwindigkeit	8,5 kn
Bauwerft	Pahl, Hamburg-Finkenwerder
Baujahr	1944

Im Eisnotdienst versorgt die RICKMER BOCK in den 1950er-Jahren die Bewohner der ostfriesischen Inseln. (Foto: Archiv DGzRS)

167 BREMEN

Im Herbst 2014 wird die BREMEN nach umfangreicher Restaurierung wieder zu Wasser gelassen. (Foto: Ulf Kaack)

Mit dem Umbau des ehemaligen Motorrettungsbootes KONSUL KLEYENSTÜBER zum Versuchsseenotkreuzer BREMEN leitete die DGzRS zu Beginn der 1950er-Jahre eine neue technische Entwicklung im maritimen Rettungsdienst ein. Seine beiden herausragenden Merkmale waren der turmartige Aufbau in der Rumpfmitte mit einem oberen offenen und unten geschlossenen Fahrstand. Außerdem das in der Heckwanne mitgeführte Tochterboot. Heute liegt er als Museumsschiff in Vegesack.

■ TECHNISCHE DATEN

Länge	17,5 m
Breite	4,2 m
Tiefgang	1,4 m
Motorenleistung	250 PS
Geschwindigkeit	10 kn
Bauwerft	Lürssen, Bremen-Vegesack
Baujahr	1931–1953

168 THEODOR HEUSS

Der erste vollausgereifte Seenotkreuzer der DGzRS war die THEODOR HEUSS. (Foto: Archiv DGzRS)

Nach umfangreichen Erprobungen mit zwei Versuchsseenotkreuzern stellte die DGzRS 1957 mit der THEODOR HEUSS den ersten Seenotkreuzer in Dienst, der allen Anforderungen der Seenotretter in vollem Umfang entsprach. Sie war bis 1963 auf Borkum stationiert, anschließend bis zur Außerdienststellung 1985 in Laboe. Bis heute befindet sich die ehemalige Rettungseinheit in Privatbesitz. Bei der im Deutschen Museum in München ausgestellten THEODOR HEUSS handelt es sich übrigens um das Schwesterschiff H.H. MEIER, das nach der Ausmusterung des Originals umgetauft wurde.

■ TECHNISCHE DATEN

Länge	23,2 m
Breite	5,3 m
Tiefgang	1,42 m
Motorenleistung	1.750 PS
Geschwindigkeit	20 kn
Bauwerft	Fr. Schweers, Bardenfleth
Baujahr	1956

ADOLPH BERMPOHL

Die nächste Evolutionsstufe beim Bau der DGzRS-Rettungsschiffe war die größere 27-Meter-Klasse. Die ADOLPH BERMPOHL war erst 16 Monate im Dienst, als sie von Helgoland aus zu einem tragischen Einsatz im Winter-Orkan gerufen wurde. Drei zunächst gerettete Seeleute und vier Mann

Vierzehn Jahre lang war die ADOLPH BERMPOHL auf Helgoland stationiert. (Foto: Sammlung Manuel Miserok)

■ TECHNISCHE DATEN

Länge	26,66 m
Breite	5,6 m
Tiefgang	1,62 m
Motorenleistung	2.400 PS
Geschwindigkeit	24 kn
Bauwerft	Abeking & Rasmussen, Lemwerder
Baujahr	1965

der Seenotkreuzer-Besatzung fanden dabei den Tod. Das Schiff wurde am nächsten Morgen schwer beschädigt, aber voll seetüchtig und auf ebenem Kiel treibend, in der Nordsee gefunden, blieb anschließend noch 22 Jahre im Dienst, wurde dann nach Island verkauft und 2001 abgewrackt.

PAUL DENKER

Der erste komplett aus Leichtmetall gebaute Seenotkreuzer war die PAUL DENKER. Sie blieb ein Einzelschiff, bildete aber die Entwicklungsbasis für die kommenden Rettungseinheiten der DGzRS. Das aus Kunststoff gefertigte Tochterboot EISWETTE bewährte sich nicht und wurde 1977

Die PAUL DENKER beim Aufslippen in der Werft. (Foto: Ulf Kaack)

■ TECHNISCHE DATEN

Länge	16,8 m
Breite	3,8 m
Tiefgang	1,25 m
Motorenleistung	665 PS
Geschwindigkeit	18 kn
Bauwerft	Fr. Schweers, Bardenfleth
Baujahr	1967

durch ein Schlauchboot ersetzt. Stationiert war die PAUL DENKER in Maasholm, Grömitz und Travemünde, bevor sie 2000 Ausbildungseinheit bei der SAR-Schule in Neustadt wurde. Seit 2005 steht die PAUL DENKER als Museumsschiff im Innenhof des Focke-Museums in Bremen.

Der 27 Meter lange Seenotkreuzer BREMEN der Deutschen Gesellschaft zur Rettung Schiffbrüchiger. Für eine Winschübung mit einem Hubschrauber haben sich die Rettungsmänner auf dem Vorschiff bereit gemacht. (Foto: Ulf Kaack)

OTTO SCHÜLKE

Alle Hebel auf den Tisch: Die OTTO SCHÜLKE läuft unter Volllast durch das Norderneyer Seegatt. (Foto: Archiv DGzRS)

Die DGzRS baute 1969 eine Serie von vier relativ kleinen Seenotkreuzern, deren flachgehender Rumpf sich besonders für Einsätze im Bereich des Wattenmeeres eignete. Typschiff dieser auch als 19-Meter-Klasse bezeichneten Einheiten war die OTTO SCHÜLKE mit ihrem Tochterboot JOHANN FIDI. Sie war bis 1997 auf der ostfriesischen Insel Norderney stationiert, wurde anschließend an den isländischen Seenotrettungsdienst verkauft und ist nun in Norwegen in Privatbesitz. Sie steht aktuell (Sommer 2015) zum Verkauf.

■ TECHNISCHE DATEN

Länge	18,9 m
Breite	4,3 m
Tiefgang	1,3 m
Motorenleistung	830 PS
Geschwindigkeit	18 kn
Bauwerft	Fr. Schweers, Bardenfleth
Baujahr	1969

WILHELM KAISEN

Auf Parallelkurs laufen die WILHELM KAISEN und ihr Schwesterschiff JOHN T. ESSBERGER in der Ostsee. (Foto: Ulf Kaack)

Die WILHELM KAISEN ist das dritte Schiff der von 1975 bis 1978 gebauten Klasse der 44-Meter-Seenotkreuzer. Ihre Schwesterschiffe waren die HERMANN RITTER und die JOHN T. ESSBERGER. Ursprünglich hatte die DGzRS vorgesehen, diese Einheiten an bekannten Gefahrenschwerpunkten auf Seeposition vorzuhalten. Das erwies sich in der Folge jedoch als zu kostenintensiv. Darum fuhr die WILHELM KAISEN mit ihrem Tochterboot HELENE bis 2003 von Helgoland aus in den Einsatz. Aktuell ist sie in Dubai, dort derzeit allerdings ohne Funktion.

■ TECHNISCHE DATEN

Länge	44,2 m
Breite	8,05 m
Tiefgang	2,58 m
Motorenleistung	6.380 PS
Geschwindigkeit	25 kn
Bauwerft	Fr. Schweers, Bardenfleth
Baujahr	1978

FRITZ BEHRENS

Die FRITZ BEHRENS erhielt nach ihrer „Versenkung" einen geschlossenen oberen Fahrstand. (Foto: Ulf Kaack)

Die Baureihe der 23-Meter-Seenotkreuzer bildet die „Mittelklasse" in der DGzRS-Flotte. Die FRITZ BEHRENS war das zweite Schiff dieser insgesamt sieben Einheiten umfassenden Serie. Stationiert in Büsum, wurde sie 1994 durch das aus dem Ruder gelaufene Seebäderschiff FIRST LADY am Anleger gerammt. Sie sank binnen weniger Sekunden. Menschen kamen nicht zu Schaden, das Schiff war fast ein Totalverlust. Im Zuge der umfangreichen Reparaturarbeiten erhielt die FRITZ BEHRENS einen geschlossenen oberen Fahrstand. Das Tochterboot ANNA war völlig zerstört und wurde durch einen Neubau ersetzt. 1996 erfolgte die Umstationierung von Büsum zur Greifswalder Oie in der Ostsee. Nach seiner Außerdienststellung und anschließendem Verkauf befindet sich der ehemalige Seenotkreuzer heute in Privatbesitz..

▶ **Wussten Sie schon?**

Die Deutsche Gesellschaft zur Rettung Schiffbrüchiger nimmt ihre humanitären Aufgaben im staatlichen Auftrag wahr, ohne dabei steuerliche Mittel für sich zu beanspruchen.

■ **TECHNISCHE DATEN**

Länge	23,3 m
Breite	5,64 m
Tiefgang	1,5 m
Motorenleistung	2.035 PS
Geschwindigkeit	20 kn
Bauwerft	Fr. Schweers, Bardenfleth
Baujahr	1980

174 ALFRIED KRUPP

Nach ihrem schweren Unfall erhielt die ALFRIED KRUPP einen geschlossenen oberen Fahrstand. (Foto: Manuel Miserok)

Bei bis zu 13 Meter hohen Wellen und Windgeschwindigkeiten in Orkanstärke lief die ALFRIED KRUPP in der Neujahrsnacht 1995 von der Insel Borkum zu einem Einsatz aus, um niederländischen Seenotrettern zu Hilfe zu kommen. Dabei kenterte das Schiff in einer gewaltigen Grundsee und richtete sich schwer beschädigt wieder auf. Zwei Mann der Besatzung kamen ums Leben, zwei andere überlebten. Der Seenotkreuzer wurde anschließend repariert und blieb weiterhin auf Borkum stationiert.

■ TECHNISCHE DATEN

Länge	27,5 m
Breite	6,53 m
Tiefgang	2,10 m
Motorenleistung	3.194 PS
Geschwindigkeit	23 kn
Bauwerft	Lürssen, Bremen-Vegesack
Baujahr	1988

175 BERNHARD GRUBEN

Der Seenotkreuzer BERNHARD GRUBEN sichert das Revier rund um die Insel Norderney bis tief hinein in die Deutsche Bucht. (Foto: Ulf Kaack)

Als drittes von vier Einheiten der 23-Meter-Gasschutzkreuzerklasse wurde die BERNHARD GRUBEN 1996 getauft und ist seitdem auf Norderney stationiert. Ihre Schwesterschiffe sind die HERMANN RUDOLF MEYER, die HANS HACKMACK sowie die THEO FISCHER. Das Tochterboot erhielt den Namen JOHANN FIDI. Das Besondere an dieser Baureihe: Sie ist für den Gasschutzbetrieb in vergifteten, verqualmten oder kontaminierten Atmosphären ausgerüstet. Ihr spezieller Delta-Rumpf garantiert optimale Manövriereigenschaften und Kursbeständigkeit.

■ TECHNISCHE DATEN

Länge	23,1 m
Breite	6 m
Tiefgang	1,6 m
Motorenleistung	2.700 PS
Geschwindigkeit	23 kn
Bauwerft	Fr. Schweers, Bardenfleth
Baujahr	1997

EISWETTE

Die EISWETTE ist das Typschiff der ab 2008 von der DGzRS aufgelegten 20-Meter-Klasse. Stationiert ist sie auf der nordfriesischen Insel Nordstrand. Als Tochterboot kommt das in England gefertigte Festrumpfschlauchboot mit dem Namen NOVIZE zum Einsatz. Mittlerweile wurden unter den

Die kabbelige See vor der nordfriesischen Küste kann der EISWETTE nichts anhaben. (Foto: Ulf Kaack)

■ TECHNISCHE DATEN

Länge	19,9 m
Breite	5,05 m
Tiefgang	1,3 m
Motorenleistung	1.630 PS
Geschwindigkeit	22 kn
Bauwerft	Fassmer-Werft, Berne
Baujahr	2008

Namen EUGEN, THEODOR STORM und PIDDER LÜNG drei Schwesterschiffe in Dienst gestellt. Die Anforderungen an diese Einheiten liegen gezielt im küstennahen Bereich mit geringen Wassertiefen. Erstmals wurde ein elektrisches Bordnetz mittels eines Datenbussystems realisiert.

HARRO KOEBKE

Nach der HERMANN MARWEDE ist die HARRO KOEBKE der zweitgrößte Seenotkreuzer der DGzRS und ebenfalls keine Baureihe, sondern eine Einzelkonstruktion. Sie ersetzte am 18. Mai 2012 die WILHELM KAISEN auf der Station Saßnitz an der Ostküste Rügens. Das Tochterboot erhielt den Namen NO-

Die HARRO KOEBKE an der Pier der Fassmer-Werft. (Foto: Ulf Kaack)

■ TECHNISCHE DATEN

Länge	36,45 m
Breite	8,2 m
Tiefgang	2,7 m
Motorenleistung	6.508 PS
Geschwindigkeit	26 kn
Bauwerft	Fassmer-Werft, Berne
Baujahr	2010–2012

TARIUS. Hierbei handelt es sich um ein 32 Knoten schnelles Festrumpfschlauchboot mit geschlossenem Deckshaus. Zur Rettungsausrüstung gehören Schleppgeschirr, Löscheinrichtungen sowie ein umfangreich ausgestattetes Bordhospital. Die Besatzung der HARRO KOEBKE besteht aus fünf Rettungsmännern.

Polizeiboot NEUSTRELITZ

Unter der Kennung BP 22 fährt die NEUSTRELITZ der Bundespolizei von ihrem Heimathafen Neustadt an der Lübecker Bucht auf Streife und in den Einsatz. Ihr Revier erstreckt sich von Flensburg an der dänischen Grenze bis nach Wismar in Mecklenburg-Vorpommern. Bekannt ist das Schiff durch die ZDF-Fernsehserie „Küstenwache" geworden, wo sie regelmäßig als ALBATROSS II zu sehen ist. Die NEUSTRELITZ war ursprünglich ein Raketenschnellboot des Projekts 151 der DDR-Volksmarine. Sie wurde am 31. Juli 1990 auf den Namen SASSNITZ getauft und geriet anschließend in den Strudel der Wiedervereinigung. 1993 übernahm sie der Bundesgrenzschutz und später die Bundespolizei. Die Crew der NEUSTRELITZ kontrolliert die Berufs- und Freizeitschifffahrt, verfolgt Fahrfehler, Umweltdelikte und ermittelt nach Seeunfällen. Im Herbst 2010 eilte sie der brennenden litauischen Fähre LISCO GLORIA als erstes Einsatzfahrzeug am Unglücksort nordöstlich der Insel Fehmarn zur Hilfe. Seit 1994 sind die zur See fahrenden Behörden – Bundespolizei, Zoll, Wasser- und Schifffahrtsverwaltung – sowie die Bundesanstalt für Landwirtschaft und Ernährung im Koordinierungsverbund Küstenwache zusammengeschlossen.

■ TECHNISCHE DATEN

Länge	48,9 m
Breite	9,2 m
Tiefgang	2,48 m
Motorenleistung	8.810 PS
Geschwindigkeit	21 kn
Bauwerft	Peene-Werft, Wolgast
Baujahr	1988

Als ALBATROSS II ist das Polizeiboot NEUSTRELITZ durch die TV-Serie „Küstenwache" bekannt geworden. (Foto: Ulf Kaack)

Unmittelbar vor dem Einlaufen in Cuxhaven passiert die HELGOLAND einen Ro-Ro-Frachter.
(Foto: Dirk Ingo Franke)

Zollkreuzer HELGOLAND

Das Bundesministerium für Finanzen erteilte 2007 den Auftrag zum Bau des Hochsee-Zollkreuzers HELGOLAND. Sein Einsatzzweck ist nach der Indienststellung am 4. August 2009 die Kontrolle der Einhaltung der Zollvorschriften auf der Nordsee. Er nimmt außerdem grenz- und schifffahrtspolizeiliche Aufgaben sowie Aufgaben der Fischereikontrolle und des Umweltschutzes wahr. Heimathafen der HELGOLAND ist Cuxhaven. Die Besatzung besteht aus 49 Mann. Ihr Dienst findet in Sieben-Tage-Schichten statt. Jedes Crewmitglied hat an Bord eine komfortable Einzelkammer mit eigener Nasszelle. Der Doppelrumpf der HELGOLAND ist nach dem SWATH-Prinzip gebaut und durch die beiden zylinderförmigen Auftriebskörper unter der Wasseroberfläche besonders unempfindlich gegen Seegang bei schwerem Wetter. Bei der Konzeption der dieselelektrischen Antriebsanlage wurde großer Wert auf die Wirtschaftlichkeit gelegt. Die HELGOLAND verbraucht signifikant weniger Treibstoff als vergleichbare konventionelle Schiffe. Der Zollkreuzer hat ein 8,5 Meter langes und über 40 Knoten schnelles Festrumpfschlauchboot. Mittels eines C-Davits mit Seegangsfolgeeinrichtung wird es bei Außeneinsätzen zu Wasser gebracht.

■ TECHNISCHE DATEN

Länge	49,35 m
Breite	19 m
Tiefgang	4,55 m
Motorenleistung	10.333 PS
Geschwindigkeit	20 kn
Bauwerft	TKMS Blohm + Voss Nordseewerke, Emden
Baujahr	2007–2009

180 Löschkreuzer WESER

Die Hansestadt Bremisches Amt Bremerhaven beauftragte zu Beginn der 1970er-Jahre die Schichau Unterweser AG mit dem Bau eines seegehenden Löschkreuzers. Am 28. Januar 1974 wurde die WESER, deren Rumpf und Aufbauten sich stark an den Konstruktionen der DGzRS-Seenotkreuzer orientierten, in Dienst gestellt. Ihr Einsatzgebiet lag in der Hafengruppe Bremerhaven, der Seewasserstraße und im Mündungstrichter der Weser sowie seewärts hinein in die Nordsee. Eingesetzt wurde die WESER von ihrem Liegeplatz im Bremerhavener Geestevorhafen aus bei der Bekämpfung von Bränden, technischen Hilfeleistungen, in der Gefahrenabwehr und für Sicherheitswachen. Der Löschkreuzer verfügte über drei Monitore – einer davon konnte bis zu einer Höhe von 17 Metern ausgefahren werden – mit Wurfweiten von bis zu 90 Metern und einer Löschleistung von 3.000 Litern Seewasser pro Minute. Die beiden Pumpen konnten zur Brandbekämpfung und zum Lenzen eingesetzt werden. Im feuerwehrtechnischen Geräteraum waren rund fünf Tonnen Ausrüstung verstaut. Die Besatzung bestand aus drei Mann, die im Einsatzfall durch neun Feuerwehrmänner ergänzt wurde. Die WESER wurde am 31. Dezember 1998 außer Dienst gestellt und in die Niederlande verkauft.

■ TECHNISCHE DATEN

Länge	32,5 m
Breite	6,75 m
Tiefgang	2,2 m
Motorenleistung	4.500 PS
Geschwindigkeit	18 kn
Bauwerft	Schichau Unterweser AG, Bremerhaven
Baujahr	1973–1974

Der Löschkreuzer WESER war für Einsätze im Hafen und auf hoher See konzipiert. (Foto: Sammlung Kaack)

Fischereiaufsicht NARWAL

Das Einsatzfahrzeug NARWAL der Fischereiaufsicht einlaufend in Cuxhaven. (Foto: Sven Claußen)

Das Patrouillenboot NARWAL führt seine hoheitlichen Aufgaben zum Schutz und zur Förderung der Fischfauna sowie zur Unterstützung einer nachhaltigen Fischereiausübung im Auftrag des niedersächsischen Landwirtschaftsministeriums durch. Es überwacht unter anderem die Fangquoten, die Fanggenehmigungen der Fischer sowie die gesetzlichen Bestimmungen über Netzarten und Maschengrößen. Neben wirtschaftlichen Belangen spielen dabei Umwelt- und Artenschutzbestimmungen eine wichtige Rolle. Heimathafen und Liegeplatz der NARWAL ist die Zollkaje in Cuxhaven. Ihr Einsatzbereich ist das Mündungsgebiet der Elbe, die niedersächsische 12-Seemeilen-Zone sowie die Tiefwasserzone westlich von Helgoland. Dabei untersteht sie dem staatlichen Fischereiamt Bremerhaven. Rumpf und Aufbauten der NARWAL entsprechen in weiten Teilen den 23-Meter-Gasschutzkreuzerklasse der DGzRS. Die Besatzung besteht aus drei bis fünf Mann. Zur Ausrüstung des Schiffs gehört ein Arbeitskran, mit dem das auf dem Heck gelagerte Festrumpfschlauchboot zu Wasser gebracht wird. Für den Antrieb der NARWAL sorgen zwei Turbodiesel-Motoren vom Typ MTU 396 mit einer Leistung von jeweils 1.135 PS.

■ TECHNISCHE DATEN

Länge	23,1 m
Breite	6 m
Tiefgang	1,5 m
Motorenleistung	2.270 PS
Geschwindigkeit	20 kn
Bauwerft	Fr. Schweers, Bardenfleth
Baujahr	1998

Mit ihrer Voith-Schneider-Antrieb kann die AMRUMBANK praktisch auf der Stelle drehen. (Foto: Vanellus Foto)

Tonnenleger AMRUMBANK

Das Einsatzgebiet der AMRUMBANK umfasst die schleswig-holsteinische Westküste. Sie gehört zur Flotte des Wasser- und Schifffahrtsamtes Tönning und ist im Hafen von Wittdün auf Amrum stationiert. Der Tonnenleger ist zuständig für das Auslegen, Bearbeiten und die Kontrolle der Seezeichen im See- und Wattgebiet vor der nordfriesischen Küste. Außerdem für regelmäßige Überprüfungen von Leuchttürmen und Leuchtbaken. Die sechsköpfige Besatzung nimmt bei Bedarf schifffahrtspolizeiliche, Verkehrssicherungs- und auch SAR-Aufgaben wahr. Die AMRUMBANK ist mit der Eisklasse E1 klassifiziert. Sie verfügt über ein offenes Arbeitsdeck im Bereich des Achterschiffs. Die Decksaufbauten befinden sich im Vorschiffsbereich. Für das Aussetzen und Einholen von schwimmenden Seezeichen ist ein mit einer Seegangsnachfolgeeinrichtung ausgerüsteter Arbeitskran direkt hinter den Decksaufbauten montiert. Er hat eine Hublast von 12 Tonnen und eine Auslage von 17 Metern. Die beiden MAN-Schiffsdiesel mit je 510 PS Leistungsabgabe wirken auf zwei Voith-Schneider-Propeller. In Kombination mit der Querstrahlsteueranlage ist die AMRUMBANK dadurch auf engstem Raum extrem manövrierfähig.

■ TECHNISCHE DATEN

Länge	44,5 m
Breite	10,5 m
Tiefgang	1,8 m
Motorenleistung	1.020 PS
Geschwindigkeit	11 kn
Bauwerft	Fassmer-Werft, Berne
Baujahr	2011

Seezeichenschiff ALTE WESER 183

Zum Einsatz kommt die ALTE WESER im Seegebiet der Unter- und Außenweser. Sie gehört seit 2007 zur Flotte des Wasser- und Schifffahrtsamtes Bremerhaven. Aufgabe der aus drei bis vier Seeleuten bestehenden Besatzung ist die Unterhaltung und Versorgung der Leucht-, Richtfeuer- und Radartürme in

An ihrem Liegeplatz im Tonnenhof Bremerhaven: das Seezeichenschiff ALTE WESER. (Foto: Ein Dahmer)

■ TECHNISCHE DATEN

Länge	34,28 m
Breite	7,5 m
Tiefgang	2 m
Motorenleistung	1.520 PS
Geschwindigkeit	14 kn
Bauwerft	Fassmer-Werft, Berne
Baujahr	2008

ihrem Einsatzgebiet sowie Ver- und Entsorgungsfahrten, der Transport von Personen und Material und Überwachungsaufgaben. Das Seezeichenschiff verfügt über die Eisklasse. Seine beiden Sechszylinder-Dieselmotoren des Herstellers Cummins geben ihre Leistung auf zwei Voith-Schneider-Propeller ab.

Vermessungsschiff NORDERNEY 184

Die NORDERNEY wurde speziell für den Einsatz im Wattenmeer entwickelt und gebaut. Bei Ebbe kann sie aufgrund ihrer Rumpfform problemlos trockenfallen. Heimathafen des Vermessungsschiffs ist Norderney. Unter der Leitung des Wasser- und Schifffahrtsamtes Emden wird es für Fahrwasserpeilungen

Die NORDERNEY und die JUIST im Hafen von Norden. (Foto: Ulf Kaack)

■ TECHNISCHE DATEN

Länge	31,45 m
Breite	7,68 m
Tiefgang	1,3 m
Motorenleistung	666 PS
Geschwindigkeit	11 kn
Bauwerft	Jadewerft, Wilhelmshaven
Baujahr	1974–1975

im Seegebiet der Ostfriesischen Inseln von der Osterems bei Borkum bis Minsener Oog und Jadebusen eingesetzt. Für diesen Zweck befindet sich außerdem die flachgehende Vermessungsjolle JUIST an Bord, die mit einem Arbeitskran zu Wasser gebracht wird.

Mehrzweckschiff MELLUM

Die MELLUM ist ein Mehrzweck- und Gewässerschutzschiff des Bundes und wird vom Wasser- und Schifffahrtsamt Wilhelmshaven betrieben. Sie kommt als Tonnenleger und zur Unterhaltung von Schifffahrtszeichen, zur Schadstoffunfall- und Brandbekämpfung, für Hilfeleistungen auf See, als Notschlepper, Eisbrecher und für schifffahrtspolizeiliche Aufgaben zum Einsatz. Heimathafen des rund um die Uhr mit einer 16-köpfigen Besatzung besetzten Schiffs ist Wilhelmshaven. Für die Bekämpfung von Schiffsbränden verfügt die MELLUM über fünf Löschmonitore, die alle von der Brücke aus fernbedient werden können. Darüber hinaus ist sie in das System der Überwachung von Meeresverschmutzungen aus der Luft als koordinierende Stelle auf See eingebunden. Die von den Flugzeugen gesammelten Daten werden direkt an das Mehrzweckschiff übermittelt. Damit kann es die notwendigen Schutz- und Bekämpfungsmaßnahmen einleiten und führen. Zum Eisbrechen ist die MELLUM mit einem Eisbrechersteven und verstärkter Bordwand ausgerüstet. Sie verfügt über die Eisklasse E3. Mehrfach wurde sie modernisiert. Zur Verbesserung der Längsstabilität wurde die MELLUM im Januar 1999 um 7,5 Meter verlängert.

■ TECHNISCHE DATEN

Länge	79,56 m
Breite	15,07 m
Tiefgang	5,79 m
Motorenleistung	9.001 PS
Geschwindigkeit	15,6 kn
Bauwerft	Elsflether Werft
Baujahr	1983–1984

Das Mehrzweckschiff MELLUM des Bundes beim Anlegemanöver in Wilhelmshaven. (Foto: Ulf Kaack)

Bereisungsschiff EMS

Zum Preis von 130.000 Reichsmark baute die heutige Meyer-Werft 1934 die EMS für das Wasser- und Schifffahrtsamt Emden. Die Behörde nutzte sie als Bereisungs- und Aufsichtsschiff. Sie wurde von einer fünfköpfigen Besatzung gefahren und bot Platz für bis zu 18 Fahrgäste, für die ein Besprechungsraum an Bord vorhanden war. Einsatzgebiet des Schiffes war die gesamte deutsche Nordseeküste, insbesondere der Bereich von der deutsch-niederländischen Grenze bis zur Wesermündung. Weitere Aufgaben der EMS und ihrer Crew waren die Kontrolle der Seezeichen, die Wahrnehmung strom- und schifffahrtspolizeilicher Aufgaben, das Erstellen von Peilplänen sowie Versorgungsfahrten. Nachdem der Bundesrechnungshof die Betriebs- und Unterhaltungskosten des Oldtimers angemahnt hatte, wurde er 2012 aus dem Dienst genommen. Im Mai 2013 übergab das WSA Emden das Schiff dem eigens für die Erhaltung gegründeten Verein „Traditionsschiff Ems" für die Dauer von zunächst zehn Jahren. Der hält das Schiff instand und ermöglicht dem vormaligen Eigner, die EMS an mindestens zwölf Tagen im Jahr für eigene Zwecke nutzen zu können. Ihr ständiger Liegeplatz ist im Emder Binnenhafen.

■ TECHNISCHE DATEN

Länge	36 m
Breite	5,82 m
Tiefgang	2,34 m
Motorenleistung	430 PS
Geschwindigkeit	12 kn
Bauwerft	Jos. L. Meyer Werft, Papenburg
Baujahr	1934

Rüstiger Oldtimer: das Bereisungsschiff EMS. (Foto: Ein Dahmer)

Der Bau des Vermessungsschiffes WEDEL kostete 3,4 Millionen Euro. (Foto: Huhu Uet)

187 Vermessungsschiff WEDEL

Der Bau der WEDEL für das Wasser- und Schifffahrtsamt Hamburg schlug mit 3,4 Millionen Euro zu Buche. Ihr ständiger Liegeplatz ist der Tonnenhafen in Wedel am Ostufer der Elbe. Das Vermessungsschiff wird auf der Unter- und Außenelbe sowie im Nord-Ostsee-Kanal für Fahrwasserpeilungen und gewässerkundliche Messungen, beispielsweise zur Ermittlung und Kontrolle der Strömungsgeschwindigkeiten, eingesetzt. Es hat eine Reichweite von rund 620 Seemeilen und ist mit einem Fächerecholot, einem Linienpeilsystem, einem Bewegungssensor, einer Wasserschallgeschwindigkeitssonde sowie dem satellitengestützten Ortungssystem „Differential GPS" ausgerüstet. Auf dem Achterdeck befindet sich ein Hydraulikkran, der für das Aussetzen des mitgeführten Arbeitsbootes und das Setzen und Einholen von Fahrwassertonnen zum Einsatz kommt. Der Kran kann 790 Kilogramm heben, seine Auslage beträgt maximal 10,25 Meter. Zwei MAN-Sechszylinder-Turbodiesel geben eine Leistung von je 450 PS auf zwei Festpropeller ab. Die im Bug befindliche Querstrahlruderanlage erleichtert das Manövrieren erheblich. Die Besatzung der WEDEL besteht aus drei Mann, darunter ein Vermessungstechniker.

■ TECHNISCHE DATEN

Länge	23,9 m
Breite	5,85 m
Tiefgang	1,6 m
Motorenleistung	900 PS
Geschwindigkeit	12 kn
Bauwerft	Fassmer-Werft, Berne
Baujahr	2006–2007

Löschboot REPSOLD 188

Das Löschboot wurde 1941 von der Hamburger Feuerwehr in Dienst gestellt und erhielt zunächst die Bezeichnung FEUERLÖSCHBOOT IX. Ab 1965 hieß es OBERSPRITZENMEISTER REPSOLD. Bis zu seiner Außerdienststellung 1984 war es an vielen Löscheinsätzen im Hamburger Hafen

Heute ist die restaurierte REPSOLD Traditionsschiff im Hamburger Hafen. (Foto: Frank Schwichtenberg)

■ TECHNISCHE DATEN

Länge	19 m
Breite	4,1 m
Tiefgang	1,3 m
Motorenleistung	240 PS
Geschwindigkeit	k.A.
Bauwerft	August Pahl, Finkenwärder
Baujahr	1941

beteiligt, ebenso als Pumpschiff während der Sturmflut 1962. Eine Eignergemeinschaft erwarb die OBERSPRITZENMEISTER REPSOLD 1987 und restaurierte sie. Heute ist das ehemalige Löschboot eines der Traditionsschiffe im Hamburger Hafen. In der TV-Serie „Großstadtrevier" dient es dem Schauspieler Jan Fedder als Wohnschiff.

Löschboot BREMEN – FLB II 189

Von 1975 bis 2012 gehörte das Löschboot BREMEN, kurz FLB II, zur Berufsfeuerwehr Bremen und bewährte sich bei zahlreichen Brand- und Pumpeinsätzen. Drei Kreiselpumpen wurden im Löschbetrieb auf die drei Motoren gekuppelt und förderten je 4.800 Liter Wasser pro Minute. Die bei-

Wasser marsch! Das FLB II vor bremischer Kulisse. (Foto: Ulf Kaack)

■ TECHNISCHE DATEN

Länge	22,6 m
Breite	6,32 m
Tiefgang	1,5 m
Motorenleistung	446 PS
Geschwindigkeit	9 kn
Bauwerft	Abeking & Rasmussen, Lemwerder
Baujahr	1975

den Monitore an Deck gaben jeweils 2.400 Liter Wasser pro Minute ab. Unter Deck befanden sich 20.000 Liter Mehrbereichsschaum. Zur Ausstattung gehörten Arbeitsboot, Hydraulikkran, Werkzeuge sowie Ausrüstung für Atemschutz, Medizin und Leckbekämpfung.

190 AMRUMBANK

Die AMRUMBANK, hier positioniert als Reservefeuerschiff ELBE 1. (Foto: Sammlung Kaack)

Drei Jahre nach ihrer Fertigstellung wurde die AMRUMBANK erstmals auf der gleichnamigen Position vor der nordfriesischen Küste ausgelegt. Hier blieb sie bis 1945. Anschließend kam das Feuerschiff auf verschiedenen Positionen in der Nordsee zum Einsatz, unter anderem als Reserve für die ELBE 1, BORKUMRIFF und WESER. Von 1969 bis 1983 lag es als DEUTSCHE BUCHT nördlich von Langeoog. Nach ihrer Außerdienststellung wurde die ehemalige AMRUMBANK restauriert und kann im Ratsdelft von Emden besichtigt werden.

■ TECHNISCHE DATEN

Länge	52,5 m
Breite	8,1 m
Tiefgang	4,25 m
Motorenleistung	200 PS
Geschwindigkeit	8 kn
Bauwerft	Jos. L. Meyer, Papenburg
Baujahr	1914–1915

191 RESERVE SONDERBURG

Das Feuerschiff wurde durch den Leuchtturm Kiel ersetzt. (Foto: Sammlung Kaack)

Dieses schwimmende Leuchtfeuer wurde 1906 als Reserve für das Stammfeuerschiff SONDERBURG gebaut. Eingesetzt war es auf den Positionen Adlergrund, Jasmund, Fehmarnbelt, Gabelsflach, Kiel, Kalkgrund/Flensburg, Amrumbank und Außeneider. Zweimal erlitt es bei Kollisionen schwere Beschädigungen. Es wurde 1987/88 umgebaut zur Bark ALEXANDER VON HUMBOLDT und war bis 2011 unter Segeln unterwegs. 2014 erfolgte die Umgestaltung zum Restaurantschiff.

■ TECHNISCHE DATEN

Länge	53,3 m
Breite	8 m
Tiefgang	4,5 m
Motorenleistung	175 PS
Geschwindigkeit	7 kn
Bauwerft	A.G. Weser, Bremen
Baujahr	1906

FEHMARNBELT

Der Oldtimer FEHMARNBELT ist auch heute noch regelmäßig in Fahrt. (Foto: Wikimedia/BiG)

Das heutige Museums-Feuerschiff FEHMARNBELT mit Liegeplatz in Lübeck wurde von 1908 bis 1944 als Dreimastschoner mit Notbesegelung als AUSSENEIDER vor der Eidermündung ausgebracht. Zwischenzeitlich übernahm es die Position Süderpiep und war 1918/19 an militärischen Operationen beteiligt. 1931 erfolgte die Nachrüstung eines Dieselmotors. Von 1945 bis 1948 war es Wachschiff an einem Minenzwangsweg in der Nordsee. Nach Stationierungen als AMRUMBANK, FLENSBURG und KIEL sowie verschiedenen Umbauten und Modernisierungen besetzte es ab 1965 als FEHMARNBELT die Position 54° 36' N, 11° 09' E zwischen der Insel Fehmarn und der dänischen Küste. Am 31. März 1984 wurde es als letztes deutsches Ostsee-Feuerschiff außer Dienst gestellt und durch eine unbemannte Großtonne ersetzt. Im gleichen Jahr diente das Schiff auf Sylt als schwimmender Hauptdarsteller HATTERAS bei den Dreharbeiten zu dem US-Spielfilm „The Lightship" nach der Erzählung „Das Feuerschiff" von Siegfried Lenz.

▶ **Wussten Sie schon?**
Seit 1986 ist die FEHMARNBELT Museumsschiff in Lübeck. Sie befindet sich in fahrtüchtigem Zustand und unternimmt im Sommer mehrfach Ausfahrten mit Gästen.

■ **TECHNISCHE DATEN**

Länge	45,44 m
Breite	7,18 m
Tiefgang	3,7 m
Motorenleistung	300 PS
Geschwindigkeit	8,6 kn
Bauwerft	G. H. Thyen, Brake
Baujahr	1906–1908

ELBE 1

Vier Jahrzehnte lang – von 1948 bis 1988 – lag das Feuerschiff ELBE 1 rund 24 Seemeilen nordwestlich von Cuxhaven. Seine Laterne wies der in die Elbe einlaufenden Schifffahrt den sicheren Weg ins Fahrwasser, vorbei an Untiefen und Mahlsänden. 15 Meter über dem Meer schickte die 2.000 Watt starke Lichtquelle ihre Kennung für fünf Sekunden ins Dunkel, um dann für fünf Sekunden zu verlöschen. Bei guter Sicht war das Feuer bis zu 30 Seemeilen weit zu sehen. Ein drei Tonnen schwerer Pilzanker an einer 250 Meter langen Kette fixierte die ELBE 1 auch bei schwerem Seegang. Die Besatzung bestand bei ihrer Indienststellung aus 27 Männern, die in drei Schichten ihren zweiwöchigen Dienst versahen. Mehrmals täglich meldete sie meteorologische und hydrologische Messdaten sowie Schiffsbewegungen auf das Festland. Außerdem nahmen die Crew polizeiliche Aufgaben wahr, indem sie die Einhaltung der Seestraßenordnung und der Seewasserstraßenordnung überwachte. Während seiner Dienstzeit war das Feuerschiff in mehr als 50 Kollisionen verwickelt. Heute liegt die ELBE 1 als fahrtüchtiges Museumsschiff in Cuxhaven. Ein Verein hält sie technisch und optisch in Schuss.

■ TECHNISCHE DATEN

Länge	57,3 m
Breite	9,55 m
Tiefgang	4,72 m
Motorenleistung	500 PS
Geschwindigkeit	10 kn
Bauwerft	Jos. L. Meyer, Papenburg
Baujahr	1941–1948

Die ELBE 1 ist voll fahrtüchtig und häufig mit ehrenamtlicher Crew und Gästen auf kleiner und großer Fahrt. (Foto: Bernhard Fuchs)

ELBE 3

Die ELBE 3 mit Liegeplatz im Museumshafen Oevelgönne ist das älteste noch in Fahrt befindliche Feuerschiff der Welt. Mehr als 125 Jahre hat der Oldie bereits auf dem Buckel! Als dreimastiges LEUCHTSCHIFF WESER mit Hilfsbesegelung war er bis 1966 eingesetzt und übernahm anschließend als

ELBE 3, das weltweit älteste Feuerschiff in Fahrt. (Foto: Ralf Bröhan)

■ TECHNISCHE DATEN

Länge	45,1 m
Breite	7,1 m
Tiefgang	3,95 m
Motorenleistung	300 PS
Geschwindigkeit	6 kn
Bauwerft	Johann Lange, Vegesack
Baujahr	1888

ELBE 3 die südlichste Feuerschiffposition in der Außenelbe. 1977 erfolgte die Außerdienststellung, zwei Jahre später begann eine „zweite Karriere" als Traditionsschiff. Während ihrer aktiven Zeit wurde die ELBE 3 mehrfach umgebaut. Motorisiert wurde sie 1936.

BORKUMRIFF

Ab 1875 war die Position Borkumriff rund 30 Kilometer nordwestlich der ostfriesischen Insel Borkum von vier Feuerschiffen besetzt. Das letzte bemannte Schiff an diesem Hauptschifffahrtsweg in der Deutschen Bucht war die 1954 gebaute BORKUMRIFF IV, der letzte deutsche Neubau seiner Art. Bis zum 15. Juli

Die BORKUMRIFF IV ist heute Museums- und Nationalparkschiff im Schutzhafen von Borkum. (Foto: Bundesanstalt für Wasserbau)

■ TECHNISCHE DATEN

Länge	53,77 m
Breite	9 m
Tiefgang	4,4 m
Motorenleistung	400 PS
Geschwindigkeit	9,5 kn
Bauwerft	Norderwerft Köser & Meyer, Hamburg
Baujahr	1954

1988 versah sie auf dieser Station ihren Dienst. Ihr Feuer befand sich 20,50 Meter über der Wasserlinie und hatte eine Reichweite von 21,5 Seemeilen. An Bord der BORKUMRIFF IV wurde 2007 die Neuverfilmung der Siegfried Lenz-Erzählung „Das Feuerschiff" gedreht.

JEREMIAH O'BRIEN

Die JEREMIAH O'BRIEN gehört zur Klasse der Liberty-Frachter. In der Anfangsphase des Zweiten Weltkriegs kam es durch den erfolgreichen deutschen U-Boot-Krieg auf britischer Seite schnell zu einer gefährlichen Verknappung des Frachtraums. Um die Verluste auszugleichen, wurden in den USA und in Kanada 18 Werften mit 171 Hellingen gegründet, die diesen einfach konstruierten Schiffstyp schnell, kostengünstig und in Massen fertigten. Die durchschnittliche Bauzeit eines Liberty-Schiffs betrug 42 Tage. Ihre Besatzung bestand in der Regel aus 64 Seeleuten. Zwischen 1941 und 1945 entstanden 2.710 dieser 10.000-Tonnen-Stückgutfrachter zur Sicherstellung des Nachschubs für England und diverse Kriegsschauplätze. In den fünf großen Laderäumen konnten 440 leichte Panzer oder 2.840 Jeeps transportiert werden. Allerdings war die Verarbeitungsqualität dieser einfachen Schiffe sehr mangelhaft. Die JEREMIAH O'BRIEN nahm 1944 bei der Landung der Alliierten in der Normandie teil. Der Maschinenraum des Schiffs diente als Kulisse für Aufnahmen zum Film „Titanic". Sie liegt heute als seetaugliches Museumsschiff an der Pier 45 in San Francisco/Kalifornien.

■ **TECHNISCHE DATEN**

Länge	134,57 m
Breite	17 m
Tiefgang	8,46 m
Motorenleistung	2.500 PS
Geschwindigkeit	11 kn
Bauwerft	New England Shipbuilding Corporation, South Portland
Baujahr	1943

Das Liberty-Schiff JEREMIAH O'BRIEN kann heute in San Francisco besichtigt werden. (Foto: Kevin McGill)

MARIENFELS

Die Bremer Reederei DDG Hansa stellte am 21. August 1901 die MARIENFELS in Dienst. Sie war das bis dahin größte Schiff der Reederei und kam auf der Ostindien-Route zum Einsatz. Am 9. März 1903 lief sie auf das Daedalus Riff im Roten Meer, konnte aber durch das Hansa-Schiff SCHWAR-

Die NEUENFELS ist ein baugleiches Schwesterschiff der MARIENFELS. (Foto: Sammlung Focke)

■ TECHNISCHE DATEN

Länge	127,9 m
Breite	16,9 m
Tiefgang	6,2 m
Motorenleistung	2.600 PS
Geschwindigkeit	11 kn
Bauwerft	Flensburger Schiffbau Gesellschaft
Baujahr	1901

ZENFELS geborgen werden. Nach dem Ausbruch des Ersten Weltkriegs verblieb die MARIENFELS im neutralen Mormugoa in Portugiesisch-Indien. 1916 wurde sie durch die portugiesische Regierung beschlagnahmt und erhielt den Namen DIU. Sie wurde am 14. Oktober 1917 durch U 57 vor der irischen Küste versenkt.

NABOB

Die NABOB war ein Geleitflugzeugträger der US Navy und wurde im Rahmen des Lend-Lease-Programms von der Royal Navy eingesetzt. Nach einem Torpedotreffer wurde sie 1944 außer Dienst gestellt und sollte verschrottet werden. 1951 erwarb der Norddeutsche Lloyd in Bremen das

Der NDL-Frachter NABOB war ursprünglich ein Flugzeugträger. (Foto: Sammlung Focke)

■ TECHNISCHE DATEN

Länge	150 m
Breite	21,2 m
Tiefgang	k.A.
Motorenleistung	6.800 PS
Geschwindigkeit	16 kn
Bauwerft	Seattle-Tacoma Shipbuilding
Baujahr	1942

demilitarisierte Schiff und ließ es zum Frachter umbauen. Mit 68 Mann Besatzung und Einrichtungen für Kadetten und Passagiere wurde die NABOB als frachtfahrendes Ausbildungsschiff eingesetzt. 1967 verkaufte der NDL das Schiff, 1978 wurde es verschrottet.

Der erste Schiffsneubau des NDL nach dem Krieg war 1951 die RHEINSTEIN. (Foto: Sammlung Focke)

199 RHEINSTEIN

Mit der RHEINSTEIN dockte im März 1951 nach dem Krieg erstmals wieder ein Schiff des Norddeutschen Lloyd aus. Sie war der erste Nachkriegsneubau der Reederei und Typschiff einer Sechserserie, die der Bremer Vulkan 1951 gebaut hat. Bei den Schiffen dieser Klasse handelte es sich um Stückgutfrachter. Mittschiffs über der Antriebsanlage standen die Aufbauten. Sie waren mit zwölf Ladebäumen und einem 30 Tonnen Schwergutbaum ausgerüstet. Vor den Aufbauten befanden sich drei und achtern zwei Trockenladeräume. Die Besatzung bestand aus 31 Mann. Außerdem gab es Platz für zwei Passagiere an Bord. Bis 1959 waren die RHEINSTEIN und ihre Schwesterschiffe für den Mittelamerika-Dienst der Roland-Linie Schiffahrtsgesellschaft, einer NDL-Tochter, eingetragen. Anschließend wurden sie direkt vom NDL bereedert und nun auch in Kanada und auf den Großen Seen sowie im Fahrtgebiet Nordbrasilien eingesetzt. Im Zuge der Fusion von NDL und der HAPAG ging die RHEINSTEIN in das gemeinsame Eigentum der neuen Hapag-Lloyd über. Sie wurde im Sommer 1971 verkauft und erhielt zunächst den Namen DONAUTAL, später LAURGAIN EXPRESS. 1980 wurde das Schiff in Kaohsiung/Taiwan verschrottet.

■ TECHNISCHE DATEN

Länge	119,6 m
Breite	15,3 m
Tiefgang	6,42 m
Motorenleistung	3.900 PS
Geschwindigkeit	12 kn
Bauwerft	Bremer Vulkan
Baujahr	1950–1951

FRIESENSTEIN 200

Der NDL gab mit der FRIESENSTEIN den ersten deutschen Schiffsneubau nach dem Krieg in Auftrag.
(Foto: Sammlung Focke)

Der Schnellfrachter FRIESENSTEIN ist das Typschiff einer Baureihe von insgesamt sieben Schiffen für den Ostasiendienst des Norddeutschen Lloyd. Das Schiff war nach den damaligen schiffbaulichen Erkenntnissen mit einer in sehr scharfen Linien gehaltenen Rumpfform samt Wulstbug, Spiegelheck und Spantenruder erbaut. Als Hauptantrieb diente ein nach achtern versetzter, einfachwirkender MAN-Zweitakt-Dieselmotor, der äußerst kompakt und leistungsfähig war. Nachdem der NDL 1970 in den Hapag-Lloyd aufging, ging die FRIESENSTEIN in den Südamerikadienst. 1980 baute sie die Werft Thyssen Nordseewerke in Emden zu einem Semicontainerschiff um. Dabei schnitt man den Rumpf direkt vor dem Aufbau auseinander und setzte eine 14,80 Meter lange Sektion ein, die den mit Zellengerüsten ausgestatteten Containerraum bildete. Durch eine Verbreiterung um vier Meter wurde außerdem die Stabilität erhöht. Die FRIESENSTEIN konnte nun 504 20-Fuß-ISO-Container laden. 1983 kaufte die Tilsamar Inc das Schiff und nannte es KINAROS. 1987 übernahm es die Greek South American Line und taufte es um in ATHINA I. Am 12. Januar 1994 wurde es im indischen Alang an eine Abbruchwerft übergeben.

■ TECHNISCHE DATEN

Länge	176,5 m
Breite	26,5 m
Tiefgang	10 m
Motorenleistung	18.355 PS
Geschwindigkeit	21,5 kn
Bauwerft	Bremer Vulkan
Baujahr	1967

201 HAMBURG EXPRESS

Einst das größte Schiff seiner Klasse: die HAMBURG EXPRESS. (Foto: Sammlung Kaack)

Für den Liniendienst zwischen Nordeuropa und Ostasien war die HAMBURG EXPRESS konzipiert. Zusammen mit ihren drei Schwesterschiffen galt sie ein Jahrzehnt lang als weltweit größtes Schiff ihrer Art. Ihre beiden Kesselanlagen arbeiteten auf zwei Turbinen. Dabei wurden knapp 400 Tonnen Brennstoff pro Tag verbraucht. Wegen stark gestiegener Treibstoffkosten wurde der Antrieb 1981 umgebaut, was den Verbrauch auf 100 Tonnen täglich senkte. 1993 wurde das Schiff in BREMEN EXPRESS umbenannt. 1999 erwarb es ein griechischer Eigner und nannte es EXPRESS D. Drei Jahre später folgte die Verschrottung.

■ TECHNISCHE DATEN

Länge	287,7 m
Breite	32,2 m
Tiefgang	12 m
Motorenleistung	81.577 PS
Geschwindigkeit	26 kn
Bauwerft	Blohm + Voss, Hamburg
Baujahr	1971–1972

202 HAMBURG

Der Kombifrachter HAMBURG nahm bis zu 87 Passagiere mit auf Reisen. (Foto: Sammlung Focke)

Für die Wiederaufnahme des Passagierdienstes nach dem Zweiten Weltkrieg entschieden sich die Hapag und der Norddeutsche Lloyd für den Bau von sechs Kombischiffen, die primär als Frachtschiff konzipiert waren, aber auch Passagiere beförderten. Typschiff dieser Baureihe, die im Ostasiendienst eingesetzt wurde, war die HAMBURG. Sie nahm bis zu 87 Passagiere und 90 Besatzungsmitglieder auf. Der Antrieb bestand aus zwei bei der Bauwerft in MAN-Lizenz hergestellten doppeltwirkenden Siebenzylinder-Dieselmotoren. Die Hapag verkaufte die HAMBURG 1967. Sie ging 1972 nach einer Strandung verloren.

■ TECHNISCHE DATEN

Länge	163,91 m
Breite	19,49 m
Tiefgang	7,98 m
Motorenleistung	10.560 PS
Geschwindigkeit	17,5 kn
Bauwerft	Bremer Vulkan
Baujahr	1953–1954

OTTO HAHN

Benannt nach dem Kernchemiker und Nobelpreisträger Otto Hahn, diente dieses Schiff vor allem der Forschung und als Versuchsträger. Es war als Pilotprojekt für die maritime Nutzung der Kernenergie gedacht, blieb aber das einzige deutsche Atomschiff. Auftraggeber für das 56 Millionen DM teure Projekt war die Gesellschaft für Kernenergieverwertung in Schiffbau und Schiffahrt. Als Energiequelle diente der OTTO HAHN ein Druckwasserreaktor. Im Sekundärkreislauf wurde der Antriebsdampf für die konventionelle Dampfturbine erzeugt. Die Aufbauten umfassten neben den Kabinen für 36 Forscher zwei Labore sowie Messen, Salons und Empfangsräume für repräsentative Zwecke. Bis zur Stilllegung des Atomantriebs 1979 hat das Schiff 33 Häfen in 22 Staaten angelaufen und dabei 650.000 Seemeilen zurückgelegt. Dabei kam es nie zu einem kommerziellen Frachtbetrieb, da die OTTO HAHN ausländische Häfen nur eingeschränkt anlaufen durfte. 1982 kaufte ein Hamburger Reeder das Schiff und ließ es zum Containerschiff mit Dieselantrieb umbauen. Mehrfach wechselten Eigner und Schiffsnamen, bevor der ehemalige Nuklearfrachter 2009 zum Abbruch nach Bangladesch verkauft wurde.

■ TECHNISCHE DATEN

Länge	172,05 m
Breite	23,4 m
Tiefgang	9,22 m
Motorenleistung	11.000 PS
Geschwindigkeit	17 kn
Bauwerft	Howaldtswerke, Kiel
Baujahr	1963–1968

Das einzige deutsche Atomschiff OTTO HAHN vor Kapstadt. (Foto: GKSS)

204 MÜNCHEN

Der LASH-Carrier MÜNCHEN sank 1978 unter nicht abschließend geklärten Umständen. (Foto: Sammlung Focke)

Mit dem Frachtschiff MÜNCHEN wollte sich die Hapag-Lloyd mit ihrer Tochtergesellschaft Combi-Line im lukrativ erscheinenden LASH-Geschäft etablieren. Bei diesem System wurden beladene Leichter auf hochseetüchtigen Spezialschiffen transportiert. Die MÜNCHEN sank im Dezember 1978 im Sturm nördlich der Azoren. Die Umstände sind bis heute ungeklärt. Experten vermuten eine Monsterwelle als Ursache. Zehn Tage durchkämmten 13 Flugzeuge und 110 Schiffe den Atlantik. Vergeblich, keines der 28 Crewmitglieder überlebte.

■ TECHNISCHE DATEN

Länge	261,4 m
Breite	32,4 m
Tiefgang	11,25 m
Motorenleistung	26.100 PS
Geschwindigkeit	18 kn
Bauwerft	J. Cockerill, Antwerpen
Baujahr	1972

205 ESSO DEUTSCHLAND

Ein Jahrzehnt lang das größte Handelsschiff: die ESSO DEUTSCHLAND. (Foto: Sammlung Kaack)

Die ESSO DEUTSCHLAND war von 1976 bis 1985 das größte Handelsschiff unter deutscher Flagge. Sie war als reiner Rohöltanker in Einhüllenbauweise ausgelegt und wurde hauptsächlich für den Transport vom Persischen Golf aus eingesetzt. Das Schiff verfügte über 10 Mitteltanks, 16 Seitentanks sowie zwei Sloptanks. Das Ladetankvolumen betrug rund 500.000 m³. 1985 verkaufte die Esso Tankschiff Reederei den Turbinentanker. Noch mehrfach wechselten die Besitzer, bevor er 2003 verschrottet wurde.

■ TECHNISCHE DATEN

Länge	378 m
Breite	69 m
Tiefgang	22,92 m
Motorenleistung	45.000 PS
Geschwindigkeit	15,9 kn
Bauwerft	Kawasaki Heavy Industries, Sakaide
Baujahr	1975–1976

UASC BARZAN

Das größte Containerschiff der Welt, die UASC BARZAN. (Foto: Frank Schwichtenberg)

Dieser Gigant gilt als das weltweit längste Containerschiff: die UASC BARZAN der United Arab Shipping Company. Sie ist das Typschiff einer Serie von fünf weiteren Schiffen, die im Liniendienst zwischen Europa und Ostasien eingesetzt werden sollen. Ins Auge sticht sofort das Deckshaus, das anders als bei der Mehrzahl der herkömmlichen Containerschiffe im vorderen Schiffsdrittel angeordnet ist, was eine bessere Sicht und eine höhere vordere Decksbeladung ermöglicht. Die maximale Transportkapazität wird mit 18.800 Standardcontainern, die Tragfähigkeit mit 199.744 Deadweight Tons angegeben. Es sind Anschlüsse für Integral-Kühlcontainer vorhanden. Der Antrieb der UASC BARZAN besteht aus einem von Hyundai in Lizenz gebauten Zehnzylinder-Zweitakt-Dieselmotor des Typs MAN B&W 10S90ME-C10.2, der auf einen einzelnen Festpropeller wirkt. Die Hauptmotoren sind für den Betrieb mit verflüssigtem Erdgas (LNG) ausgelegt, das aufgrund der Vorschriften zum Umweltschutz als Treibstoff in der Schifffahrt zukünftig eine bedeutende Rolle einnehmen wird.

▶ **Wussten Sie schon?**
Mit Containerschiffen werden aktuell zwei Drittel des weltweiten Warenverkehrs bewegt.

■ **TECHNISCHE DATEN**

Länge	400,00 m
Breite	58,60 m
Tiefgang	16,00 m
Motorenleistung	k.A.
Geschwindigkeit	22,5 kn
Bauwerft	Hyundai Samho Heavy Industries, Südkorea
Baujahr	2015

GEORG BÜCHNER

Einst war die GEORG BÜCHNER ein Wahrzeichen Rostocks. Seit dem 30. Mai 2013 liegt das Schiff vor dem polnischen Danzig auf dem Grund der Ostsee. Gerüchte um Versicherungsbetrug kursieren bis heute. Mit der Havarie fand das rund 150 Meter lange und knapp 20 Meter breite Traditionsschiff ein unerwartetes Ende ihres bewegten Schiffslebens. Sie pendelte als Frachter unter dem Namen CHARLESVILLE zwischen Belgien und Afrika. 1967 ging sie in den Besitz der DDR über und diente dem VEB Deutsche Seereederei Rostock als Fracht- und Ausbildungsschiff. Bis 1977 wurde die GEORG BÜCHNER im Liniendienst nach Kuba und Mexiko eingesetzt. Nach einem anschließenden Umbau erhielt sie die Funktion eines stationären Schulschiffs. Im Frühjahr 1991 kaufte die Hansestadt Rostock das Schiff für eine symbolische D-Mark, um es vor dem Abbruch zu bewahren. Anschließend wurde es weiter als stationäres Ausbildungsschiff und Internat genutzt. 2003 übernahm der Förderverein Traditionsschiff e.V. die GEORG BÜCHNER und verlegte sie in den Rostocker Stadthafen. Es folgte der Umbau zum Hotelschiff und bis Ende 2012 die Nutzung als Jugendherberge. Nach der Insolvenz des Trägervereins wurde das Schiff nach Litauen verkauft und sank während der Überführung.

■ TECHNISCHE DATEN

Länge	153,66 m
Breite	19,6 m
Tiefgang	8,4 m
Motorenleistung	9.250 PS
Geschwindigkeit	17,5 kn
Bauwerft	J. Cockerill, Antwerpen
Baujahr	1950–1951

Die GEORG BÜCHNER hatte bis zu 190 Matrosenlehrlinge, 20 Ausbilder sowie 50 Mann Stammbesatzung an Bord. (Foto: EM311)

FRIEDEN

Bei dem Traditionsschiff FRIEDEN handelt es sich um das ehemalige Motorschiff DRESDEN des VEB Deutsche Seereederei Rostock. Sein Bau erfolgte 1956/57 auf der Warnowwerft in Warnemünde. Es war das fünfte Schiff der Baureihe Typ IV – einer ersten Serie von 10.000-Tonnen-Stückgut-Frachtern, die auf DDR-Werften gebaut wurde. Am 27. Juli 1958 wurde das Schiff an die Deutsche Seereederei übergeben. Bis 1969 lief es im Liniendienst nach Ostasien, Indonesien, Afrika, Indien und Lateinamerika. Nach massiven technischen Defekten in der Maschinenanlage, die hohe Reparaturkosten verursacht hätten, wurde das Schiff 1969 außer Dienst gestellt und am 13. Juni 1970 als „Schiffbaumuseum Rostock" eröffnet. Heute ist die FRIEDEN Teil des Rostocker Schiffbau- und Schifffahrtsmuseums. An Bord des Museumsschiffs werden Exponate zum Schiffbau in der DDR, Betriebsabläufen einer Werft sowie zur Geschichte des Seefunkwesens und der Navigation gezeigt. Viele im Original erhaltene Räume – Maschinenraum, Kommandobrücke, Funkstation, Schiffshospital und Mannschaftskabinen – vermitteln einen Eindruck von der Seefahrt in den 1950/60er-Jahren.

■ TECHNISCHE DATEN

Länge	157,16 m
Breite	20 m
Tiefgang	8,4 m
Motorenleistung	7.200 PS
Geschwindigkeit	15 kn
Bauwerft	Warnowwerft, Warnemünde
Baujahr	1956–1957

Während ihrer Fahrenszeit lief die FRIEDEN über 70 verschiedene Häfen in 38 Ländern an. Dabei bewältigte sie eine Strecke, die dem 22-Fachen des Äquatorumfanges entspricht. (Foto: Norbert Kaiser)

Die GREAT EASTERN Mitte der 1880er-Jahre im Hafen von Dublin. (Foto: National Library of Ireland)

209 Kabelleger GREAT EASTERN

Bis 1901 war die GREAT EASTERN das mit Abstand größte je gebaute Schiff der Welt und seiner Zeit technisch um Jahrzehnte voraus. Sie konnte 4.000 Passagiere an Bord nehmen und die Erde umrunden, ohne Kohle nachbunkern zu müssen. Da es jedoch keinen Bedarf für solch hohe Passagierkapazitäten gab, war keine ihrer Fahrten gewinnbringend. Nach wenigen Passagierreisen wurde die GREAT EASTERN für 25.000 britische Pfund – das entsprach fünf Prozent der Baukosten – verkauft und zum Kabelleger umgebaut. 1865/66 verlegte sie 4.200 - Kilometer des ersten Transatlantikkabels. Dieses Kabel ermöglichte erstmals den Telegrammaustausch zwischen Amerika und Europa. Der Rumpf des Schiffs war vollständig aus Stahl gebaut und doppelwandig ausgeführt. Der Antrieb erfolgte über zwei seitliche Schaufelräder mit einem Durchmesser von je 17 Metern und einer Schraube am Heck, die 7,30 Meter maß. Zusätzlich hatte das Schiff sechs Masten für die Besegelung. Die GREAT EASTERN hatte den Ruf eines Unglücksschiffs. Während ihres Baus und Betriebs ereigneten sich immer wieder Unfälle an Bord – nicht selten mit tödlichen Folgen. Im Januar 1889 begannen in Liverpool die Abwrackarbeiten, die rund 18 Monate dauerten.

■ TECHNISCHE DATEN

Länge	211 m
Breite	25,3 m
Tiefgang	9,1 m
Motorenleistung	8.300 PS
Geschwindigkeit	12,5 kn
Bauwerft	J. Scott Russell & Co., Millwall
Baujahr	1854–1858

Lotsentender DÖSE

Die Schiffsbewegungen der DÖSE werden mit vier kreiselgesteuerten Flossen an den Schiffsenden harmonisiert, die ab einer Geschwindigkeit von sechs Knoten aktiviert werden. (Foto: Ulf Kaack)

Der Lotsentender DÖSE ist, ebenso wie das Schwesterschiff DUHNEN, ein in SWATH-Bauweise konstruiertes Mehrrumpfboot. Auch bei starkem Seegang rollt es deutlich weniger als ein konventionelles Einrumpfboot. Damit wird die Gefahr beim Übersetzen des Lotsen minimiert. Als Material kamen zur Gewichtseinsparung vor allem Aluminiumlegierungen zur Anwendung. Der Tender verfügt über einen dieselelektrischen Antrieb. Die Dieselgeneratoren befinden sich im Maschinenraum auf der Plattform vor dem Steuerhaus rund fünf Meter über der Wasseroberfläche. Die elektrischen Antriebsmotoren sind in den Unterwasser-Schwimmkörpern untergebracht. Hinter jedem Propeller ist ein von einer Drehflügelrudermaschine betätigtes Spatenruder angeordnet. Der Aufbau wurde für den Aufenthalt von mindestens acht Lotsen und zwei bis drei Besatzungsmitgliedern ausgelegt. Das Steuerhaus ist als Rundumsichtbrücke mit großen Fenstern ausgeführt und mit zwei Fahrständen ausgestattet – je einer an der Steuerbord- und Backbord-Seite. Die spezielle Form der DÖSE erlaubt das Übersteigen der Lotsen bis zu einer Wellenhöhe von 3,5 Metern bei einer Geschwindigkeit von acht bis zwölf Knoten.

■ TECHNISCHE DATEN

Länge	25 m
Breite	13,5 m
Tiefgang	k.A.
Motorenleistung	2.175 PS
Geschwindigkeit	18,5 kn
Bauwerft	Abeking & Rasmussen, Lemwerder
Baujahr	1999

Der Tonnenleger KAPITÄN MEYER an seinem Liegeplatz, dem Bontekai in Wilhelmshaven. (Foto: Axel Schwenke)

Tonnenleger KAPITÄN MEYER

Der einstige durch Dampfmaschinen befeuerte Tonnenleger KAPITÄN MEYER wurde 1949/50 auf der Seebeck-Werft in Bremerhaven als Ersatz für die im Februar 1944 nach Minentreffern gesunkenen Tonnenleger TRITON II und WIK gebaut. Es war der erste Schiffsneubau, der nach dem Zweiten Weltkrieg auf einer deutschen Werft vom Stapel lief. Die KAPITÄN MEYER war seit dem 26. November 1950 dem Wasser- und Schifffahrtsamt Tönning unterstellt und wurde bis zur Außerdienststellung 1983 als Tonnenleger und Versorger für die in der Nordsee stationierten Feuerschiffe sowie die Insel Helgoland eingesetzt. Sie wurde zunächst mit Kohlen betrieben. 1967 erfolgte die Umrüstung auf Ölfeuerung. Seit 1984 ist die KAPITÄN MEYER Museumsschiff in Wilhelmshaven. Sie wird in einem fahrbereiten Zustand gehalten und regelmäßig für Reisen im Bereich der Nord- und Ostsee genutzt. Alljährlich ist sie Regattabegleitschiff beim JadeWeserPort-CUP. Auch können Eheschließungen an Bord vorgenommen werden. Die KAPITÄN MEYER ist das letzte erhaltene und dabei noch seegehende Doppelschrauben-Dampfschiff in Deutschland. Sie liegt am Wilhelmshavener Bontekai direkt neben dem Museumsfeuerschiff WESER und kann besichtigt werden.

■ TECHNISCHE DATEN

Länge	52,1 m
Breite	9,8 m
Tiefgang	3,5 m
Motorenleistung	1.000 PS
Geschwindigkeit	12 kn
Bauwerft	Schichau Seebeck, Bremerhaven
Baujahr	1949–1950

Ankerziehschlepper FAR SAMSON

Die FAR SAMSON ist ein unter britischer Flagge fahrender Ankerziehschlepper. Sie wird bei der Assistenz und beim Verschleppen von Bohrinseln und anderen großen Offshore-Einheiten ohne eigenen Antrieb, bei deren Versorgung und beim Bau von Pipelines eingesetzt. Das 2009 in Dienst gestellte Schiff kam unter anderem beim Bau der Nord-Stream-Pipeline in der Ostsee zum Einsatz. Im selben Jahr wurde es von dem norwegischen Schifffahrtsmagazin „Skipsrevyen" zum Schiff des Jahres gekürt. Die FAR SAMSON wird von zwei Verstellpropellern angetrieben. Darüber hat sie drei Propellergondeln, von denen sich zwei im Vorschiffs- und eine im Achterschiffsbereich befinden. Weiterhin verfügt das Schiff über ein Bug- und zwei Heckstrahlruder. Mit einem Pfahlzug von 423 Tonnen, der unter Einsatz aller fünf Propeller erreicht wird, ist die FAR SAMSON einer der weltweit stärksten Schlepper. Hinter den Decksaufbauten befindet sich ein 1.450 Quadratmeter großes, offenes Arbeitsdeck mit zwei Kränen, das mit bis zu 2.300 Tonnen belastet werden kann. Achtern steht der Heckgalgen mit einer Hebekapazität von 315 Tonnen. Im Bugbereich liegt außerdem eine Hubschrauberplattform.

■ TECHNISCHE DATEN

Länge	121,5 m
Breite	26 m
Tiefgang	8,49 m
Motorenleistung	47.614 PS
Geschwindigkeit	19 kn
Bauwerft	STX Offshore Norway AS, Langsten, Norwegen
Baujahr	2007–2009

An Bord der FAR SAMSON ist Platz für 100 Personen in 22 Einzel- und 39 Doppelkabinen. Das Schiff verfügt über die Eisklasse 1B. (Foto: Sammlung Kaack)

Saugbagger NORDSEE

Heimathafen des Saugbaggers NORDSEE ist Wilhelmshaven. (Foto: Walter Rademacher)

Die NORDSEE ist ein Saugbagger, der vom Wasser- und Schifffahrtsamt Wilhelmshaven genutzt wird. Eigner ist das Bundesministerium für Verkehr, Bau und Stadtentwicklung in Berlin. Für den Einsatz als Bagger ist das Schiff mit zwei Seitensaugrohren ausgerüstet, die über einen Durchmesser von je einem Meter verfügen. Die maximale Baggertiefe beträgt 29 Meter. Bei der Beladung des Hopperraums wird überschüssiges Wasser durch Überläufe wieder nach außenbords geleitet. Die Befüllung des Hopperraums der NORDSEE dauert rund 40 Minuten, für die Verklappung des Baggerguts werden 15 bis 20 Minuten benötigt. Das Schiff kann außerdem bei der Bekämpfung von Ölunfällen eingesetzt werden. Dafür befinden sich an beiden Schiffsseiten 22 Meter lange Ausleger, über die in der Stunde 600 bis 1000 Tonnen Öl-Wasser-Gemische von der Wasseroberfläche aufgenommen werden können. Angetrieben wird das Schiff durch zwei Achtzylinder-Viertakt-Dieselmotoren des Herstellers MaK Maschinenbau. Die Maschinen wirken jeweils auf einen Verstellpropeller. Darüber hinaus verfügt die NORDSEE über ein Bugstrahlruder. Ihre Besatzung besteht aus 21 Seeleuten.

■ TECHNISCHE DATEN

Länge	131,75 m
Breite	23 m
Tiefgang	7,75 m
Motorenleistung	9.599 PS
Geschwindigkeit	11 kn
Bauwerft	Orenstein & Koppel, Lübeck
Baujahr	1977–1978

Ölauffangschiff BOTTSAND

Die Deutsche Marine betreibt zwei Ölauffangschiffe der sogenannten Bottsand-Klasse (738) – die BOTTSAND und das etwas größere Schwesterschiff EVERSAND. Eigentümer der beiden zivil besetzten Spezialschiffe ist das Niedersächsische Ministerium für Ernährung, Landwirtschaft und Forsten. Stationiert ist die BOTTSAND im Marinestützpunkt in Warnemünde. Ihr Schwesterschiff liegt in Wilhelmshaven. Beide kommen bei Umweltkatastrophen an der deutschen Nord- und Ostseeküste, bei Bedarf auch im Ausland zum Einsatz. Konzipiert sind die Schiffe zur Bekämpfung von Ölteppichen auf der Wasseroberfläche. Dazu können sie über eine Gelenkkonstruktion am Heck in ihrer Mittelachse bis zu 65 Grad aufgeklappt werden. Dabei entsteht eine Ölauffangfläche von über 40 Quadratmetern. In dem dadurch gebildeten Dreieck zwischen den beiden Rumpfhälften wird das Öl zusammengeschoben und anschließend über eine Abschöpfeinrichtung mit Hilfe von Separatoren vom Wasser getrennt. Gebunkert wird das Öl in bordeigenen Tanks. Auf diese Weise können die BOTTSAND und die EVERSAND bei einer Fahrgeschwindigkeit von einem Knoten und einer Dicke des Ölteppichs von zwei Millimetern rund 140 Kubikmeter Öl pro Stunde aufnehmen.

■ TECHNISCHE DATEN

Länge	46,35 m
Breite	12 m
Tiefgang	3,5 m
Motorenleistung	1.000 PS
Geschwindigkeit	10 kn
Bauwerft	C. Lühring Schiffswerft, Brake
Baujahr	1984

Das Ölauffangschiff BOTTSAND mit aufgeklapptem Rumpf. (Foto: PIZ Marine)

Der Eisbrecher STETTIN im Nord-Ostsee Kanal auf dem Weg zur Kieler Woche 2012. (Foto: Wikimedia)

Dampfeisbrecher STETTIN

Die Baukosten für die STETTIN betrugen 1933 574.000 Reichsmark. Der Eisbrecher sollte den Seeweg Stettin-Swinemünde sowie die Zufahrten zum Stettiner Haff in strengen Eiswintern offen halten. Die Konstruktion zeigte erstmals in Deutschland den in Finnland entwickelten Runeberg-Steven. Dieser bewirkt, dass sich das Schiff nicht mehr nur mit seinem Rumpf auf das Eis schiebt und es durch sein Gewicht zerdrückt. Er zerteilt mit einer Schneidspante das Eis, das dann seitlich abgebrochen wird. Obwohl in den 1930er-Jahren schon lange Dieselmotoren bekannt waren, wurde die Stettin mit einer Dampfmaschine ausgestattet, da diese den Vorteil einer sehr schnellen Umsteuerung der Maschine von Vorwärts- auf Rückwärtsfahrt bietet. 1945 war die STETTIN am Transport von Flüchtlingen über die Ostsee beteiligt. Nach dem Kriegsende kam sie für das Wasser- und Schifffahrtsamt Hamburg mit Liegeplatz in Wedel auf der Elbe zum Einsatz. Der Eisbrecher hat heute den Status eines technischen Kulturdenkmals und liegt am Anleger Neumühlen beim Museumshafen Oevelgönne in Hamburg. Während der Sommermonate führt die STETTIN Fahrten für Gäste im Rahmen von maritimen Events durch, kann aber auch gechartert werden.

■ TECHNISCHE DATEN

Länge	51,75 m
Breite	13,43 m
Tiefgang	6,01 m
Motorenleistung	2.200 PS
Geschwindigkeit	14,2 kn
Bauwerft	Oderwerke, Stettin
Baujahr	1932–1933

Atomeisbrecher ARKTIKA

Der Atomeisbrecher ARKTIKA wurde für Arbeiten in polaren Regionen konstruiert. Am 25. April 1975 übernahm ihn die russische Reederei Murmanskoje Parochodstwo in Murmansk. Die ARKTIKA war zu diesem Zeitpunkt das Flaggschiff der sowjetischen Atom-Eisbrecherflotte. Für mehr als ein Jahrzehnt war sie das leistungsstärkste kernenergiegetriebene nicht-militärische Schiff der Welt. Das Schiff verfügt über zwei OK-900A-Atomreaktoren, die jeweils eine Leistung von 171 Megawatt erzeugen. Die im Reaktor erzeugte Wärme leistet in zwei Turbinensätzen insgesamt 55.200 Kilowatt. Die ARKTIKA verfügt über drei Antriebsschrauben, die turboelektrisch in Drehung versetzt werden. Sie erreichte am 17. August 1977 als erstes Überwasserschiff den geographischen Nordpol. Dort wurde eine eiserne Gedenktafel versenkt und die Flagge der UdSSR gehisst. Die ARKTIKA war mehrere Jahre außer Dienst, bis sie in den späten 1990er-Jahren wieder vollständig einsatzfähig war. Im April 2007 verursachte ein Brand an Bord erhebliche Sachschäden. Am 3. Oktober 2008 erfolgte die Abschaltung der Reaktoren und damit die Stilllegung des Schiffes.

■ TECHNISCHE DATEN

Länge	147,9 m
Breite	29,9 m
Tiefgang	11 m
Motorenleistung	75.000 PS
Geschwindigkeit	20,8 kn
Bauwerft	Baltisches Werk, St. Petersburg
Baujahr	1972–1975

Viele Jahre war die ARKTIKA weltweit das leistungsstärkste nicht-militärische Atomschiff. (Foto: Sammlung Kaack)

Der berühmte Eisbrecher KRASIN, heute Museumsschiff in St. Petersburg. (Foto: Sammlung Kaack)

217 Eisbrecher KRASIN

Die KRASIN wurde zwischen 1916 und 1917 im Auftrag des russischen Marineministeriums in Großbritannien gebaut, wobei ihr ursprünglicher Name SWJATOGOR war. Im Jahre 1919 wurde sie während des russischen Bürgerkriegs von den Briten konfisziert, konnte aber zwei Jahre später von der Sowjetunion zurückgekauft werden. Sie wurde umgetauft auf den Namen KRASIN und fortan als Eisbrecher und Rettungsschiff in arktischen Gewässern eingesetzt. Überwiegend war das Schiff in Murmansk oder Archangelsk stationiert. 1928 absolvierte der Eisbrecher erfolgreich einen Rettungseinsatz für das deutsche Passagierschiff MONTE CERVANTES, das vor Spitzbergen nach einer Kollision mit einem Eisberg leckgeschlagen war. Direkt im Anschluss folgte die nächste Rettungsmission: Am 25. Mai 1928 war das Luftschiff ITALIA in der Nähe von Spitzbergen abgestürzt. Zehn Expeditionsmitglieder wurden auf eine Eisscholle geschleudert. Einzig die KRASIN war in der Lage, den 82. nördlichen Breitengrad zu erreichen und die Männer zu retten. Bis 1972 leistete die KRASIN als Eisbrecher Dienst. Heute liegt sie als Museumsschiff in Sankt Petersburg.

■ TECHNISCHE DATEN

Länge	99,8 m
Breite	21,65 m
Tiefgang	7,88 m
Motorenleistung	10.000 PS
Geschwindigkeit	9,6 kn
Bauwerft	W.G. Armstrong, Whitworth & Co. Ltd., Newcastle upon Tyne
Baujahr	1916–1917

Ex-Kriegsfischkutter NORDWIND

Sie ist ein Museumsschiff, aber keinesfalls angestaubt und antiquiert: mit der NORDWIND besitzt das Deutsche Marinemuseum in Wilhelmshaven ein technisch und zeitgeschichtliches Großexponat, das nicht zu einem fest vertäuten Pensionärsdasein an der Pier im Museumshafen verdammt ist. Streng genommen ist die NORDWIND die kleine Schwester der berühmten GORCH FOCK, denn von 1956 bis 2006 wurde sie mit wenigen Unterbrechungen im Dienst der Marineschule in Flensburg-Mürwik für die seemännische Grundausbildung des Offiziersnachwuchses eingesetzt. Sie zählt zu der Baureihe der Kriegsfischkutter: 1942 wurde dieser größte Serienbau von Seefahrzeugen in Deutschland durch die Kriegsmarine in Auftrag gegeben. Eingesetzt wurden diese kleinen Marineeinheiten vor allem als bewaffnete Wachboote, Minensuchboote und U-Jagd-Boote. Nach Beendigung des Krieges war vorgesehen, die KFK einer zivilen Nutzung vor allem in der Hochseefischerei zuzuführen. Insgesamt 1.072 KFK wurden in Auftrag gegeben und von 42 Werften in sieben europäischen Ländern auf Kiel gelegt. Fertiggestellt und in Dienst gestellt wurden jedoch nur 612 Einheiten. Davon wurden 554 an der Front eingesetzt, mindestens 135 KFK gingen verloren.

■ TECHNISCHE DATEN

Länge	26,89 m
Breite	6,53 m
Tiefgang	2,94 m
Motorenleistung	400 PS
Geschwindigkeit	9 kn
Bauwerft	Burmester Werft, Bremen
Baujahr	1945–1948

Der ehemalige Kriegsfischkutter NORDWIND ist heute als segelndes Museumsschiff unterwegs.
(Foto: Sammlung Kaack)

DDR-Seitenfänger GERA

Der DDR-Seitenfänger GERA auf Überführungsfahrt. (Foto: Historisches Museum Bremerhaven)

Unter der Fischereikennung „ROS 223" gehörte die GERA seit 1961 zur Hochseefischereiflotte des Fischkombinats Rostock und kam in entfernt gelegenen Fanggründen wie Island, Grönland, Kanada und Afrika zum Einsatz. Sie ist der letzte in Deutschland erhalten gebliebene Seitenfänger, kann seit 1990 als schwimmendes Museum im Fischereihafen von Bremerhaven besichtigt werden und ermöglicht dort einen authentischen Einblick in die Arbeitswelt des Hochseefischens. Bis in die 1960er-Jahre dominierten die Seitenfänger die Hochseefischerei. Dabei wurde über die Steuerbordseite ein Schleppnetz ausgebracht und der Fang nach zwei bis drei Stunden Schlepp mittels einer Winde an Bord geholt. Die Fische wurden sofort manuell verarbeitet und anschließend in den Laderäumen auf Eis gelagert. Innerhalb von drei Wochen mussten sie im Hafen von Rostock angelandet werden. Die GERA gehört zur letzten Generation der Seitenfänger. Bereits ab den späten 1950er-Jahren setzten sich die Heckfänger durch. Bis Ende der 1970er-Jahre war die GERA im Fischereieinsatz. Anschließend fand das Schiff bis zur Wiedervereinigung im Fischkombinat Rostock als Zubringer- und Transportschiff der Fangflotte Verwendung.

■ TECHNISCHE DATEN

Länge	65,55 m
Breite	10,3 m
Tiefgang	5,64 m
Motorenleistung	1.420 PS
Geschwindigkeit	13,2 kn
Bauwerft	Peene Werft, Wolgast
Baujahr	1959–1960

Fischtrawler MÜNCHEN

Das Fischereimotorschiff MÜNCHEN wurde 1961 als Baunummer 875 von der Bremerhavener Seebeckwerft für die „Nordsee" Deutsche Hochseefischerei gebaut. Das Schiff ging am 25. Juni 1963 vor Westgrönland unter. Die Katastrophe, bei der 27 der 42 Besatzungsmitglieder ihr Leben verloren, gilt als eines der schwersten Unglücke in der Geschichte der deutschen Hochseefischerei. Der Trawler befand sich am Ende einer rund vierwöchigen Fangreise vor der Westküste Grönlands. Nachdem er am Morgen des 25. Juni 1963 aus dem Fjord von Færingehavn, wo Dieselkraftstoff gebunkert worden war, ausgelaufen war, kam es zu einem Wassereinbruch an Bord. Der Trawler sank weniger als zwei Stunden später. Vermutlich drang das Wasser durch defekte Speigatten ein, die normalerweise durch Rückschlagklappen gesichert sind. Beim Untergang des Trawlers kamen drei Besatzungsmitglieder ums Leben, die anderen konnten sich auf die Rettungsinseln retten. Da die Rettungsinseln jedoch beschädigt waren, konnten am Ende nur 15 Besatzungsmitglieder lebend geborgen werden. Wie sich später herausstellte, waren die Rettungsinseln entgegen der Vorschriften nicht in ihrer Verpackung über Bord geworfen, sondern an Deck ausgepackt und dabei beschädigt worden.

■ TECHNISCHE DATEN

Länge	64 m
Breite	11 m
Tiefgang	k.A.
Motorenleistung	k.A.
Geschwindigkeit	k.A.
Bauwerft	Seebeckwerft, Bremerhaven
Baujahr	1961

Beim Untergang der MÜNCHEN starben 1963 vor Grönland 27 Seemänner. (Foto: Sammlung Kaack)

Im Wattenmeer vor der deutschen Nordseeküste sind zahlreiche Krabbenkutter unterwegs. Gefangen werden die Krabben mittels zweier Ausleger, den Baumkurren, an denen die Fangnetze seitlich in das Wasser gelassen werden. (Foto: Manuel Miserok)

221 Walfänger RAU IX

Heute ein Museumsschiff … (Foto: Garitzko)

Als der Walfangdampfer RAU IX 1939 in Wesermünde fertiggestellt war, sollte er an einer Fangexpedition der deutschen Walfangflotte teilnehmen. Entgegen der Planungen wurde er von der Kriegsmarine in Dienst gestellt und zum U-Bootjäger umgebaut. Nach dem Zweiten Weltkrieg diente das Schiff als Minensuchboot, musste aber 1948 an Norwegen ausgeliefert werden. Als KRUTT fuhr es in der Antarktis auf Walfang, bevor es nach Island verkauft wurde und später von den Färöer-Inseln aus Kleinwale jagte. Seit 1970 liegt die RAU IX im Hafen des Schiffahrtsmuseums in Bremerhaven.

■ TECHNISCHE DATEN

Länge	58,5 m
Breite	9 m
Tiefgang	4 m
Motorenleistung	1.600 PS
Geschwindigkeit	14 kn
Bauwerft	Deschimag, Werk Seebeck, Wesermünde
Baujahr	1939

222 Forschungsschiff RAINBOW WARRIOR I

Mit Friedenstaube und Regenbogen: RAINBOW WARRIOR I. (Foto: Athel von Koettelitz)

Bis zu ihrer Versenkung im Jahr 1985 war die RAINBOW WARRIOR I das Flaggschiff und Symbol der „Regenbogenkrieger" der Umweltschutzorganisation Greenpeace. Ursprünglich als Fischdampfer SIR WILLIAM HARDY gebaut, wurde es ab 1978 von den Umweltaktivisten eingesetzt, um auf den weltweiten Walfang aufmerksam zu machen. Auf dem Weg zu einer Protestaktion gegen Kernwaffentests im Mururoa-Atoll verübte der französische Geheimdienst im Hafen von Auckland ein Bombenattentat auf das Schiff, wobei ein Crewmitglied ertrank.

■ TECHNISCHE DATEN

Länge	44 m
Breite	k.A. m
Tiefgang	4,6 m
Motorenleistung	k.A.
Geschwindigkeit	12 kn
Bauwerft	Hall, Rusell & Comp. Aberdeen / Schottland
Baujahr	1955

Forschungsschiff GRÖNLAND

Die GRÖNLAND war das erste deutsche Polarforschungsschiff und erreichte 1868 vor Grönland nordwestlich von Spitzbergen die nördlichste Breite, die sich für ein Segelschiff nachweisen lässt. Viele der wissenschaftlichen Ergebnisse dieser ersten deutschen Nordpolarexpedition haben bis heute Gültigkeit. 1871

Eine ehrenamtliche Crew hält die GRÖNLAND in Fahrt. (Foto: Alfred-Wegener-Institut)

■ TECHNISCHE DATEN

Länge	29,3 m
Breite	6,1 m
Tiefgang	2,2 m
Motorenleistung	200 PS
Geschwindigkeit	k.A.
Bauwerft	Toleff Toleffsen, Matre in Skanevik/Norwegen
Baujahr	1867–1868

wurde das Schiff nach Norwegen verkauft, diente dort rund hundert Jahre als Küstenfrachter, bevor es 1973 nach umfangreichen Restaurierungsarbeiten in den Museumshafen des Deutschen Schifffahrtsmuseums nach Bremerhaven kam.

Forschungsschiff UTHÖRN

Über drei Jahrzehnte schon ist der Forschungskutter UTHÖRN für die Wissenschaft im Einsatz. Seit ihrer Indienststellung 1982 wurde die UTHÖRN für Forschungsfahrten in der Deutschen Bucht eingesetzt. Mit Heimathafen Helgoland dient sie außerdem der Materialversorgung sowie Fahrten

Von Helgoland aus geht die UTHÖRN auf ihre Forschungsreisen. (Foto: Alfred-Wegener-Institut)

■ TECHNISCHE DATEN

Länge	30,5 m
Breite	8,5 m
Tiefgang	2,5 m
Motorenleistung	628 PS
Geschwindigkeit	10 kn
Bauwerft	Schiffswerft Gebr. Schlömer, Oldersum
Baujahr	1981–1982

im Rahmen von Lehrveranstaltungen der dortigen Biologischen Anstalt. Für die wissenschaftlichen Arbeiten stehen ein Arbeitsdeck, ein Trockenlabor sowie Sortiervorrichtungen in einem Nasslabor zur Verfügung. Acht Mann Besatzung und 25 Personen können an Bord genommen werden.

Forschungseisbrecher POLARSTERN

Bremerhaven ist der Heimathafen des Forschungsschiffes POLARSTERN. (Foto: Bruce McAdam)

Die Arktis und Antarktis sind die Einsatzgebiete des Forschungs- und Versorgungsschiffes POLARSTERN, dessen Eigner die Bundesrepublik Deutschland ist. Eisschollen von einer Dicke bis zu 1,5 Metern können mit einer Geschwindigkeit von fünf Knoten durchfahren werden, bis zu einer Tiefst-Temperatur von minus 50 Grad Celsius ist das Schiff betriebsbereit. Spezialeinrichtungen und zwei mitgeführte Hubschrauber ermöglichen den auf der POLARSTERN arbeitenden Wissenschaftlern ideale Forschungsbedingungen.

■ TECHNISCHE DATEN

Länge	117,91 m
Breite	25,07 m
Tiefgang	11,20 m
Motorenleistung	19.198 PS
Geschwindigkeit	16,5 kn
Bauwerft	Howaldtswerke-Deutsche Werft GmbH, Kiel
Baujahr	1981

Forschungsschiff SONNE (2)

SCIENCE an beiden Rumpfseiten weist deutlich auf ihre Bestimmung hin. (Foto: HenSti)

Die 2014 durch Bundeskanzlerin Angela Merkel getaufte SONNE setzt die Forschungsarbeit ihrer gleichnamigen, 1968 gebauten Vorgängerin fort. Die moderne Ausrüstung des Schiffes deckt das gesamte wissenschaftliche Spektrum der Meeresforschung ab. Haupteinsatzbereiche sind die Erforschung des Klimawandels, der Folgen des Eingriffs in Ökosysteme und der Versorgung mit marinen Rohstoffen aus der Tiefsee. An Bord der 124 Millionen Euro teuren SONNE können 40 Forscher wohnen und arbeiten.

■ TECHNISCHE DATEN

Länge	118,42 m
Breite	20,60 m
Tiefgang	6,60 m
Motorenleistung	3.127 PS
Geschwindigkeit	15 kn
Bauwerft	Meyer Werft, Papenburg
Baujahr	2014

DAGMAR AAEN

Der Haikutter DAGMAR AAEN wurde 1931 für den Fischfang im Nordatlantik und in der Nordsee gebaut. Der Rumpf entstand vollständig aus sechs Zentimeter Eichenplanken auf Eichenspanten. Durch zusätzlich montierte wasserdichte Schotten, erhielt der Rumpf eine extrem hohe Festigkeit. Fahrten durch Packeisfelder und monatelange Überwinterungen in zugefrorenen Fjorden und Buchten waren für diesen Schiffstyp etwas Alltägliches. Bis 1977 war die DAGMAR AAEN in der Fischerei eingesetzt. Dann erwarb sie Nils Bach, der sie umbaute und für Fahrten mit Jugendgruppen nutzte. Der Polarforscher, Abenteurer und Buchautor Arved Fuchs kaufte das Schiff 1988 und baute es in Zusammenarbeit mit der Peterswerft und der Bootswerft Skibs & Bædebyggeri im dänischen Egernsund zu einem Expeditionsschiff mit zusätzlicher Eisverstärkung um. Seitdem hat es zwischen den diversen Forschungsreisen immer wieder Werftüberholungen und Umbauten gegeben, um das Schiff jeweils an die unterschiedlichen Bedingungen der Expeditionen anzupassen. Als einziges Segelschiff der Welt hat die DAGMAR AAEN die Nordostpassage und die Nordwestpassage durchquert. Der Einmaster hat eine Segelfläche von 220 Quadratmetern.

■ TECHNISCHE DATEN

Länge	24 m
Breite	4,8 m
Tiefgang	2,5 m
Motorenleistung	180 PS
Geschwindigkeit	k.A.
Bauwerft	N.P. Jensen Werft, Esbjerg/Dänemark
Baujahr	1930–1931

Die meisten Expeditionen führten die DAGMAR AAEN in polare Regionen. (Foto: Bundesstiftung Umwelt)

Nach über fünf Jahrzehnten ist die GIPSY MOTH IV tadellos in Schuss und in Fahrt. (Foto: Paul Wyeth)

228 Segelyacht GIPSY MOTH IV

Mit der Segelyacht GIPSY MOTH IV unternahm der Brite Sir Francis Chichester 1966 eine Einhand-Weltumsegelung. Die Reise begann in Plymouth und führte durch den Atlantik und um das Kap der guten Hoffnung nach Sydney. Von dort aus passierte er Kap Hoorn und segelte zurück nach Plymouth. Mit einer Dauer von 274 Tagen war es die erste Einhand-Weltumsegelung mit nur einem Anlaufhafen. Gleichzeitig erreichte Chichester damit sein Ziel, schneller als die besten Klipper zu sein. Bei der GIPSY MOTH IV handelt es sich um eine 54-Fuß-Ketsch, die aufgrund der Notwendigkeit einer Selbststeueranlage mit einer Pinnensteuerung ausgerüstet wurde. Ungewöhnlich für eine Segelyacht dieser Größe. Nach Chichesters Tod wurde das Boot am rechten Ufer der Themse in Greenwich in unmittelbarer Nachbarschaft zum Teeklipper CUTTY SARK ausgestellt. 2004 wurde die langsam verfallende Ketsch verkauft und restauriert. Im September 2005 unternahm die GIPSY MOTH IV eine erneute Weltumsegelung. Wechselnden Crew-Mitgliedern bot sich so Gelegenheit, mit dem historischen Boot zu segeln. Seitdem steht das Boot in Cowes für Fahrten zur Verfügung.

■ TECHNISCHE DATEN

Länge	16,5 m
Breite	3,2 m
Tiefgang	2,36 m
Motorenleistung	k.A
Geschwindigkeit	k.A.
Bauwerft	Camper & Nicholsons, Gosport/England
Baujahr	1962

Frachtschiff BARBARA

Die Reederei Rob. M. Sloman in Hamburg stellte am 28. Juli 1926 das Frachtschiff BARBARA in Dienst. Das Besondere an dieser Konstruktion: Sie verfügte über drei Flettner-Rotoren als Zusatzantrieb. Diese bestanden aus senkrecht stehenden, hohen, rotierenden Zylindern aus Blech, dessen größere Endscheiben die Strömung am Rohr halten und dadurch eine sonst deutliche Verringerung des Wirkungsgrades am Ende des Rotors verhindern. Dadurch gelang es, bei Windgeschwindigkeiten von rund fünf Beaufort eine Leistungserhöhung von etwa 440 Kilowatt zu erzeugen. Testmessungen bei Windstärke vier bis sechs ergaben bei unter Volllast laufenden Motoren eine Geschwindigkeit von bis zu 13 Knoten. Bei reinem Rotorantrieb wurden sechs Knoten erreicht. Eingesetzt wurde die BARBARA während der Erprobungen im Mittelmeerdienst. Die Rotoren hielten während der Testreihen auch Stürmen von zehn bis zwölf Beaufort stand. Trotz der guten Erprobungsergebnisse setzte sich das Flettner-System nicht durch. 1933 wurde die BARBARA verkauft und die Rotoren demontiert. Unter verschiedenen Eignern fuhr das Schiff bis in die 1970er-Jahre zur See und wurde 1978 im Roten Meer versenkt.

■ TECHNISCHE DATEN

Länge	89,70 m
Breite	13,2 m
Tiefgang	k.A.
Motorenleistung	1.100 PS
Geschwindigkeit	13 kn
Bauwerft	Actien-Gesellschaft Weser, Bremen & Anton Flettner
Baujahr	1925–1926

Die Flettner-Rotoren der BARBARA bewährten sich, konnten sich in der Seefahrt aber nicht durchsetzen.
(Foto: Archiv Peter Kurze)

Donauschlepper RUTHOF

Heute liegt der Donauschlepper RUTHOF als Museumsschiff in Regensburg. (Foto: L. Kenzel)

Der dampfbetriebene Raddampfer RUTHOF wurde als Teil des Wiederaufbauprogramms nach dem Ersten Weltkrieg auf Kiel gelegt. Nach der Schiffstaufe am 21. Februar 1923 und der anschließenden Übergabe an den Bayerischen Lloyd verkehrte die RUTHOF vornehmlich auf der unteren und mittleren Donau. Angetrieben wurde sie von einer schräg liegenden Zweizylinder-Verbunddampfmaschine mit Einspritzkondensation. Ihre Kraft wurde auf die zwei seitlichen siebenblättrigen Schaufelräder übertragen. Die beiden Schornsteine waren für die Durchfahrt unter niedrigen Brücken klappbar ausgeführt. 1932 wurde die Feuerung von Kohle auf Öl umgestellt, wegen des Ölmangels im Zweiten Weltkrieg 1942 jedoch wieder auf Kohlefeuerung umgerüstet. 1944 lief die RUTHOF auf eine Mine und sank. Fünf Besatzungsmitglieder kamen ums Leben. Eine ungarische Reederei hob das Schiff 1956, ließ es instand setzen und hielt es bis Ende der 1970er-Jahre als Zugschiff in Fahrt. TV-Präsenz erhielt es als Wolgadampfer in dem Fernsehmehrteiler „Michael Strogoff". 1979 erwarb der Arbeitskreis Schifffahrtsmuseum Regensburg den Donauschlepper und baute ihn zu einem Museumsschiff um.

■ TECHNISCHE DATEN

Länge	61,55 m
Breite	16,6 m
Tiefgang	1 m
Motorenleistung	800 PS
Geschwindigkeit	k.A.
Bauwerft	Ruthof-Werft Regensburg
Baujahr	1922–1923

Eimerkettenbagger WELS

Streng genommen ist der Eimerkettenbagger WELS kein richtiges Schiff. Er verfügt über keinen eigenen Fahrantrieb und auch keine Ruderanlage. Der Ponton muss mit einem Schlepper bewegt werden. Ursprünglich hatte die WELS eine Baggertiefe von vier Metern. Diese wurde durch umfangreiche Umbauarbeiten 1957 auf acht Meter erweitert. Die zunehmenden Anforderungen des Schiffsverkehrs auf der Trave, dem Einsatzgebiet der WELS, machten dies erforderlich. Ebenso der 1960 eingebaute Zwölfzylinder-Deutz Dieselmotor mit einer Leistung von 350 PS. Wenn sich die sieben Tonnen schwere Kette mit ihren 32 Eimern, jeder davon fasst 45 Liter, in Bewegung setzte, war dies ein ganz besonderes akustisches Erlebnis. Das aufgenommene Baggergut wurde in eine längsseits liegende Schute gefördert. Die Besatzung der WELS bestand aus dem Baggerführer, dem Maschinisten und zwei weiteren Mechanikern. Sie erhielten Gefahrenzulage, da häufig versenkte Munition vom Grund gefördert wurde. 1991 drohte dem Eimerkettenbagger nach seiner Außerdienststellung die Verschrottung. Der Verein Museumshafen Lübeck ließ die WELS aufwändig instand setzen. Sie ist fahrbereit und kann besichtigt werden.

■ TECHNISCHE DATEN

Länge	20,42 m
Breite	4,8 m
Tiefgang	1,2 m
Motorenleistung	k.A.
Geschwindigkeit	k.A.
Bauwerft	Lübecker Maschinenbau Gesellschaft
Baujahr	1936

Schmuckstück im Lübecker Museumshafen: die WELS. (Foto: Museumshafen Lübeck e.V.)

232 Rennyacht ILLBRUCK

Die deutsche Rennyacht ILLBRUCK wurde international zur Legende. (Foto: Ostsee-Action)

Racer in Sandwichbauweise aus Kevlar-Schaumkern und mit einem Kohlefasermast speziell für extreme Bedingungen gefertigt. Am 23. September 2001 ging die Yacht mit sieben Konkurrenten in Southampton an den Start. Sie ist im Originalzustand erhalten. Nur ihr grüner Anstrich ist heute ein leuchtendes Blau.

Sie ist die Legende des deutschen Segelsports: die ILLBRUCK. Unter ihrem Skipper John Kostecki gewann sie das Volvo Ocean Race 2002 in einem spektakulären Rennen rund um die Welt. So leicht wie möglich, jedoch steif genug für eine Weltumsegelung, wurde der

■ TECHNISCHE DATEN

Länge	19,5 m
Breite	5,25 m
Tiefgang	3,82 m
Motorenleistung	k.A.
Geschwindigkeit	34 kn
Bauwerft	Killian Bushe, Irland
Baujahr	2000–2001

233 Segelyacht KATHENA

Der Einhandsegler Wilfried Erdmann umrundete in 421 Tagen mit seiner KATHENA als erster Deutscher den Globus. (Foto: Quick)

ter langen Kielschwerter mit selbstlenzendem Cockpit, Brückendeck und Heckkorb. Im September 1966 startete der Einhandsegler und als er nach 421 Tagen im Mai 1968 wieder im Hafen von Helgoland einlief, hatte Erdmann als erster Deutscher die Welt unter Segeln allein umrundet.

Der bekannte deutsche Segler Wilfried Erdmann erwarb Ende der 1950er-Jahre die verwahrloste Slup KATHENA und versah den sieben Me-

■ TECHNISCHE DATEN

Länge	7,62 m
Breite	2,32 m
Tiefgang	1,5 m
Motorenleistung	8 PS
Geschwindigkeit	k.A.
Bauwerft	John A. Ley, Scarborough/England
Baujahr	1952

Dampfboot AFRICAN QUEEN

Dem gleichnamigen Hollywood-Film von 1951, für den Humphrey Bogart den Oscar als bester Hauptdarsteller erhielt, gab die AFRICAN QUEEN seinen Titel. Da die Dreharbeiten an mehreren Orten stattfanden, wurden zwei identische Stahlschiffe gebaut, von denen eines seit 1982 für Touristenfahrten in Key

Einst Filmset, fährt die AFRICAN QUEEN heute Touristen. (Foto: Elmschrat)

■ TECHNISCHE DATEN

Länge	9,15 m
Breite	k.A.
Tiefgang	k.A.
Motorenleistung	k.A.
Geschwindigkeit	k.A.
Bauwerft	Lytham Shipbuilding and Engineering, England
Baujahr	k.A.

Largo (USA) und das andere in Uganda für Chartertouren auf dem Nil eingesetzt wird. Obwohl beide Boote mit Dieselmotoren ausgerüstet waren, stellte die AFRICAN QUEEN im Kinofilm ein Dampfboot dar – der Dampfkessel war jedoch nur eine Attrappe.

Motoryacht NEDEVA

Teak, Mahagoni, Messing: 1930 ließ der amerikanische Top-Bankier Edward Townsend Stotesbury die NEDEVA bauen. Alles, was in den USA Rang und Namen hatte, verkehrte bei den Stotesburys. Und viele waren Gäste bei den Diner-Cruises auf der NEDEVA. Nachdem sich der Eigner von ihr getrennt hatte, kam sie

Die NEDEVA ist die einzige US-Yacht ihrer Epoche, die sich in Europa befindet. (Foto: Ulf Kaack)

■ TECHNISCHE DATEN

Länge	23,3 m
Breite	4,9 m
Tiefgang	1,4 m
Motorenleistung	440 PS
Geschwindigkeit	14,8 kn
Bauwerft	New York Yacht Launch and Engine Co.
Baujahr	1930

als Unterkunft und Transportboot für Archäologen zum Einsatz, war bei den Rettungsarbeiten bei der EXXON-VALDEZ-Havarie und diente am Ende als Angelkutter. 2010 kaufte Georg Papp aus Bremen das reichlich heruntergekommene Schiff und ließ es mit viel Liebe und hohem Aufwand restaurieren.

236 Megayacht AZZAM

Auf einer Werft an der Unterweser wurde die AZZAM gebaut. (Foto: wiki commons / Gerd Fahrenhorst)

Die längste private Luxusyacht der Welt gehört dem Präsidenten der Vereinigten Arabischen Emirate und war eine Co-Produktion der Bremer Lürssen-Werft und des renommierten Design-Büros Nauta Yachts. Zwei Gasturbinen wirken in Kombination mit zwei Dieselmotoren auf vier Wasserstrahlantriebe, die der weißen Megayacht eine Geschwindigkeit von bis zu 30 Knoten verleihen. Eines der sieben Decks enthält einen Hubschrauberlandeplatz, Experten beziffern den Kaufpreis der AZZAM auf rund 490 Millionen Euro.

■ TECHNISCHE DATEN

Länge	180 m
Breite	20,8 m
Tiefgang	4,3 m
Motorenleistung	94.000 PS
Geschwindigkeit	30 kn
Bauwerft	Fr. Lürssen, Bremen
Baujahr	2013

237 Megayacht A

Die Motoryacht A fällt durch ihre außergewöhnliche Linienführung im Bug- und Heckbereich auf. (Foto: Martin Varsavsky)

Sie ist weder die längste noch die schnellste oder teuerste private Luxusyacht. Doch ihr außergewöhnliches Aussehen, das dem bekannten französischen Designer Philippe Starck entstammt, macht die Megayacht A zu einer besonderen Erscheinung auf den Weltmeeren. Der schnittige Vorsteven soll für geringeren Wasserwiderstand und somit für niedrigeren Treibstoffverbrauch sorgen. Auf Grund ihres Tankinhaltes von 757.000 Litern muss aber ohnehin nicht allzu oft Kurs auf die nächste Tankstelle genommen werden.

■ TECHNISCHE DATEN

Länge	119 m
Breite	28,14 m
Tiefgang	5,15 m
Motorenleistung	24.473 PS
Geschwindigkeit	23 kn
Bauwerft	Howaldtswerke-Deutsche Werft, Kiel
Baujahr	2008

Frachtschiff GOYA

Als eine der größten Katastrophen der Seefahrt gilt die Versenkung der GOYA am 16. April 1945, bei der mehr als 7.000 Menschen den Tod fanden. Das in Norwegen gebaute und 1940 von der Kriegsmarine beschlagnahmte Frachtschiff sollte im Zuge der Evakuierung der deutschen Ostprovinzen verwundete Sol-

Das Wrack der GOYA wurde erst 58 Jahre nach ihrem Untergang auf dem Grund der Ostsee entdeckt.
(Foto: picture alliance, dpa)

TECHNISCHE DATEN

Länge	146 m
Breite	17,4 m
Tiefgang	k.A.
Motorenleistung	7.600 PS
Geschwindigkeit	18 kn
Bauwerft	Akers Mekaniske Verksted, Oslo / Norwegen
Baujahr	1940

daten und Zivilisten aus Westpreußen hinausbringen. Nach dem Auslaufen aus der Danziger Bucht trafen zwei Torpedos eines russischen U-Bootes die GOYA, die innerhalb weniger Minuten in der eiskalten Ostsee versank.

Flüchtlingshilfsschiff CAP ANAMUR

Mehr als 11.000 sogenannter Boatpeople, die in Folge des Vietnamkrieges in Südostasien auf der Flucht waren, wurden durch die Besatzungen der CAP ANAMUR aus dem Chinesischen Meer gerettet und an Bord des Schiffes medizinisch versorgt. Von 1979 bis 1987 war das ursprünglich als Mehr-

Ursprünglich ein Mehrzweck-Stückgutschiff
(Foto: picture alliance / Scharsich)

TECHNISCHE DATEN

Länge	118,7 m
Breite	17,0 m
Tiefgang	7,13 m
Motorenleistung	6.200 PS
Geschwindigkeit	17,5 kn
Bauwerft	Watanabe Shipbuilding, Hakata / Japan
Baujahr	1977

zweck-Stückgutfrachter gebaute Fahrzeug als Hospitalschiff im Einsatz, bevor es verkauft, mehrfach umbenannt und schließlich 1999 abgewrackt wurde. Viele der CAP-ANAMUR-Flüchtlinge leben noch heute in Deutschland.

MILITÄRSCHIFFE

GRAF ZEPPELIN

Die Kriegsmarine vergab am 16. November 1935 den Auftrag für den Bau von zwei Flugzeugträgern. Der erste lief am 8. Dezember 1938 vom Stapel und erhielt den Namen GRAF ZEPPELIN. Der Ausbau wurde ab September 1939 zugunsten des U-Bootbaues verlangsamt und im Juni 1940 ebenso gestoppt wie die Entwicklung der Flugzeuge Messerschmitt Me 109 T als Jäger, Junkers Ju 87 C als Sturzkampfbomber und Fieseler Fi 167 als Torpedobomber und Aufklärer. Erst 1942 gingen die Arbeiten weiter, wurden jedoch 1943 wiederum eingestellt – endgültig. Die zu über 90 Prozent fertige GRAF ZEPPELIN wurde nach Stettin geschleppt, wo sie als Ersatzteillieferant für andere Kriegsschiffe herhalten musste. Um den Träger als Beute für die Sowjettruppen unbrauchbar zu machen, setzte ein Sprengkommando das Schiff am 25. April 1945 auf Grund und zerstörte seine Antriebsanlage. Die Rote Armee hob den Flugzeugträger im März 1947 und nutzte ihn als Wohnschiff. Am 18. Juni 1947 wurden kurz vor einem Sturm die Leinen der GRAF ZEPPELIN gelöst, um einem Reißen der schweren Trossen und einer anschließenden Strandung des Schiffes zuvorzukommen. Die Sowjets versenkten sie anschließend mit zwei Torpedos vor der Danziger Bucht.

■ TECHNISCHE DATEN

Länge	262,5 m
Breite	36,2 m
Tiefgang	8,5 m
Motorenleistung	200.000 PS
Geschwindigkeit	33,8 kn
Bauwerft	Deutsche Werke, Kiel
Baujahr	1938–1943

Der Unvollendete: der Flugzeugträger GRAF ZEPPELIN der Kriegsmarine. (Foto: Sammlung Kaack)

GLORIOUS

Die spätere GLORIOUS wurde ursprünglich als Großer Leichter Kreuzer für die Royal Navy gebaut und von 1924 bis 1930 zu einem Flugzeugträger der Courageous-Klasse umgebaut. Die Kombination aus großem Schiffsrumpf, hoher Geschwindigkeit und dem Originalentwurf als Kreuzer machten sie zum idealen Kandidaten für den Umbau. Nach Abschluss der Arbeiten hatte die GLORIOUS zwei Flugdecks. Sie besaß Hangars auf zwei Ebenen, die Tragfähigkeit lag bei 48 Flugzeugen. Sie trug Flugzeuge vom Typ Fairey Flycatcher, Blackburn Ripon und Fairey III, später wurde auf die Fairey Swordfish und die Gloster Gladiator umgerüstet. Mit Kriegsbeginn nahm die GLORIOUS Aufgaben bei Anti-U-Booteinsätzen und der Jagd nach deutschen Sperrbrechern wahr. Nach der deutschen Invasion in Norwegen im April 1940 wurde der Träger in dieses Gebiet verlegt. Nachdem im Juni 1940 die britische Armee Norwegen räumen musste, verließ auch GLORIOUS diesen Schauplatz und transportierte zusätzliche Flugzeuge nach Hause. Dabei wurde sie von den deutschen Schlachtschiffen GNEISENAU und SCHARNHORST überrascht. Sie sank nach elf 28-cm-Treffern, 1.207 Mann der Besatzung des Trägers kamen dabei ums Leben.

■ TECHNISCHE DATEN

Länge	240 m
Breite	27,75 m
Tiefgang	7,5 m
Motorenleistung	91.195 PS
Geschwindigkeit	31,42 kn
Bauwerft	Harland & Wolff, Belfast/Irland
Baujahr	1915–1917

Sechs Jahre dauerten die Umbauarbeiten des britischen Großen Leichten Kreuzers GLORIOUS zum Flugzeugträger. (Foto: Royal Navy)

Nach einem U-Bootangriff hat die ARK ROYAL Schlagseite und sinkt Stunden später. (Foto: Royal Navy)

ARK ROYAL

Die ARK ROYAL als sechster Flugzeugträger der britischen Royal Navy wurde von Beginn an als solcher geplant und für 2,33 Millionen Pfund Sterling realisiert. Nach einer ausgedehnten Erprobung lief das Schiff vor dem Hintergrund des sich abzeichnenden Krieges am 31. August 1939 mit der Home Fleet aus, um in den Gewässern zwischen Norwegen und den Shetland-Inseln zu patrouillieren. Zwei Wochen später wurde es von dem deutschen U-Boot U 39 angegriffen. Die beiden aus einer Entfernung von nur 800 Metern abgeschossenen Torpedos detonierten wegen eines technischen Fehlers bereits 80 Meter vor dem Ziel. Die ARK ROYAL blieb unbeschädigt. Flugzeuge des Trägers erzielten 12 Tage später den ersten britischen Luftsieg im Zweiten Weltkrieg. Bei der Jagd auf die BISMARCK erzielte eine seiner Maschinen den entscheidenden Treffer in der Ruderanlage des Schlachtschiffs. Am 13. November 1941 operierte die ARK ROYAL im Mittelmeer, als es von U 81 gesichtet und mit vier Torpedos attackiert wurde. Ein Torpedo traf den Träger mittschiffs unter der Insel. Das Schiff geriet immer mehr in Schlagseite, kenterte und sank 14 Stunden später. Lediglich ein Besatzungsmitglied kam ums Leben.

■ TECHNISCHE DATEN

Länge	243,83 m
Breite	28,88 m
Tiefgang	8,45 m
Motorenleistung	103.000 PS
Geschwindigkeit	31,7 kn
Bauwerft	Cammell Laird, Birkenhead
Baujahr	1935–1938

HIRYŪ

Ihr Name bedeutet „fliegender Drache". Hier 1939 auf Reede ankernd. (Foto: Kure Maritime Museum)

Am 5. Juli 1939 stellte die Kaiserlich Japanische Marine mit der HIRYŪ das zweite Schiff der Sōryū-Klasse in Dienst. An Bord befanden sich 63 Kampf- und Aufklärungsflugzeuge – 18 Mitsubishi A6M2-Jagdflugzeuge, 18 Aichi D3A1-Sturzkampfbomber, 18 Nakajima B5N2-Torpedobomber sowie neun zerlegte Reservemaschinen. Beim Angriff auf Pearl Harbor am 17. Dezember 1941 gehörte der Träger der seinerzeit größten seegestützten Eingreifflotte namens Kid Butai an. In der Folge war die HIRYŪ an verschiedenen Kampfeinsätzen des Pazifikkriegs beteiligt: auf das Atoll Wake, bei der japanischen Landung auf Palau, bei der Bombardierung der australischen Stadt Darwin und der Attacke auf den britischen Marinestützpunkt auf Ceylon. Im Juni 1942 war die HIRYŪ Teil der Flugzeugträgerflotte zur Unterstützung der japanischen Invasion auf den Midwayinseln. Nach diversen Angriffen durch US-Maschinen war das Schiff stark kampfunfähig und brannte. Die HIRYŪ sank nach stundenlangem Todeskampf am Morgen des 5. Juni 1942. 416 Besatzungsmitglieder kamen während des Bombenangriffs und der anschließenden Versuche, das Schiff zu retten, ums Leben.

■ TECHNISCHE DATEN

Länge	227,25 m
Breite	22,32 m
Tiefgang	7,74 m
Motorenleistung	153.000 PS
Geschwindigkeit	34,35 kn
Bauwerft	Marinewerft Yokosuka/Japan
Baujahr	1936–1939

MIDWAY

Nur wenige Tage nach dem Ende des Zweiten Weltkriegs stellte die US Navy die MIDWAY in Dienst. Es folgten zwei weitere Flugzeugträger dieser Baureihe, die den Namen des Typschiffs trägt. Die MIDWAY nahm am Vietnam- und am Zweiten Golfkrieg teil. Von 1973 bis 1991 war sie als vorgeschobener Flugzeugträger im japanischen Yokosuka stationiert. Im April 1992 wurde sie nach fast 47 Dienstjahren, in denen das Schiff mehrfach umgebaut und modernisiert wurde, in die Reserveflotte überführt. Die MIDWAY liegt seit 2004 in der Bucht von San Diego vor Anker. Sie dient als Museum und bietet zahlreichen Besuchern einen interessanten Einblick in amerikanische Kriegstechnik und Armeegeschichte. Die Ausstellungen auf der MIDWAY sind überwiegend interaktiv und der Besucher kann viele Dinge selbst erleben. So gibt es die Möglichkeit, im Cockpit eines Kampfjets Platz zu nehmen. Im Flugsimulator kann man seine eigenen Fähigkeiten als Jetpilot unter Beweis stellen. Auf geführten Touren erkundet man systematisch die gesamte MIDWAY und bekommt von Experten alles erklärt.

■ TECHNISCHE DATEN

Länge	303,8 m
Breite	41,5 m
Tiefgang	10,9 m
Motorenleistung	212.000 PS
Geschwindigkeit	33 kn
Bauwerft	Newport News Shipbuilding, Virgina/USA
Baujahr	1943–1945

Nach fast fünf Jahrzehnten Dienstzeit wurde die MIDWAY 2004 zum Museumsschiff. (Foto: US Navy)

USS ENTERPRISE

Der erste Flugzeugträger mit Kernenergieantrieb und zum damaligen Zeitpunkt das größte Kriegsschiff der Welt war die am 25. November 1961 in Dienst gestellte ENTERPRISE. Sie war das erste und einzige Schiff einer ursprünglich auf sechs Einheiten geplanten Klasse von Flugzeugträgern, deren Bau aus Kostengründen eingestellt wurde. Die ENTERPRISE beteiligte sich an allen größeren Operationen der US Navy: unter anderem an der Seeblockade Kubas, dem Vietnam- und dem Ersten Golfkrieg. In jüngerer Vergangenheit beteiligte sie sich auch am Krieg gegen den internationalen Terrorismus und dem Irakkrieg. Das Flugdeck der ENTERPRISE ist 340 Meter lang und 78 Meter breit. Ihre vier Katapulte können die Bordflugzeuge auf einer Strecke von 76 Metern auf 257 km/h beschleunigen. Das Bordgeschwader konnte aus bis zu 110 Flugzeugen bestehen. Als Antrieb fungierten acht A2W-Druckwasserreaktoren. Sie lieferten über 32 Wärmetauscher den Dampf für vier Getriebeturbinen, die ihre Leistung an je eine Welle mit je einer fünfblättrigen Schraube abgaben. Am 1. Dezember 2012 wurde die ENTERPRISE außer Dienst gestellt und soll 2016 soll durch die GERALD R. FORD ersetzt werden.

■ TECHNISCHE DATEN

Länge	342,3 m
Breite	78,3 m
Tiefgang	11,3 m
Motorenleistung	280.000 PS
Geschwindigkeit	36 kn
Bauwerft	Newport News Shipbuilding, Virginia/USA
Baujahr	1958–1961

Der erste atombetriebene Flugzeugträger der Welt war die ENTERPRISE. (Foto: US Navy)

USS NIMITZ

Die Nimitz-Klasse ist eine insgesamt zehn Einheiten umfassende Baureihe von Flugzeugträgern mit Nuklearantrieb. Das namensgebende Typschiff NIMITZ wurde 1975 in Dienst gestellt, der zehnte und letzte Träger Anfang 2009. Sie sind die größten Kriegsschiffe der Welt und können bis zu 85 Flugzeuge tragen. Zeitlich sind sie nahezu unbegrenzt einsetzbar. Einzig Kerosin und Proviant müssen regelmäßig aufgefüllt werden. Elf Jahre lang war die NIMITZ hauptsächlich im Mittelmeer im Einsatz. Anschließend wurde der Flugzeugträger an der Westküste der USA stationiert. 1980 startete von der NIMITZ eine letztlich gescheiterte Rettungsaktion, um 52 in der US-Botschaft in Teheran als Geiseln gefangen gehaltene Amerikaner zu befreien. Ein Jahr später griffen zwei libysche Su-22-Piloten zwei F-14 Tomcat der NIMITZ an und wurden abgeschossen. Mehrere tausend Kampfeinsätze wurden während des Zweiten und Dritten Golfkriegs von dem Träger aus geflogen. Heimathafen der NIMITZ ist San Diego. Rund 3.200 Mann Schiffsbesatzung und 2.480 Mann Flugzeugpersonal befinden sich an Bord. Das Schiff soll bis ins Jahr 2025 im Einsatz der US Navy bleiben.

TECHNISCHE DATEN

Länge	332,85 m
Breite	76,8 m
Tiefgang	12,5 m
Motorenleistung	260.000 PS
Geschwindigkeit	30 kn
Bauwerft	Newport News Shipbuilding, Virginia/USA
Baujahr	1968–1972

Die NIMITZ 1986 vor der Küste Norwegens. (Foto: Ronald Beno)

Die BAKU 1988 mit Kamow Ka-27-Hubschraubern auf dem Flugdeck. (Foto: P. J. Azzolina)

BAKU

Am 31. März 1982 lief die BAKU vom Stapel und wurde im Dezember 1987 fertiggestellt. Sie ist der vierte Flugdeckkreuzer der Kiew-Klasse der sowjetischen Marine. Ihre Hauptbewaffnung bildeten zwölf Senkrechtstarter Jak-38, zwölf Anti-U-Boot-Hubschrauber Kamow Ka-27, zwei AEW-Hubschrauber Ka-31 sowie Schiff-Schiff-Raketen. Die BAKU wurde 1991 für Landetests mit dem Überschallsenkrechtstarter Jakowlew Jak-141 verwendet. Nach dem Ende der Sowjetunion erhielt das in die russische Seekriegsflotte übernommene Schiff den Namen ADMIRAL GORSCHKOW, da sich die Stadt Baku in dem nun unabhängigen Staat Aserbaidschan befindet. Nach einer Explosion an Bord ging der Träger von 1994 bis 1995 in die Werft. 1996 erfolgte die Außerdienststellung des Flugdeckkreuzers. Im Januar 2004 kaufte die Marine Indiens die ADMIRAL GORSCHKOW für 2,2 Mrd. US-Dollar. Das Schiff wurde komplett umgebaut, um konventionelle Flugzeuge vom Typ Mikojan-Gurewitsch MiG-29K einsetzen zu können. Dazu entfernte man einen Großteil der Raketenbewaffnung. Im Mai 2014 wurde die vollständige Einsatzfähigkeit des Trägers, der nun den Namen VIKRAMADITYA erhielt, erreicht.

■ TECHNISCHE DATEN

Länge	273,1 m
Breite	52,9 m
Tiefgang	11,52 m
Motorenleistung	142.000 PS
Geschwindigkeit	30 kn
Bauwerft	Schwarzmeerwerft, Nikolajew/UdSSR
Baujahr	1978–1987

HMS OCEAN

Ein Apache-Hubschrauber ist vom Flugdeck der OCEAN gestartet. (Foto: Ministry of Defence, UK)

Der primäre Auftrag des britischen Helikopterträgers OCEAN ist die schnelle Anlandung von Truppen mit Hubschraubern und Landungsbooten. Weitere Aufgaben beinhalten begrenzte Einsätze als Plattform für die Anti-U-Bootkriegsführung sowie als Basisschiff für Einsätze der Spezialeinheiten SAS und des SBS. Am 20. Februar 1998 taufte die britische Königin den Träger auf den Namen OCEAN. Kaum in Dienst gestellt, war er an Operationen im Rahmen des Kosovokrieges und der KFOR-Truppen beteiligt. Kurz darauf wurde die OCEAN in die Türkei beordert, um dort nach einem schweren Erdbeben zu helfen. 2000 sicherten Einheiten des Trägers britische Staatsbürger und UN-Soldaten beim Bürgerkrieg in Sierra Leone und nahmen anschließend auch an direkten Kämpfen gegen versprengte Taliban- und Al-Qaida-Reste teil. Das Schiff hat eine seemännische Besatzung von 283 Mann und 180 Mann für die Wartung und den Flugbetrieb der Helikopter. Die OCEAN bietet außerdem Platz für 480 Royal Marines und hat Kapazitäten, um 22 Hubschrauber und vier Landungsboote aufzunehmen.

■ TECHNISCHE DATEN

Länge	203,4 m
Breite	34 m
Tiefgang	6,6 m
Motorenleistung	23.905 PS
Geschwindigkeit	18 kn
Bauwerft	Vickers Shipbuilding and Engineering, Govan/England
Baujahr	1993–1995

CHARLES DE GAULLE

Die CHARLES DE GAULLE ist das Flaggschiff der französischen Marine und der einzige mit Atomkraft betriebene Flugzeugträger außerhalb der US Navy. Sie ersetzte die konventionell angetriebenen Flugzeugträger CLEMENCEAU und FOCH. 2001 in Dienst gestellt und immer wieder nachgerüstet, gehört sie zwar nicht zu den größten, wohl aber zu den modernsten Trägern der Welt. Sie hat eine Besatzung von rund 1.950 Seeleuten und kann als Truppentransporter zusätzlich 800 Soldaten aufnehmen. Das Flugdeck der CHARLES DE GAULLE hat eine Fläche von etwa 12.000 Quadratmetern. Dazu kommen Hangars und Raketensilos. Die Ausrüstung mit Jagdflugzeugen vom Typ Dassault Rafale, Dassault Super Etendard-Jagdbombern, Eurocoptern und Luftraumüberwachungsmaschinen Grumman E-2 Hawkeye ist bis zu einer Anzahl von 40 Maschinen möglich. Bei einer Einsatzdauer von sieben Tagen können täglich maximal 100 Flüge absolviert werden. Der minimale Zeitabstand zwischen zwei Starts bzw. Landungen beträgt 30 Sekunden.

■ TECHNISCHE DATEN

Länge	261,5 m
Breite	64 m
Tiefgang	11,9 m
Motorenleistung	82.937 PS
Geschwindigkeit	27 kn
Bauwerft	DCN, Brest/Frankreich
Baujahr	1994–2001

Der französische Nuklearflugzeugträger CHARLES DE GAULLE während eines Manövers 2005 im Nordatlantik. (Foto: US Navy)

Das erste Gefecht zweier Panzerschiffe fand während des Amerikanischen Bürgerkriegs zwischen der MONITOR und der VIRGINIA statt. (Lithographie: Jo Davidson)

250 USS MONITOR

Frankreich läutete mit dem 1859 in Dienst gestellten gepanzerten Holzschiff LA GLOIRE eine neue Epoche in der Seekriegsführung ein. Mit der Entwicklung von Explosivgeschossen waren aus Holz gebaute Schiffe bei Angriffen nicht mehr ausreichend standfest. Das erste Panzerschiff der US Navy war die in nur 120 Tagen auf neun verschiedenen Werften gebaute MONITOR. Hauptsächlich ausgelegt für Operationen in flachen Gewässern, sollte sie ein möglichst kleines Beschussziel bieten. Ihr Rumpf war sehr niedrig ausgeführt. Die von einer Dampfmaschine angetriebene MONITOR hatte keine Masten und besaß außer einem kleinen Fahrstand am Bug, dem Schornstein und einem volldrehbaren, dampfbetriebenen Geschützturm keine Aufbauten. Am 9. März 1862 kam es zwischen der MONITOR und der CSS VIRGINIA in der Schlacht von Hampton Roads zum ersten Gefecht zwischen gepanzerten Schiffen in der Seekriegsgeschichte. Es endete unentschieden, da keines der beiden Schiffe das andere ernsthaft beschädigen konnte. Die MONITOR sank am 31. Dezember 1862 in schwerer See vor Cape Hatteras. 16 Mann der Besatzung kamen ums Leben. 2002 gelang die Bergung der beiden Geschütze und des Geschützturms.

■ TECHNISCHE DATEN

Länge	52 m
Breite	12,6 m
Tiefgang	2 m
Motorenleistung	320 PS
Geschwindigkeit	8 kn
Bauwerft	diverse
Baujahr	1861

SMS GOEBEN

Die am 2. Juli 1912 in die Kaiserliche Flotte übernommnene GOEBEN war bis zum August 1914 Flaggschiff der Mittelmeerdivision der deutschen Seestreitkräfte. Der Große Kreuzer war eines der schnellsten Kriegsschiffe seiner Zeit. Kurz nach Ausbruch des Ersten Weltkriegs beschoss die GOEBEN die Hafenanlagen von Bône und Philippeville in Algerien, um die Einschiffung der französischen Kolonialarmee nach Europa zu verzögern. Am 16. August 1914 kaufte das Osmanische Reich das deutsche Kriegsschiff und eröffnete unter dessen Flagge – aber mit der deutschen Besatzung – den Krieg im Schwarzen Meer. Nach 1918 lag das nun auf den Namen YAVUZ SULTAN SELIM getaufte Schiff zwölf Jahre lang untätig im Hafen. Doch dann wurde es reaktiviert und tat bis 1954 Dienst, zuletzt unter der NATO-Flagge. Zu Beginn der 1970er-Jahre setzten sich dann private Kreise in Deutschland dafür ein, den Schlachtkreuzer nach Deutschland zurückzuholen und ihn in ein technisches Museum umzugestalten. Aus finanziellen Gründen scheiterten diese Pläne. Am 7. Juni 1973 wurde die Ex-GOEBEN endgültig außer Dienst gestellt. Die Abwrackarbeiten zogen sich bis Februar 1976 hin.

■ TECHNISCHE DATEN

Länge	186,6 m
Breite	29,4 m
Tiefgang	9,19 m
Motorenleistung	85.661 PS
Geschwindigkeit	28 kn
Bauwerft	Blohm & Voss, Hamburg
Baujahr	1911–1912

Unmittelbar nach Ausbruch des Ersten Weltkriegs wurde die GOEBEN an die heutige Türkei verkauft. (Foto: Sammlung Kaack)

SMS SEYDLITZ

Nach der Skagerrakschlacht: die schwer getroffene SEYDLITZ in Wilhelmshaven. (Foto: Sammlung Kaack)

Der Große Kreuzer SEYDLITZ lief am 30. März. 1912 als eine Weiterentwicklung der MOLTKE-Klasse vom Stapel. Als Mitglied der 1. Aufklärungsgruppe – zusammen mit den Kreuzern BLÜCHER, DERFFLINGER und MOLTKE – wurde sie in die Schlacht vor der Doggerbank verwickelt. Sie erhielt einen Treffer in einer der Munitionskammern. Durch die Flutung der entsprechenden Abteilung des Schiffs konnte ein Brand jedoch gelöscht werden. Die SEYDLITZ zog sich – im höchstmöglichen Salventakt auf die britischen Schiffe feuernd – in die Deutsche Bucht zurück. Während der Skagerrakschlacht konnte sie zusammen mit der DERFFLINGER den britischen Schlachtkreuzer HMS QUEEN MARY versenken. Während der Gefechte erhielt die SEYDLITZ 21 schwere Treffer, zwei Treffer in der Mittelartillerie sowie einen Torpedotreffer im Vorschiff. Mit rund 5.300 Tonnen Wasser im Rumpf konnte sie nur mühsam nach Wilhelmshaven zurückkehren. Dabei musste zeitweise sogar rückwärts gefahren werden, weil das Vorschiff bereits so weit unter Wasser lag, dass das Deck überspült wurde. Am 21.6.1919 versenkte sich die SEYDLITZ in Scapa Flow selbst.

■ TECHNISCHE DATEN

Länge	200,6 m
Breite	28,5 m
Tiefgang	9,29 m
Motorenleistung	89.738 PS
Geschwindigkeit	28,1 kn
Bauwerft	Blohm & Voss, Hamburg
Baujahr	1912–1913

SMS BAYERN

Die Indienststellung des Großlinienschiffs BAYERN erfolgte am 18. März 1916. Sie war das Typschiff einer nach ihr benannten Schiffsklasse und mehrfach Flottenflaggschiff bei der Kaiserlichen Marine. Am 12. Oktober 1917 erhielt sie vor dem Soelo-Sund einen Minentreffer. Nach Reparatur der Schäden war sie bis Kriegsende Flaggschiff des III. Geschwaders. Am 21. Juni 1919 durch die eigene Besatzung in Scapa Flow versenkt, wurde ihr Wrack 25 Jahre später gehoben und verschrottet. Ihre Geschütztürme liegen noch heute vor den Orkney Inseln und können betaucht werden.

Als erste Einheit der Kaiserlichen Marine war die BAYERN mit 38-cm-Geschützen armiert.
(Foto: Sammlung Kaack)

TECHNISCHE DATEN

Länge	180 m
Breite	30 m
Tiefgang	9,39 m
Motorenleistung	55.967 PS
Geschwindigkeit	22 kn
Bauwerft	Howaldtswerke, Kiel
Baujahr	1914–1916

Geschützter Kreuzer AURORA

Als Symbol der Oktoberrevolution gilt die AURORA, weil ein Platzpatronenschuss aus ihrer 15,2-cm-Bugkanone am 25. Oktober 1917 das Startsignal für den Sturm der Bolschewiki auf das Sankt Petersburger Winterpalais gab. Zuvor war sie unter anderem im Russisch-Japanischen Krieg, als Schulschiff in der Ostsee und im Mittelmeer sowie als Wachschiff im Einsatz. 1941 wurde sie bei einem deutschen Luftangriff schwer beschädigt. Heute liegt sie in Sankt Petersburg als Nationaldenkmal und touristische Sehenswürdigkeit.

Im Hafen von St. Petersburg wurde russische Geschichte geschrieben.

TECHNISCHE DATEN

Länge	126,7 m
Breite	16,8 m
Tiefgang	7,3 m
Motorenleistung	13.000 PS
Geschwindigkeit	19,17 kn
Bauwerft	Neue Admiralitätswerft, Sankt Petersburg
Baujahr	1900

Durch die Verfilmung der Meuterei von 1905 wurde der russische Panzerkreuzer POTEMKIN weltberühmt. (Foto: Sammlung Kaack)

POTEMKIN

Er schrieb weniger Kriegsgeschichte als ein Stück Film- und Polithistorie: der Panzerkreuzer POTEMKIN. 1904 wehte das erste Mal die Flagge der russischen Marine an Bord des Linienschiffes, das auf den Namen FÜRST POTJOMKIN VON TAURIEN getauft und der Schwarzmeerflotte zugeteilt wurde. Während der Russischen Revolution von 1905 fand am 14. Juni auf dem Schiff eine Meuterei statt, die sich gegen die Offiziere richtete. Die Revolte war außerdem Teil des politischen Klassenkampfs. Die Meuternden ergaben sich am 25. Juni 1905 in Constanța den rumänischen Behörden und wurden interniert. Um die Erinnerung daran zu tilgen, hieß das Schiff fortan PANTELEIMON. Während des Ersten Weltkriegs wurde es im Verbund mit den anderen Linienschiffen eingesetzt. Im April 1917 schloss sich die Besatzung der Revolution an. Noch mehrfach wechselte das Linienschiff die Flagge, bevor es 1923 von der sowjetrussischen Marine abgewrackt wurde. Die Meuterei von 1905 ist das Thema des berühmten, 1925 entstandenen Stummfilms „Panzerkreuzer Potemkin". Die Dreharbeiten fanden jedoch nicht auf dem Schiff statt, das zu diesem Zeitpunkt bereits nicht mehr existierte.

■ TECHNISCHE DATEN

Länge	115,3 m
Breite	22,25 m
Tiefgang	8,2 m
Motorenleistung	10.600 PS
Geschwindigkeit	16 kn
Bauwerft	Schwarzmeerwert, Nikolajew/Russland
Baujahr	1998–1904

HMS DREADNOUGHT

Setzte international neue Maßstäbe beim Bau von Schlachtschiffen: die HMS DREADNOUGHT.
(Foto: US Navy Historical Center)

Die britische DREADNOUGHT gilt als Urahn aller Schlachtschiffe des 20. Jahrhunderts. Als die Royal Navy 1906 das Großlinienschiff in Dienst stellte, wurden alle älteren Schlachtschiffe mit einem Schlag zu Alteisen. Es begann eine neue Runde des weltweiten maritimen Wettrüstens, denn die DREADNOUGHT war allen Konkurrenten haushoch überlegen. Das Revolutionäre waren ihr Antrieb und ihre Bewaffnung. Vier Dampfturbinen brachten den bis zu 27,9 Zentimeter stark gepanzerten Koloss auf 22 Knoten. Und die zehn 30,5-Zentimeter-Kanonen überstiegen alles, was bis dahin auf See für möglich gehalten worden war. Das Schlachtschiff war in nur 427 Tagen fertiggestellt worden und im Vergleich zu den vorangegangenen Linienschiffen rund 20 Prozent teurer. In den Jahren 1907–1909 war es Flaggschiff der britischen Home Fleet und von 1907 bis 1911 das Flaggschiff der ersten Division. Im Ersten Weltkrieg gelang der DREADNOUGHT lediglich die Versenkung des deutschen U-Boots U 29 mit Kommandant Otto Weddingen an Bord – nicht mit Beschuss, sondern durch einen Rammstoß. 1919 wurde sie außer Dienst gestellt und für 44.000 Pfund an eine Abwrackfirma verkauft.

■ TECHNISCHE DATEN

Länge	160,6 m
Breite	25 m
Tiefgang	8 m
Motorenleistung	26.350 PS
Geschwindigkeit	22,4 kn
Bauwerft	Portsmouth Dockyard/England
Baujahr	1905–1906

HMS QUEEN MARY

Der britische Schlachtkreuzer QUEEN MARY war das dritte, leicht modifizierte Schiff der Lion-Klasse und wurde am 4. September 1913 von der Royal Navy in Dienst gestellt. Er hatte eine schwerere und präzise schießende 34,3-cm-Artillerie und fiel etwas größer aus als seine beiden Schwesterschiffe. Außerdem hatte er stärkere Maschinen. Gemeinsam mit den Schlachtkreuzern LION, PRINCESS ROYAL, INVINCIBLE und NEW ZEALAND nahm die QUEEN MARY am 28. August 1914 am Seegefecht bei Helgoland teil und zwangen die deutsche Flotte zur Flucht. Zuvor gelang es den überlegenen britischen Verbänden, die drei deutschen Kleinen Kreuzer MAINZ, ARIADNE und CÖLN sowie das Torpedoboot V 187 zu versenken. Gleich zu Beginn der Skagerrakschlacht erhielt die QUEEN MARY am 31. Mai 1916 mehrere Treffer von den deutschen Großen Kreuzern DERFFLINGER und SEYDLITZ. Sie explodierte und versank. Bis auf zwanzig Mann kamen alle 1.275 Männer der Besatzung dabei ums Leben. Zwei der Überlebenden wurden von deutschen Schiffen aufgenommen. Das Wrack der QUEEN MARY wurde 1991 lokalisiert und betaucht. Es liegt in 60 Metern Tiefe auf sandigem Untergrund.

■ TECHNISCHE DATEN

Länge	213,4 m
Breite	27,1 m
Tiefgang	8,8 m
Motorenleistung	78.700 PS
Geschwindigkeit	28 kn
Bauwerft	Palmers, Jarrow/England
Baujahr	1911–1913

In der Skagerrakschlacht fand der britische Schlachtkreuzer QUEEN MARY ein grausames Ende. (Foto: Sammlung Kaack)

HMS RENOWN

Am 20. September 1916 übernahm die Royal Navy den Schlachtkreuzer RENOWN von der Bauwerft. Anschließend stieß er zur Grand Fleet. Seinen ersten Kampfeinsatz absolvierte sie am 17. November 1917 während des Seegefechts bei Helgoland. Durch zwei Umbauarbeiten zwischen den Kriegen wurde sein Kampfwert erheblich gesteigert. Die RENOWN erhielt dabei einen neuen massiven Brückenaufbau, dahinter einen Flugzeughangar mit einer Katapultanlage für Wasserflugzeuge. Die Flakbewaffnung wurde ausschließlich mit neuen Geschützen des Kalibers 11,4 Zentimetern ausgerüstet, wobei zehn Geschütztürme mit je zwei Rohren in zwei Zweier- und zwei Dreiergruppen zu beiden Seiten der Aufbauten eingebaut waren. Modifiziert wurden außerdem der Horizontalpanzer und die Antriebsanlage. Während des Zweiten Weltkriegs operierte der Schlachtkreuzer u.a. gegen die GRAF SPEE und die SCHARNHORST. Er wurde im Atlantik ebenso eingesetzt wie im Nordmeer, im Indischen Ozean und im Mittelmeer. Nach dem Krieg diente die RENOWN noch kurz als Schulschiff. Sie wurde 1948 endgültig außer Dienst gestellt und im selben Jahr als letzter Schlachtkreuzer der Royal Navy auf einer Abwrackwerft verschrottet.

■ TECHNISCHE DATEN

Länge	242 m
Breite	31,3 m
Tiefgang	9,68 m
Motorenleistung	130.000 PS
Geschwindigkeit	30,75 kn
Bauwerft	Fairfield Shipbuilding & Engineering Co. Ltd., Glasgow Schottland
Baujahr	1915–1916

Während des Zweiten Weltkriegs absolvierte die RENOWN vor allem strategisch defensive Aufgaben. (Foto: Royal Navy)

HMS ROYAL OAK

Gerade einen Monat im Dienst, war die britische ROYAL OAK – sie gehörte zu den fünf Einheiten der Revenge-Klasse – an den Gefechten der Skagerrakschlacht am 31. Mai / 1.Juni 1916 beteiligt, die sie ohne Beschädigungen überstand. Bis zum Beginn des Zweiten Weltkriegs wurde sie mehrfach umgebaut und modifiziert. Dabei erhielt die ROYAL OAK seitlich am Schiffskörper sogenannte Torpedowülste. Diese Verbreiterungen des Rumpfes dienten der Erhöhung der Sinksicherheit bei Unterwassertreffern. 1937 diente das Schiff als Kulisse für den britischen Spielfilm „Our fighting Navy" und spielte ein fiktives südamerikanisches Rebellenschiff. In der Nacht auf den 14. Oktober 1939 drang das deutsche U-Boot U 47 unter seinem Kommandanten Günther Prien in den Kriegshafen Scapa Flow der Royal Navy ein und stieß auf die dort ankernde ROYAL OAK. In zwei Anläufen trafen sie drei Torpedos der Deutschen. Das Schlachtschiff bekam sofort Schlagseite und ging 13 Minuten später auf Tiefe. 833 Mann der Besatzung starben, 400 Seeleute konnten gerettet werden. Das Wrack der ROYAL OAK liegt bis heute auf der Backbordseite mit dem Kiel nach oben am Ort seiner Versenkung in 30 Metern Tiefe. Es gilt als Seekriegsgrab und ist durch den „Protection of Military Remains Act" von 1986 geschützt. Im Umkreis von 300 Metern um die Wrackstelle herrscht ein absolutes Tauchverbot. Bei gutem Wetter sind das Schlachtschiff sowie ein Ölfleck von der Wasseroberfläche aus gut erkennbar.

Zu den ersten Opfern des Zweiten Weltkriegs gehören die ROYAL OAK und 833 Mitglieder ihrer Besatzung. (Foto: Royal Navy)

TECHNISCHE DATEN

Länge	189,1 m
Breite	27 m
Tiefgang	8,7 m
Motorenleistung	40.360 PS
Geschwindigkeit	21 kn
Bauwerft	Devonport Dockyard, Devon/England
Baujahr	1914–1916

Die IRON DUKE war von 1914 bis 1916 das Flaggschiff der Grand Fleet. (Foto: Royal Navy)

HMS IRON DUKE

Nach dem Typschiff IRON DUKE ist eine aus vier Einheiten bestehende Klasse von seinerzeit innovativen Schlachtschiffen benannt. Sie waren mit einer vollwertigen Mittelartillerie und Spezialgeschützen zur Bekämpfung von Luftschiffen ausgerüstet. Hinzu kamen zehn 34,3-cm-Geschütz- sowie vier Torpedorohre. Unmittelbar nach ihrer Indienststellung wurde die IRON DUKE Flaggschiff der Grand Fleet und nahm in dieser Funktion an der Skagerrakschlacht teil. Danach war sie bis 1919 in das 2. Schlachtgeschwader eingegliedert. Von 1919 bis 1926 war sie Teil der Mittelmeerflotte und 1926 bis 1929 gehörte sie zur Atlantikflotte. Das Londoner Flottenabkommen von 1930 schrieb die Abrüstung zum Schulschiff vor. Die Geschütztürme B und Y, der Feuerleitstand, die Torpedorohre sowie der gesamte Panzergürtel wurden ausgebaut und die Geschwindigkeit reduziert. Am 17. Oktober 1939 musste die IRON DUKE in Scapa Flow auf den Strand gesetzt werden. Nach offiziellen Angaben war sie bei einem deutschen Luftangriff von Bomben getroffen worden. Eine andere Version behauptet, sie sei beim Angriff von Günther Prien mit U 47 torpediert worden. 1946 wurde das Schlachtschiff verkauft und 1948 abgewrackt.

■ TECHNISCHE DATEN

Länge	190,2 m
Breite	27,5 m
Tiefgang	9 m
Motorenleistung	29.000 PS
Geschwindigkeit	21 kn
Bauwerft	Portsmouth Dockyard/England
Baujahr	1912–1914

Durch eine nicht ausreichende Deckspanzerung explodierte die HOOD und sank binnen zwei Minuten. (Foto: Allan C. Green)

HMS HOOD

Sie ist wohl das berühmteste und zugleich tragischste Schiff der Royal Navy – der Schlachtkreuzer HOOD. Gebaut während des Ersten Weltkriegs, fand seine Indienststellung am 15. Mai 1920 statt. Zwischen den Kriegen war die HOOD das größte Kriegsschiff der Welt. Mehrfach modifiziert, setzte die britische Admiralität den Schlachtkreuzer zu Beginn des Zweiten Weltkriegs zum Schutz von Konvois und zur Bekämpfung deutscher Handelsstörer im Atlantik ein. Ende März 1941 wurden die HOOD und das Schlachtschiff PRINCE OF WALES in den Nordatlantik zur Geleitzugsicherung beordert. In der Dänemarkstraße trafen sie auf das Schlachtschiff BISMARCK und den Schweren Kreuzer PRINZ EUGEN. Es entwickelte sich ein Gefecht, bei dem die BISMARCK nach sechs Minuten einen vernichtenden Treffer auf der HOOD platzierte. Die Salve traf die hintere Hauptmunitionskammer, riss das Schiff auseinander und löste eine weitere Explosion in der vorderen Munitionskammer aus. Vor- und Achterschiff hoben sich aus dem Wasser, brachen auseinander und versanken in zwei Minuten. Der Untergang gilt als nationale Katastrophe. Von den 1.418 Mann Besatzung konnten nur drei gerettet werden.

■ TECHNISCHE DATEN

Länge	262,2 m
Breite	31,7 m
Tiefgang	8,9 m
Motorenleistung	151.280 PS
Geschwindigkeit	31 kn
Bauwerft	John Brown & Company, Clydebank/Schottland
Baujahr	1916–1920

HMS PRINCE OF WALES 262

Dem Schlachtschiff PRINCE OF WALES war nur eine kurze Dienstzeit vergönnt. (Foto: Royal Navy)

Der erste Auftrag der am 19. Januar 1941 in Dienst gestellten PRINCE OF WALES bestand im Mai 1941 darin, gemeinsam mit der HOOD die BISMARCK und die PRINZ EUGEN am Durchbruch in den Atlantik zu hindern. Das Schlachtschiff war nicht voll einsatzbereit, und zivile Techniker blieben an Bord, um Probleme – vor allem bei der Hauptartillerie – zu beheben. Während des Gefechts erhielt es vier Treffer durch die BISMARCK und drei durch die PRINZ EUGEN, doch konnte sich die PRINCE OF WALES mittels eines selbsterzeugten Rauchschleiers zurückziehen. Ende Oktober 1941 lief sie nach Singapur, um angesichts eines erwarteten Angriffs der Kaiserlich Japanischen Marine die britische Force Z im Fernen Osten zu verstärken. Dabei wurde sie am 10. Dezember 1941 zusammen mit der REPULSE vor der Ostküste der malaiischen Insel von japanischen Marineluftstreitkräften und durch mehrere Bomben- und vor allem Torpedotreffer versenkt. Dabei starben 327 Seeleute, 1.285 konnten von begleitenden Zerstörern gerettet werden. Die PRINCE OF WALES war lediglich sieben Monate im Dienst. Sie galt zu Beginn des Zweiten Weltkriegs als eine der modernsten Einheiten der Royal Navy. Nur wenige Monate nach dem Untergang der HOOD war ihr Verlust ein weiterer herber Schlag für die Briten.

▶ **Wussten Sie schon?**

Die PRINCE OF WALES war das siebte britische Kampfschiff, das diesen Namen trug. Ein geplanter Flugzeugträger der Royal Navy soll 2020 ebenfalls auf diesen Namen getauft werden.

■ **TECHNISCHE DATEN**

Länge	227,12 m
Breite	31,45 m
Tiefgang	10,9 m
Motorenleistung	110.000 PS
Geschwindigkeit	27,5 kn
Bauwerft	Cammell Laird, Birkenhead/England
Baujahr	1937–1941

Panzerschiff DEUTSCHLAND

Kurioser Stapellauf: Schon vor der traditionellen Taufe machte sich das Schiff wegen eines aufgrund der unerwartet langen Taufrede von Reichskanzler Brüning zu früh gelösten Ablaufblocks selbstständig. Zur Erheiterung der Taufgäste lief es selbst vom Stapel. Während des spanischen Bürgerkriegs wurde die DEUTSCHLAND zur Seeraumkontrolle in spanische Gewässer beordert. Ende Mai 1937 bombardierten sie republikanische Flugzeuge vor Ibiza. Es gab 31 Tote und 75 Verwundete. Ende August 1939 brach die DEUTSCHLAND in den Nordatlantik auf, um Handelskrieg zu führen. Bis Mitte November versenkte sie zwei Schiffe. Mitte November 1939 erfolgte die Umbenennung in LÜTZOW. Im April 1940 beteiligte sich die nunmehr als Schwerer Kreuzer klassifizierte LÜTZOW an der Besetzung Norwegens. Auf dem Rückmarsch trafen Torpedos eines britischen U-Bootes das Schiff. Es gab 15 Tote. Ab Februar 1944 diente es als Schulschiff. Bei Kriegsende unterstützte der Schwere Kreuzer das zurückweichende Heer an der Ostfront gegen die heranrückende Rote Armee. Britische Bomber versenkten die LÜTZOW Mitte April 1945 in Swinemünde in flachem Wasser. Das Wrack wurde gesprengt und der Sowjetunion zugesprochen.

■ TECHNISCHE DATEN

Länge	181,7 m
Breite	20,7 m
Tiefgang	7,25 m
Motorenleistung	48.390 PS
Geschwindigkeit	26 kn
Bauwerft	Deutsche Werke, Kiel
Baujahr	1931–1933

1939 wurde die DEUTSCHLAND auf den Namen LÜTZOW umgetauft. (Foto: Sammlung Kaack)

Nach der Selbstversenkung der ADMIRAL GRAF SPEE beging ihr Kommandant Kapitän zur See Hans Langsdorff Selbstmord. (Foto: Sammlung Kaack)

Panzerschiff ADMIRAL GRAF SPEE 264

Als geplanter Ersatz für das alte Linienschiff BRAUNSCHWEIG wurde die ADMIRAL GRAF SPEE am 6. Januar 1936 in Dienst gestellt. 1936 und 1937 war sie das Flaggschiff der Kriegsmarine. Mit Seestreitkräften aus Großbritannien, Italien und Frankreich beteiligte sich das Panzerschiff 1936 an der internationalen Seeblockade zur Durchsetzung eines Waffenembargos gegen Spanien, in dem ein Bürgerkrieg tobte. Im Februar 1937 beschoss es mit seiner schweren und mittleren Artillerie Malaga. Am 21. August 1939, wenige Tage vor Ausbruch des Zweiten Weltkriegs, erhielt die ADMIRAL GRAF SPEE unter dem Kommando von Kapitän zur See Hans Langsdorff den Auslaufbefehl in den Südatlantik. Nach Kriegsbeginn nahm die sie den Handelskrieg auf. Zwischen dem 30. September und dem 7. Dezember 1939 versenkte das Panzerschiff im Atlantik und im Indischen Ozean neun britische Frachter. Vor der Versenkung ließ Langsdorff die Besatzungen in die Rettungsboote steigen, so dass kein Todesopfer zu verzeichnen war. Nach einem Seegefecht mit britischen Kreuzern und einem kurzen Aufenthalt in Montevideo wurde das Schiff am 17. Dezember 1939 in der Mündung des Río de la Plata selbstversenkt.

■ TECHNISCHE DATEN

Länge	181,7 m
Breite	21,65 m
Tiefgang	7,34 m
Motorenleistung	54.000 PS
Geschwindigkeit	28,5 kn
Bauwerft	Reichsmarinewerft, Wilhelmshaven
Baujahr	1934–1936

265 Schlachtschiff SCHARNHORST

Die Baukosten der SCHARNHORST beliefen sich auf 143,47 Millionen Reichsmark. Am 7. Januar 1939 wurde sie in Dienst gestellt. Ende November 1939 hatte sie ihren ersten Einsatz gegen Geleitzüge im Nordmeer, wobei die Versenkung eines britischen Hilfskreuzers gelang. Im April 1940 übernahmen das Schlachtschiff und ihr Schwesterschiff GNEISENAU die Fernsicherung bei der Besetzung Norwegens. Beim Unternehmen Juno Anfang Juni 1940 stieß die SCHARNHORST überraschend auf den britischen Flugzeugträger GLORIOUS. Mit der dritten Salve gelang ihr ein Treffer aus 24 Kilometern Entfernung. Die Besatzung gab die GLOURIOUS auf. Auch zwei Zerstörer wurden versenkt. Ende Januar 1941 versenkte die SCHARNHORST acht Schiffe in der Dänemarkstraße. Als sie Mitte Februar 1942 mit der GNEISENAU und der PRINZ EUGEN den Ärmelkanal durchquerte, um von Brest zurück nach Deutschland zu kommen (Unternehmen Cerberus), lief sie zweimal auf eine Mine und fiel acht Monate aus. Beim Angriff auf einen Geleitzug wurde die SCHARNHORST am 26. Dezember 1943 im Nordmeer von überlegenen britischen Seestreitkräften versenkt. Nur 36 Seeleute wurden gerettet, 1.968 fanden den Tod.

■ TECHNISCHE DATEN

Länge	234,9 m
Breite	40 m
Tiefgang	9,9 m
Motorenleistung	150.170 PS
Geschwindigkeit	31,5 kn
Bauwerft	Kriegsmarinewerft, Wilhelmshaven
Baujahr	1934–1939

Aus 24 Kilometern Entfernung versenkte die SCHARNHORST den britischen Flugzeugträger GLORIOUS. (Foto: Sammlung Kaack)

Schwerer Kreuzer BLÜCHER

Der Untergang der nahezu neuen BLÜCHER war ein herber Schlag für die Kriegsmarine. (Foto: Sammlung Kaack)

Die Kriegsmarine stellte ihren Kreuzer BLÜCHER am 20. September 1939 in Dienst. Aufgrund zahlreicher Defekte mit anschließenden Werftaufenthalten konnte die BLÜCHER bis Ende 1939 nur wenige Probefahrten machen. Ausbildungsdefizite in der schweren Artillerie, im Gefechtsdienst und in der Leckabwehr waren die Folgen. Trotzdem wurde die BLÜCHER mit 800 Infanteristen an Bord bei der Eroberung Norwegens eingesetzt. Als der deutsche Flottenverband am 7. April 1940 frühmorgens in den Oslofjord einlief, nahm ihn die Batterie Oskarsborg in der Dröbakenge unter Feuer. Zwei 28-cm-Granaten zerstörten den Vormars und die Flugzeughalle der BLÜCHER, die den Verband anführte. Das Ruder versagte, der Kreuzer musste mit den Schrauben steuern. Trotz 20 weiterer 15-cm-Treffer der Batterie Kopas lief der Kreuzer schwer beschädigt weiter, bis um 5.40 Uhr zwei Torpedos der Batterie auf Kaholmen trafen. Um 7 Uhr erkannte der Kommandant, dass sein brennendes Schiff immer mehr Schlagseite bekam und nicht mehr zu retten war. Er befahl alle Mann von Bord. Eine halbe Stunde später kenterte die BLÜCHER und versank in einem brennenden Ölteppich. 830 Marine- und Heeressoldaten des Landungskommandos starben in den Flammen und im eisigen Wasser des Oslofjords.

■ TECHNISCHE DATEN

Länge	205,9 m
Breite	22 m
Tiefgang	7,2 m
Motorenleistung	131.821 PS
Geschwindigkeit	32,8 kn
Bauwerft	Deutsche Werke, Kiel
Baujahr	1935–1939

267 Schwerer Kreuzer PRINZ EUGEN

Die PRINZ EUGEN wurde als drittes Schiff der Admiral-Hipper-Klasse am 1. August 1940 von der Kriegsmarine in Dienst gestellt. Die Baukosten betrugen 104.490.000 Mark. Bald hatte die PRINZ EUGEN den Ruf eines „glücklichen" Schiffes, weil sie mehrere heikle Einsätze und feindliche Angriffe mit vergleichsweise geringen Schäden überstand. Das gilt für das Unternehmen Rheinübung mit der BISMARCK. Kurz zuvor hatte die PRINZ EUGEN im Fehmarnbelt einen Minentreffer erhalten, der sich jedoch zügig reparieren ließ. Beim Unternehmen Cerberus im Februar 1942 blieb sie als einzige der großen Einheiten unbeschädigt. Ende Februar 1942 wurde sie durch den Torpedo eines britischen U-Bootes am Heck so schwer getroffen, dass es abknickte. Ab August 1944 unterstützte die PRINZ EUGEN durch Artilleriebeschuss das Heer an der Ostfront. Ab Januar 1945 half der Schwere Kreuzer, Verwundete und Zivilisten aus Ostpreußen herauszuholen. Mit der deutschen Kapitulation kam der Kreuzer unter amerikanisches Kommando. Er wurde im Bikini-Atoll für Atombombenversuche verwendet. Am 22. Dezember 1946 kenterte und sank die USS PRINZ EUGEN nur 250 Meter vom Strand entfernt.

■ TECHNISCHE DATEN

Länge	212,5 m
Breite	21,7 m
Tiefgang	7,2 m
Motorenleistung	137.500 PS
Geschwindigkeit	32,2 kn
Bauwerft	Germania Werft, Kiel
Baujahr	1936–1940

Unter den Dickschiffen der Kriegsmarine genoss die PRINZ EUGEN den Ruf des „glücklichen Schiffes".
(Foto: Sammlung Kaack)

Schlachtschiff TIRPITZ

Sie ist das größte jemals auf einer deutschen Werft gebaute Kriegsschiff: die am 25. Februar 1941 in Dienst gestellte TIRPITZ. Ihre erste Feindfahrt unternahm sie Anfang März 1942 auf einen Geleitzug im nördlichen Eismeer. Anfang Juli 1942 lief sie zum Angriff auf den Konvoi PQ 17. Daraufhin lösten die Briten den Geleitzug auf. Im September 1943 griff das Schlachtschiff Spitzbergen an. Ende September 1943 gelangten drei britische Klein-U-Boote durch die Netzsperre der TIRPITZ im Altafjord und konnten eine Mine am Heck platzieren. Die Explosion verursachte schwere Schäden, die Reparatur dauerte fünf Monate. Im April 1944 fielen bei einem Angriff der Briten 15 Bomben auf die TIRPITZ. 108 Männer starben. Sie wurde noch im selben Monat zwischen die Inseln Håkøya und Grindøya verlegt, wo sie Mitte November 1944 britische Bomber mit 77 „Tall Boy"-Bomben mit je 2,3 Tonnen Sprengstoff angriffen. Zwei Volltreffer in die Munitionskammern und ein Nahtreffer zwischen Ufer und Schiff entfalteten so viel Sog und Druck, dass die TIRPITZ schnell Schlagseite bekam. Das einströmende Wasser drehte sie auf 135 Grad. 1.204 Männer starben, gerettet wurden 806.

■ TECHNISCHE DATEN

Länge	251 m
Breite	36 m
Tiefgang	9,9 m
Motorenleistung	163.026 PS
Geschwindigkeit	30,8 kn
Bauwerft	Kriegsmarinewerft, Wilhelmshaven
Baujahr	1936–1941

Die TIRPITZ war größer als ihr Schwesterschiff BISMARCK. (Foto: Sammlung Kliem)

Aus dem Funkraum der NAGATO aus wurde der Angriff auf Pearl Harbor befohlen. (Foto: Kure Maritime Museum)

269 Schlachtschiff NAGATO

Nach rund dreijähriger Bauzeit übernahm die Kaiserlich Japanische Marine im November 1920 die NAGATO von der Bauwerft. Sie war das erste Schlachtschiff, das mit den damals weltweit stärksten Geschützen im Kaliber 40,6 cm ausgerüstet war. An Bord konnten drei Seeflugzeuge mitgeführt werden. Ab 1934 wurde die NAGATO mit einem zweijährigen Werftaufenthalt schiffbaulich und waffentechnisch auf den aktuellen Stand gebracht. Auf Befehl des japanischen Flottenchefs Admiral Yamamoto wurde aus ihrem Funkraum das historische Signal 676 „Erklimmt den Berg Nitaka 1208" abgesetzt. Damit waren die Flugzeugträger der Flotte instruiert, den US-Marinestützpunkt Pearl Harbor anzugreifen. Der Pazifikkrieg war eröffnet. Bis zur Kapitulation nahm das Schlachtschiff ohne nennenswerte Erfolge an nur wenigen Kampfeinsätzen teil. Mehrfach wurde es leicht beschädigt. Nach ihrer Übernahme durch die US Navy gehörte es zu einer Gruppe unbemannter Zielschiffe, an denen in der Operation Crossroads die Wirksamkeit von Atomwaffen getestet werden sollte. Dabei erhielt die NAGATO schwere Schäden, so dass sie am 29. Juli 1946 vor dem Bikini-Atoll kenterte und sank.

■ TECHNISCHE DATEN

Länge	224,94 m
Breite	32,6 m
Tiefgang	9,7 m
Motorenleistung	82.000 PS
Geschwindigkeit	26,44 kn
Bauwerft	Marinewerft, Kure/Japan
Baujahr	1917–1920

Schlachtschiff YAMATO

Das gigantische Schlachtschiff YAMATO war der Stolz der Kaiserlich Japanischen Marine.
(Foto: Japanese Self Defense Force Archives)

Die japanische YAMATO wurde am 16. Dezember 1941 – rund eine Woche nach dem Überfall auf Pearl Harbor – in Dienst gestellt. Sie wurde unter strengster Geheimhaltung gebaut. Der Feind sollte nichts von ihren unvorstellbaren Ausmaßen ahnen. Ihre schwere Artillerie in drei Geschütztürmen hatte mit 46 Zentimetern das größte bisher bei Hinterladergeschützen auf Schiffen verwendete Kaliber. Die Kanonen erzielten eine Reichweite von unglaublichen 25 Meilen, und ihre massive Rundumpanzerung ließ sie unverwundbar erscheinen. Die YAMATO absolvierte mehrere Kampfeinsätze und erhielt mehrfach Verwendung als Truppen- und Materialtransporter. Am 25. Oktober 1944 setzte das Schlachtschiff zum ersten und einzigen Mal seine Artillerie gegen feindliche Seeziele ein und war an der Versenkung des US-Trägers GAMBIER BAY und eines Zerstörers beteiligt. Auf dem Weg zur Schlacht um Okinawa wurde die YAMATO am 7. April 1945 wenige Stunden nach dem Auslaufen von der US Navy geortet. Kurz darauf griffen 386 amerikanische Flugzeuge an. Zwei Stunden lang dauerte das Bombardement, dann kenterte und sank die YAMATO. Dabei starben 2.498 Besatzungsmitglieder, 269 Seeleute wurden gerettet.

■ TECHNISCHE DATEN

Länge	263 m
Breite	38,7 m
Tiefgang	11 m
Motorenleistung	165.000 PS
Geschwindigkeit	27 kn
Bauwerft	Marinewerft, Kure/Japan
Baujahr	1937–1941

USS ARIZONA

Die ARIZONA war ein Schlachtschiff in der US Navy, das 1916 in Dienst gestellt wurde. Während des Ersten Weltkriegs diente sie als Ausbildungsschiff und patrouillierte in den Gewässern zwischen Virginia und New York. Wegen der Versorgungsengpässe beim Treibstoff kam es zu keinen transatlantischen Einsätzen. Zwischen den beiden Weltkriegen war die ARIZONA in der Karibik, in Guantanamo Bay, im Panama Kanal und in hawaiianischen Seegebieten präsent. Am 7. Dezember 1941 wurde sie beim japanischen Angriff auf Pearl Harbor von Nakajima B5N-Bombern versenkt. Das Schlachtschiff sank innerhalb von neun Minuten, nachdem es von einer panzerbrechenden 800-kg-Bombe getroffen worden war. Diese durchschlug zwischen den vorderen Geschütztürmen der Hauptbewaffnung das Oberdeck und brachte die beiden Munitionskammern zur Explosion. 1.177 Mann der Besatzung kamen ums Leben.

▶ **Wussten Sie schon?**
Quer über dem Wrack wurde 1962 ein aus Spendengeldern finanziertes, 56 Meter langes weißes Gebäude als Gedenkstätte errichtet – das USS ARIZONA Memorial.

■ **TECHNISCHE DATEN**

Länge	185,3 m
Breite	29,6 m
Tiefgang	8,8 m
Motorenleistung	34.000 PS
Geschwindigkeit	21 kn
Bauwerft	New York Navy Yard/USA
Baujahr	1914–1916

Die ARIZONA 1916 nach erfolgreicher Werfterprobung auf dem East River in New York. (Foto: US Navy)

USS WEST VIRGINIA

Der Bau der WEST VIRGINIA wurde bereits 1916 beschlossen, aber erst nach dem Ersten Weltkrieg begonnen, da die US Navy zu diesem Zeitpunkt mehr Schiffe zur Abwehr deutscher U-Boote benötigte. Das am 1. Dezember 1923 in die Atlantikflotte übernommene Schlachtschiff gehörte zur Colorado-Klasse. Es war sehr schwer gepanzert und verfügte über die neuesten Entwicklungsstufen des Kriegsschiffbaus. Einzig seine geringe Geschwindigkeit war ein Nachteil. Beim japanischen Angriff auf Pearl Harbor am 7. Dezember 1941 erhielt die WEST VIRGINIA mindestens sechs Torpedotreffer und sank brennend auf ebenem Kiel im Hafenbecken. Nachdem sie Mitte 1942 gehoben worden war, wurde sie bis 1944 grundlegend wiederhergestellt. Bis zur Kapitulation Japans nahm die WEST VIRGINIA an verschiedensten Kampfeinsätzen im Pazifik teil und beteiligte sich maßgeblich an der Versenkung der Schlachtschiffe YAMASHIRO und deren Schwesterschiff FUS. Nach dem Krieg übernahm sie den Rücktransport von Veteranen aus dem Pazifik und gehörte anschließend zur Reserve der US-Pazifikflotte. Zwischen 1959 und 1962 wurde die WEST VIRGINIA komplett abgewrackt.

■ TECHNISCHE DATEN

Länge	190 m
Breite	29,7 m
Tiefgang	11,6 m
Motorenleistung	36.167 PS
Geschwindigkeit	21,5 kn
Bauwerft	New York Navy Yard/USA
Baujahr	1920–1923

Im Hafenbecken von Pearl Harbor sank die WEST VIRGINIA brennend auf ebenem Kiel. (Foto: US Navy)

Während der Operation Desert Storm liegt die MISSOURI 1991 im Persischen Golf vor Anker. (Foto: US Navy)

USS MISSOURI

Am 2. September 1945 wurde auf der MISSOURI Geschichte geschrieben: Auf dem Vordeck unterschrieben die Vertreter Japans die Kapitulationsurkunde und beendeten damit den Zweiten Weltkrieg. Erst 14 Monate zuvor war sie von der US Navy in die Flotte übernommen worden. Ab Ende 1944 beteiligte sich das Schlachtschiff der Iowa-Klasse an diversen Kampfeinsätzen. Es übernahm Geleitschutzaufgaben und unterstützte die US-Bodentruppen durch Beschuss von Landzielen. Während des Koreakrieges bekämpfte die MISSOURI ebenfalls Küstenziele und verschoss dabei über 7.000 Granaten aus ihren 40,6-cm-Geschützen. Von 1955 bis 1986 gehörte sie der Reserve-Pazifikflotte an, bevor sie erneut aktiviert wurde. Im Januar 1991 beteiligte sie sich am Zweiten Golfkrieg und feuerte dabei 28 Tomahawk-Marschflugkörper sowie 700 Granaten ihrer schweren Artillerie auf Ziele im irakischen Kriegsgebiet. Am 12. Januar 1995 endgültig aus dem Schiffsregister gestrichen, liegt die MISSOURI seit 1999 als Museumsschiff in Pearl Harbor. Eine der Hauptattraktionen ist das Surrender Deck, auf dem eine Messingplakette an die Kapitulation Japans erinnert.

■ TECHNISCHE DATEN

Länge	270,43 m
Breite	32,98 m
Tiefgang	11,6 m
Motorenleistung	212.000 PS
Geschwindigkeit	33 kn
Bauwerft	New York Navy Yard/USA
Baujahr	1941–1944

RN ROMA

274

Wegen Treibstoffmangel war die ROMA während ihres kurzen Daseins zur Untätigkeit verdammt.
(Foto: Sammlung Kaack)

Das italienische Schlachtschiff ROMA war erst seit 15 Monaten im Dienst, als es als erstes Schiff der Welt durch eine ferngelenkte Bombe versenkt wurde. Das Kriegsschiff galt als eines der modernsten jener Zeit. Seine Kanonen konnten Ziele in bis zu 42,8 Kilometern Entfernung bekämpfen. Es war die vierte und letzte Einheit der Littorio-Klasse. Am 14. Juni 1942 in den Dienst der italienischen Marine gestellt, nahm die ROMA aufgrund des herrschenden Treibstoffmangels nicht an Seegefechten teil. Nach dem Sturz Mussolinis und dem Waffenstillstand am 8. September 1943 sollte sich die italienische Flotte in Malta den Alliierten ergeben. Als die Deutschen davon erfuhren, erging umgehend ein Befehl zur Bombardierung der Schiffe an die Luftwaffe. Von Marseille aus starteten 15 Bomber vom Typ Dornier 217K, bewaffnet mit je einer steuerbaren Bombe. Die Fritz X war eine der ersten Lenkwaffen der Welt und erst elf Tage zuvor an die Front ausgeliefert worden. Zwei davon trafen die ROMA und lösten eine Explosion aus. Kurz darauf kenterte das Schiff, zerbrach in zwei Teile und versank. Von der Besatzung überlebten 596 Mann, 1.351 Seeleute gingen mit der ROMA unter.

■ TECHNISCHE DATEN

Länge	233,4 m
Breite	33 m
Tiefgang	10,5 m
Motorenleistung	139.561 PS
Geschwindigkeit	31,4 kn
Bauwerft	Cantieri Riuniti dell'Adriatico, Triest/Italien
Baujahr	1938–1942

275 Schlachtschiff STRASBOURG

Die französische Antwort auf die Deutschland-Klasse der Reichsmarine waren die STRASBOURG und ihr Schwesterschiff DUNKERQUE. 1.381 Mann bildeten die Besatzung, ihr Heimathafen war Toulon. Zu Beginn des Zweiten Weltkriegs eskortierte sie vor allem Konvois. Dabei gelang es ihr, den deutschen Frachter SANTA FE aufzubringen. Nach der Niederlage Frankreichs im Kampf gegen die deutsche Wehrmacht 1940 wurde die STRASBOURG in den Hafen von Mers-el-Kébir in Französisch-Algerien verlegt. Bei der britischen Bombardierung der dort liegenden französischen Flotteneinheiten – die Engländer wollten verhindern, dass sie in die Hände der deutschen Gegner fallen – am 3. Juli 1940 gelang dem Schlachtschiff der Ausbruch. Es konnte die verfolgende HMS HOOD abschütteln. Luftangriffe blieben wirkungslos. Entkommen nach Toulon, wurde die STRASBOURG Flaggschiff des Vichy-Frankreichs. Nach dem versuchten Zugriff der deutschen Wehrmacht auf die in Toulon liegende französische Mittelmeerflotte versenkte sich diese am 27. November 1942 selbst. Auch die STRASBOURG sackte nach dem Öffnen der Seeventile auf ebenem Kiel auf den seichten Hafengrund. Die Aufbauten blieben über Wasser. Sie wurde später gehoben, 1944 in die Bucht von Saint-Mandrier-sur-Mer geschleppt und hier von US-Bombern versenkt. Nochmals geborgen, erfolgte 1955 die Verschrottung.

> ▶ **Wussten Sie schon?**
> Trotz der schwierigen Versorgungslage im besetzten Frankreich erhielt die STRASBOURG im Frühjahr 1942 eine Radaranlage.

■ **TECHNISCHE DATEN**

Länge	215 m
Breite	31,1 m
Tiefgang	9,89 m
Motorenleistung	107.000 PS
Geschwindigkeit	29,5 kn
Bauwerft	Chantiers de Penhoët, Saint-Nazaire/Frankreich
Baujahr	1934–1939

Zwei Mal versenkt, zwei Mal gehoben: das französische Schlachtschiff STRASBOURG. (Foto: Sammlung Kaack)

Schlachtschiff RICHELIEU

Eine bewegte Geschichte hat das französische Schlachtschiff RICHELIEU. Es galt als konstruktionstechnisches Meisterwerk und war fast allen vergleichbaren Einheiten anderer Nationen überlegen. Optisch kennzeichnete es die Konzentration der schweren Artillerie in den vorderen zwei Türmen mit jeweils vier Geschützrohren. Zwei Tage vor dem Einmarsch der deutschen Wehrmacht lief die noch in der Werfterprobung befindliche RICHELIEU von Brest nach Dakar. Ihr Kommandant weigerte sich, das Schiff an die Engländer zu übergeben. Daraufhin kam es am 24. September 1940 zu einem Gefecht zwischen britischen und französischen Kriegsschiffen. Im Verlauf des Gefechts wurde die RICHELIEU durch eine 38,1-cm-Granate, zwei Nahtreffer von Fliegerbomben und eine Geschützexplosion beschädigt. Im November 1943 stieß das zwischenzeitlich in den USA massiv aufgerüstete Schiff zur britischen Home Fleet und fand nach einem Kurzeinsatz vor der norwegischen Küste im Pazifikkrieg Verwendung. Nach dem Zweiten Weltkrieg kämpfte das Schiff im Indochinakrieg. 1958 zum Wohnschiff und stationären Schulschiff umklassifiziert, wurde die RICHELIEU 1968 abgewrackt.

■ TECHNISCHE DATEN

Länge	247 m
Breite	33,08 m
Tiefgang	9,9 m
Motorenleistung	179.000 PS
Geschwindigkeit	32,63 kn
Bauwerft	Arsenal de Brest/Frankreich
Baujahr	1935–1940

Charakteristisch für die RICHELIEU waren ihre beiden Vierlings-Geschütztürme. (Foto: Mapius Bar)

An ihrer Backbordseite trägt die RICHARD BEITZEN die Ziffer 11 als Friedenskennung. (Foto: Sammlung Kaack)

Z 4 RICHARD BEITZEN

Unter der Kennung Z 4 stellte die Kriegsmarine am 13. Mai 1937 die RICHARD BEITZEN als den letzten von vier Zerstörern der Klasse 1934 in Dienst. Ihre Baukosten betrugen rund 14 Millionen Reichsmark. Wie ihre Schwesterschiffe war sie technisch deutlich aufwändiger und komplexer konstruiert als vergleichbare britische oder französische Zerstörer. Das Antriebssystem war bei Indienststellung der RICHARD BEITZEN nicht voll entwickelt. Aufgrund starker Vibrationen waren Ventile, Verbindungsstellen, Abdichtungen und Stopfbuchsen ständige Schwachstellen. Es ergaben sich auch mit den Überdruck-Kesseln schwere Probleme, wodurch die Einsatzfähigkeit des Schiffs oftmals monatelang unterbrochen wurde. Während des Zweiten Weltkriegs leistete der Zerstörer Vorpostendienst, fungierte als Minenleger, übernahm Geleitaufgaben und führte Handelskrieg von den Stützpunkten Wilhelmshaven, Brest und Kirkenes aus. Das Kriegsende erlebte die RICHARD BEITZEN mit schweren Beschädigungen durch einen Bombentreffer in Oslo, wo sie am 14. Mai 1945 außer Dienst gestellt wurde. Die Besatzung geriet in Gefangenschaft. Der Zerstörer kam im Januar 1946 als Kriegsbeute nach Großbritannien und fiel 1949 dem Schneidbrenner zum Opfer.

■ TECHNISCHE DATEN

Länge	119,3 m
Breite	11,36 m
Tiefgang	4,23 m
Motorenleistung	70.000 PS
Geschwindigkeit	38 kn
Bauwerft	Deutsche Werke, Kiel
Baujahr	1935–1937

Z 18 HANS LÜDEMANN

Am Ende des Zerstörer-Gefechts vor Narvik wurde die HANS LÜDEMANN von ihrer Besatzung selbstversenkt. (Foto: Sammlung Kaack)

Nach den Erfahrungen mit den Zerstörern der Klasse 1934 wurden zwischen September 1936 und Januar 1938 sechs umfassend modifizierte Einheiten auf Kiel gelegt: die Zerstörer-Klasse 1936. Als zweites Schiff dieser Baureihe übernahm die Kriegsmarine am 8. Oktober 1939 die HANS LÜDEMANN von der Bauwerft. Sie war gegenüber ihren Vorgängerinnen stabiler und wendiger. Die Antriebsanlage blieb 1934 unverändert, war aber weiterentwickelt und weniger störanfällig. Größere Treibstoffbunker erhöhten den Fahrbereich um rund zehn Prozent auf 4.850 Seemeilen. Beim Unternehmen Weserübung im April 1940 landete die HANS LÜDEMANN mit neun weiteren Zerstörern Gebirgsjäger im norwegischen Narvik an. Am 13. April griff ein britischer Flottenverband die deutschen Einheiten an. Die HANS LÜDEMANN sowie die Zerstörer WOLFGANG ZENKER und BERND VON ARNIM hatten sich nach Erschöpfung ihrer Treiböl- und Munitionsbestände in einen Fjord zurückgezogen. Dort wurden sie von ihren Besatzungen auf Grund gesetzt und durch Sprengung selbstversenkt. Dabei zerbrach die HANS LÜDEMANN in zwei Teile. Zuvor hatte sie bereits diverse Artillerie- und einen Torpedotreffer erhalten.

■ **TECHNISCHE DATEN**

Länge	125,1 m
Breite	11,8 m
Tiefgang	3,77 m
Motorenleistung	70.000 PS
Geschwindigkeit	38 kn
Bauwerft	Deschimag, Bremen
Baujahr	1936–1938

Z 23

Die Weiterentwicklung der Zerstörer-Klasse 1936 trug als Zusatz den Buchstaben A und umfasste acht Einheiten. Gegenüber den vorhergehenden Zerstörern der Kriegsmarine trugen diese Einheiten keinen Taufnamen mehr, lediglich ihre Kennung. Wesentliche Merkmale der Modifizierung waren der 15-cm-Doppelturm auf dem Vorschiff und die dadurch bedingte Verlängerung des Rumpfes um zwei Meter.

Typschiff dieser auch als Narvik-Klasse bezeichneten Baureihe war Z 23. Am 15. September 1940 in Dienst gestellt, wurde der Zerstörer zunächst vom Stützpunkt Bergen aus als Geleitschutz für verschiedene Großkampfschiffverbände eingesetzt. Nach Minenwurf- und Geleiteinsätzen in Nordnorwegen verlegte Z 23 im Februar 1943 an die Westküste Frankreichs. Hier sicherte er vor allem ein- und auslaufende U-Boote. Am 12. August 1944 erhielt Z 23 bei einem Bombenangriff auf den Hafen von La Rochelle so schwere Treffer, dass die Einsatzbereitschaft nicht wieder hergestellt werden konnte. Am 21. August 1944 erfolgte die Außerdienststellung von Z 23. Als französische Kriegsbeute wurde der Zerstörer 1951 aus der Kriegsschiffliste gestrichen und abgewrackt.

■ TECHNISCHE DATEN

Länge	127,2 m
Breite	12 m
Tiefgang	3,92 m
Motorenleistung	70.000 PS
Geschwindigkeit	38,5 kn
Bauwerft	Deschimag, Bremen
Baujahr	1938–1940

Der Zerstörer Z 23 überdauerte den Zweiten Weltkrieg schwer beschädigt und nicht mehr einsatzfähig. (Foto: Sammlung Kaack)

HMS WOLVERINE 280

Dieser in den letzten Tagen des Ersten Weltkriegs auf Kiel gelegte Zerstörer der Royal Navy wurde zur Legende. Allerdings zu Unrecht: Am 8. März 1941 attackierte die WOLVERINE ein deutsches U-Boot. Jahrzehntelang gingen Historiker davon aus, dass dabei das berühmte U 47 mit ihrem Kommandanten Prien und sei-

Zwischen den Kriegen gehörte die WOLVERINE zur britischen Atlantik- und Mittelmeerflotte. (Foto: Royal Navy)

ner Besatzung versenkt wurde. Tatsächlich handelte es sich um U A, das zudem schwer beschädigt in seinen Stützpunkt zurückkehren konnte. Die WOLVERINE versenkte im Kriegsverlauf U 76 und das italienische U-Boot DAGABUR. 1946 wurde der Zerstörer abgebrochen.

■ TECHNISCHE DATEN

Länge	95,1 m
Breite	8,9 m
Tiefgang	3,2 m
Motorenleistung	27.000 PS
Geschwindigkeit	34 kn
Bauwerft	J. Samuel White & Co., Cowes/England
Baujahr	1918–1920

HMS STARLING 281

Am 1. April 1943 von den Engändern in Dienst gestellt, war die STARLING der erfolgreichste Zerstörer im Einsatz gegen deutsche U-Boote. Während der Atlantikschlacht war sie das Flaggschiff von Captain Frederic John Walkers „Hunter-Killer-Group", die aus

Die STARLING war im Zweiten Weltkrieg Englands erfolgreichster Zerstörer bei der Bekämpfung deutscher U-Boote. (Foto: Royal Navy)

sechs Einheiten bestand. Diese Flottille war nicht darauf festgelegt, Konvois zu eskortieren, sondern die U-Bootjagd gezielt und aktiv auszuüben. Die STARLING war an der Versenkung von 15 deutschen U-Booten beteiligt. Der Zerstörer der Black-Swan-Klasse überstand den Krieg und wurde schließlich im Jahr 1965 abgewrackt.

■ TECHNISCHE DATEN

Länge	91,3 m
Breite	12 m
Tiefgang	3,4 m
Motorenleistung	4.300 PS
Geschwindigkeit	20 kn
Bauwerft	Fairfield Shipbuilding and Engineering Company, Govan/Schottland
Baujahr	1942–1943

Die Aufgaben von Z 1 bis Z 6 übernahmen ab 1982 die Fregatten der Bremen-Klasse. (Foto: PIZ Marine)

Fletcher-Klasse Z 1 – Z 6

Den ersten Zerstörer der Fletcher-Klasse übernahm die Bundesmarine im Januar 1958 von den USA und stellte ihn unter der Bezeichnung Z 1 in Dienst. Weitere fünf Einheiten – Z 2 bis Z 6 benannt – folgten in den folgenden beiden Jahren. Dabei handelte es sich zunächst um Leihgaben der US Navy. Entsprechend der vertraglichen Vereinbarungen wurden die 1976 noch in Dienst befindlichen Schiffe erworben. 175 Zerstörer der Fletcher-Klasse wurden zwischen 1941 und 1945 für die US Navy gebaut. 19 davon gingen im Kampf verloren. Z 1 bis Z 6 erfuhren vor der Übernahme durch die Bundesmarine eine erhebliche Aufwertung. Die ursprüngliche Artillerie wurde durch drei 76,2-mm-Zwillingsflak und die dazugehörigen Feuerleitgeräte ersetzt. Die Elektronik wurde modernisiert und ein optimierter Dreibeinmast installiert. Bei späteren Werftliegezeiten erfolgte eine Schließung und Vergrößerung der vormals offenen Brücken. Außerdem wurden alle sechs Einheiten mit zwei U-Boot-Abwehr-Torpedorohren nachgerüstet. Die Zerstörer der Fletcher-Klasse wurden zwischen 1967 und 1982 außer Dienst gestellt.

■ TECHNISCHE DATEN

Länge	114,74 m
Breite	12 m
Tiefgang	4,41 m
Motorenleistung	60.000 PS
Geschwindigkeit	36 kn
Bauwerft	diverse US-Werften
Baujahr	1941–1943

Hamburg-Klasse

Bereits 1955 wurde unter der internen Bezeichnung „Zerstörer 55" mit der Entwicklung deutscher Zerstörer-Neubauten begonnen. Geplant waren zwölf Einheiten dieses Typs, realisiert hingegen nur vier Neubauten. Am 23. März 1964 wurde die HAMBURG in Dienst gestellt. Es folgten die SCHLESWIG-HOLSTEIN, BAYERN und HESSEN. Die Einheiten bildeten das 2. Zerstörergeschwader in Wilhelmshaven. Von 1990 bis 1994 wurden sie durch die Brandenburg-Klasse ersetzt. Bei Indienststellung bestand die Bewaffnung der Hamburg-Klasse überwiegend aus der Schiffsartillerie. Die Zerstörer waren mit vier 100-mm-Marine-Einzelgeschützen in Turmlafette und acht Bofors-40-mm/L70 Flak in Marine-Doppel-Lafette ausgerüstet. Dazu kamen fünf Torpedorohre. An Bord befanden sich außerdem acht Raketenwerfer für die U-Bootjagd, zwei Ablaufbühnen für Wasserbomben sowie zwei Wurfgestelle für Seeminen. Im Zuge der Modernisierung Mitte der 1970er-Jahre erhielten die vier Zerstörer zwei Doppelstarter für Exocet-Flugkörper zum Einsatz gegen Seeziele und zwei 533-mm-Torpedorohre zur Jagd auf Unterwasserziele. Zur Abwehr von Flugkörperangriffen kamen zwei 105-mm-Düppelwerfer zum Einsatz.

■ TECHNISCHE DATEN

Länge	133,7 m
Breite	13,4 m
Tiefgang	4,8 m
Motorenleistung	68.000 PS
Geschwindigkeit	35 kn
Bauwerft	H.C. Stücklen Sohn, Hamburg
Baujahr	1959–1968

Das Typschiff seiner Baureihe: der Zerstörer HAMBURG. (Foto: PIZ Marine)

Lütjens-Klasse

Der Lenkwaffenzerstörer MÖLDERS kann heute im Deutschen Marinemuseum Wilhelmshaven besichtigt werden. (Foto: PIZ Marine)

Am 23. März 1969 stellte die Bundesmarine mit der LÜTJENS ihren ersten Lenkwaffenzerstörer in Dienst. Es folgten die Schwesterschiffe MÖLDERS und ROMMEL. Gebaut wurden sie in den USA nach dem modifizierten Vorbild der Charles F. Adams-Klasse. Die drei Einheiten bildeten das in Kiel beheimatete 1. Zerstörergeschwader. Sie nahmen regelmäßig an den Übungen der ständigen Einsatzverbände der NATO im Atlantik und im Mittelmeer teil. Mehrfach erfuhren sie weitreichende Modernisierungsmaßnahmen entsprechend der Entwicklung von Waffen- und Ortungstechnologie. So wurden die 127-mm-Türme gegen Mod 10-Geschütze ausgetauscht, die Befeuerung der Kesselanlage auf leichtes Heizöl umgestellt, die Feuerleitanlage bekam einen Digitalrechner und das leichtere Standard Missile-System wurde installiert. Später erhielten die Lenkwaffenzerstörer zwei RIM-116 RAM-Starter zur Nahbereichsabwehr, SRBOC-Düppelwerfer zur Radartäuschung von Seezielflugkörpern sowie zwei 20-mm-Maschinenkanonen. Sie wurden zwischen 1998 und 2003 aus der Flotte genommen. Ihre Aufgaben nehmen heute die Fregatten der Sachsen-Klasse wahr.

■ TECHNISCHE DATEN

Länge	134,48 m
Breite	14,35 m
Tiefgang	6,1 m
Motorenleistung	70.021 PS
Geschwindigkeit	35 kn
Bauwerft	Bath Iron Works/USA
Baujahr	1966–1979

Köln-Klasse

Am 15. April 1961 stellte die Bundesmarine die KÖLN in Dienst, das Typschiff der insgesamt sechs Fregatten umfassenden Köln-Klasse. Die Schiffe waren Bestandteil des 2. Geleitgeschwaders in Cuxhaven und Wilhelmshaven, wobei die EMDEN und die KARLSRUHE zeitweise dem Flottendienstgeschwader in Flensburg unterstellt waren. Ihr Rumpf war durch wasserdichte Schotten in 13 Abteilungen unterteilt. Neu war das Antriebskonzept: Erstmals kam ein CODAG-Antrieb – die Kombination aus Diesel- und Gasantrieb – zum Einsatz. Diese Anlage bestand aus vier Dieselmotoren für die Marschfahrt und zwei zuschaltbaren BBC-Gasturbinen für die Höchstfahrt. Bewaffnet waren die Fregatten mit einem 100-mm-Geschütz auf dem Vorschiff und einem achterlich angeordneten 40-mm-Zwillingsgeschütz. Dahinter waren zwei vierfache U-Jagd-Raketenwerfer platziert. Zur Artillerie gehörten außerdem ein 40-mm-Einzelgeschütz, eine 40-mm-Doppellafette und ein weiteres 100-mm-Geschütz auf dem Achterdeck. Ferner befanden sich zwei Torpedorohre sowie Minenschienen an Deck. Zwischen 1982 und 1989 wurden die Fregatten außer Dienst gestellt.

■ TECHNISCHE DATEN

Länge	109,83 m
Breite	11,02 m
Tiefgang	3,54 m
Motorenleistung	36.000 PS
Geschwindigkeit	34 kn
Bauwerft	H.C. Stücklen Sohn, Hamburg
Baujahr	1957–1964

Die Fregatte KÖLN und ihre fünf Schwesterschiffe bestachen durch ihre elegante Linienführung. (Foto: PIZ Marine)

Bremen-Klasse

Die BREMEN wurde am 7. Mai 1982 als erstes von acht Schiffen der nach ihr benannten Fregatten-Klasse in Dienst gestellt. Es folgten die NIEDERSACHSEN, RHEINLAND-PFALZ, EMDEN, KÖLN, KARLSRUHE, AUGSBURG und die LÜBECK. Die Fregatten verfügen über die Befähigung, sich unter Mehrfachbedrohung – Überwasser, Unterwasser und aus der Luft – durchzusetzen. Zur Hauptbewaffnung gehören das Schiffsgeschütz 76/62 Compact, zwei Doppelstarter mit acht Seezielflugkörpern Harpoon, ein Achtfach-Launcher für RIM-7 Sea Sparrow-Luftabwehrraketen sowie zwei Zwillings-Torpedorohre. Mitte der 1990er-Jahre unterzogen sich alle Fregatten einer Kampfwertsteigerung, bei der ein Radar zur dreidimensionalen Luftraumüberwachung, ein Führungsrechner und eine verbesserte EloKa-Anlage installiert wurden. Mit der Multi-Sensor-Plattform MSP 500 erhielten sie einen elektrooptischen Sensor, der auch zur Feuerleitung genutzt werden kann. Diese umfangreichen Modernisierungsmaßnahmen sollten es ermöglichen, die Bremen-Klasse noch eine längere Zeit in Dienst zu halten. Allerdings wurden aufgrund von Einsparungen im Bundeswehrhaushalt bis 2015 fünf Fregatten ausgemustert.

■ TECHNISCHE DATEN

Länge	130,50 m
Breite	14,57 m
Tiefgang	6,5 m
Motorenleistung	29.667 PS
Geschwindigkeit	30 kn
Bauwerft	diverse deutsche Werften
Baujahr	1979–1990

Im März 2014 wurde die BREMEN als viertes Schiff ihrer Klasse außer Dienst gestellt. (Foto: PIZ Marine)

Wie ihre drei Schwesterschiffe soll die BRANDENBURG vor allem zur U-Boot-Bekämpfung eingesetzt werden. (Foto: PIZ Marine)

Brandenburg-Klasse

Als Typschiff ihrer Klasse wurde die BRANDENBURG nach 32-monatiger Bauzeit Mitte Oktober 1994 in Dienst gestellt. Es folgten innerhalb von rund zwei Jahren die Schwesterschiffe SCHLESWIG-HOLSTEIN, BAYERN und MECKLENBURG-VORPOMMERN. Ihre Hauptaufgabe ist das Aufspüren und Bekämpfen von U-Booten. Dafür werden jeweils zwei SeaLynx-Bordhubschrauber mitgeführt. Zwei Doppeltorpedorohre für Mk-46-Torpedos mit Aufschlagzünder kommen beim Angriff auf Unterwasserziele zum Einsatz. Zur Bewaffnung gehören außerdem ein Vertical Launching System für Flugabwehrraketen und vier Seezielflugkörper-Starter. Die Verteidigung gegen anfliegende Flugkörper übernehmen zwei RAM-Starter. Auf dem Vorschiff befindet sich ein 76-mm-Geschütz zum Einsatz gegen See-, Land- und Luftziele. Zwei Marineleichtgeschütze 27 werden zur Bekämpfung kleinerer See- und Luftziele vorgehalten. Die Fregatten der Brandenburg-Klasse werden von einem CODOG-Antrieb (Combined Diesel or Gas Turbine) in Fahrt gebracht. Hauptantriebsmaschinen sind zwei Dieselmotoren. Im Bedarfsfall kann der Antrieb auf zwei Gasturbinen umgeschaltet werden, die als Booster wirken.

■ TECHNISCHE DATEN

Länge	138,9 m
Breite	16,7 m
Tiefgang	6,9 m
Motorenleistung	51.600 PS
Geschwindigkeit	29 kn
Bauwerft	diverse deutsche Werften
Baujahr	1992–1996

Sachsen-Klasse

Die Fregatte SACHSEN als Typschiff ihrer Klasse stieß nach intensiver Erprobung Anfang November 2004 zur Flotte der Deutschen Marine. Es folgten die beiden Schwesterschiffe HAMBURG und HESSEN. Sie ersetzten die drei Zerstörer der Lütjens-Klasse. Die Einheiten der Sachsen-Klasse sind ein äußerst vielseitiges und durchsetzungsfähiges Mittel der Seekriegsführung. Sie sind als Mehrzweckfregatten vor allem für den Geleitschutz und die Gebietssicherung konzipiert. Sensoren und Effektoren sind auf die Hauptaufgaben dieser Schiffe, die Verbandsführung und Verbandsflugabwehr, optimiert. Sie übernehmen in einem Umkreis von bis zu 800 Kilometern die Luftüberwachung und Flugabwehr für größere Flottenverbände und sogar für landgestützte Verbände des Heeres. Ähnlich präzise können die Fregatten See- und Unterwasserziele auf große Distanzen orten und wirksam bekämpfen. Mit einem hohen Grad der Automatisierung wird zudem ein Höchstmaß an Betriebssicherheit erreicht und gleichzeitig die Aufgabe der Personaleinsparung erfüllt. Die mitgeführten Bordhubschrauber vom Typ SeaLynx dienen der weitreichenden Seezielbekämpfung und U-Jagd.

■ TECHNISCHE DATEN

Länge	143 m
Breite	17,44 m
Tiefgang	5 m
Motorenleistung	52.047 PS
Geschwindigkeit	29 kn
Bauwerft	diverse deutsche Werften
Baujahr	1999–2006

Die SACHSEN beim Verschießen eines Flugkörpers vom Typ SM 2. (Foto: PIZ Marine)

Braunschweig-Klasse

Mit ihrer feinen Radar- und Infrarotsignatur weist die BRAUNSCHWEIG die Eigenschaften eines Tarnkappenschiffes auf. (Foto: PIZ Marine)

Nach einer sechsjährigen Entwicklungsphase wurde am 16. April 2008 mit der Korvette BRAUNSCHWEIG das Typschiff einer neuen Klasse an die Deutsche Marine übergeben. Ursprünglich war der Bau von 15 Einheiten geplant. Im Zuge der Neuausrichtung der Bundeswehr verblieb es aber bei der Beschaffung von fünf Korvetten – neben der BRAUNSCHWEIG die MAGDEBURG, ERFURT, OLDENBURG und LUDWIGSHAFEN AM RHEIN. Ihre Kernaufgaben sind die Überwachung von Seeräumen und Küsten sowie die Bekämpfung von See- und Landzielen. Die U-Bootjagd ist nicht vorgesehen, Sonaranlagen an Bord nicht vorhanden. Auf den Einheiten sind zahlreiche technologische Neuentwicklungen realisiert worden – im Bereich der schiffstechnischen Automation, der Computer- und Netzwerktechnologie sowie der Software für Waffen- und Führungssysteme. Dabei ist das Netzwerk so konzipiert, dass bei einer Beschädigung alle Funktionen durch Mehrfachabsicherungen funktionsfähig bleiben. Zur Hauptbewaffnung gehören der schwere Seezielflugkörper RBS 15 MK3, für die Luftabwehr zwei Starter mit jeweils 21 RAM-Flugkörpern. Außerdem eine Schnellfeuer- und zwei Revolverkanonen.

■ TECHNISCHE DATEN

Länge	89,12 m
Breite	13,28 m
Tiefgang	3,4 m
Motorenleistung	20.122 PS
Geschwindigkeit	26 kn
Bauwerft	diverse deutsche Werften
Baujahr	2004–2013

Koni-Klasse der DDR

Die Volksmarine der DDR beschaffte zwischen 1977 und 1986 drei Einheiten – die ROSTOCK, BERLIN – HAUPTSTADT DER DDR und HALLE – des sowjetischen Projektes 1159, von der NATO als Koni-Klasse bezeichnet. Hierbei handelte es sich um Lenkkörperfregatten, die in der UdSSR für den Export in befreundete Staaten gebaut wurden. Ihre Hauptaufgaben waren die U-Bootjagd, der Geleitschutz und die Verteidigung des Küstenvorfelds. Als Antrieb diente eine moderne CODAG-Anlage, bei der zwei Dieselmotoren mit einer Gasturbine kombiniert waren. Die Hauptbewaffnung bestand aus zwei AK-726-Türmen auf der Back und am Heck mit je zwei 76-mm-Geschützen. Dazu kamen zwei Wasserbombenwerfer zwischen vorderem Geschützturm und Brücke auf dem Aufbau. Zur Luftabwehr waren die Küstenschutzschiffe mit zwei Zwillingsstartern für RZ-13-Raketen mit ausgerüstet. Für die Nahverteidigung standen zwei AK-230-Türme mit je zwei Maschinenkanonen bereit. Darüber hinaus konnten 14 Minen mitgeführt und ausgebracht werden. Nach dem Ende des DDR-Regimes fand sich in der Bundesmarine keine weitere Verwendung für die drei Küstenschutzschiffe. Die ROSTOCK wurde zunächst für Ansprengversuche genutzt, anschließend verkauft, nach Portsmouth geschleppt und in der Nordsee versenkt. Die BERLIN – HAUPTSTADT DER DDR und die HALLE wurden abgewrackt.

■ TECHNISCHE DATEN

Länge	96,41 m
Breite	12,56 m
Tiefgang	4,06 m
Motorenleistung	36.000 PS
Geschwindigkeit	30 kn
Bauwerft	Werft 340, Selenodolsk/UdSSR
Baujahr	1973–1988

Nach der Wiedervereinigung fand sich für die ROSTOCK und ihre beiden Schwestern keine Verwendung in der Bundesmarine. (Foto: Sammlung Rothe)

TURTLE

Der US-Amerikaner David Bushnell konstruierte 1776 die TURTLE. Sie gilt als erstes richtiges U-Boot, da als Antrieb zwei über Handkurbeln betriebene Schrauben fungierten und nicht – wie bei allen Vorläufern – ein Segel oder Ruderer an der Wasseroberfläche das Gefährt unter Wasser antrieb. Außerdem war die TURTLE das erste U-Boot, das im Krieg zum Einsatz kam. Sie war aus zwei miteinander verbundenen, muschelähnlichen Holzhüllen gebaut, deren Verbindungsnähte und Spanten mit Pech abgedichtet waren. Sie bot Platz für einen Mann. Um zu tauchen, wurde Wasser in den Rumpf geflutet und zum Auftauchen manuell herausgepumpt. Die TURTLE sollte sich feindlichen Schiffen unsichtbar nähern, ein Loch in den Rumpf bohren und dort eine Sprengladung platzieren, die nach einer Weile detonieren sollte. Am 7. September 1776 erfolgte der Einsatz mit dem amerikanische Sergeant Ezra Lee an Bord. Ziel war es, das vor Liberty Island ankernde britische Kriegsschiff EAGLE zu versenken. Zwei Versuche, eine mit Schießpulver gefüllte Zeitbombe am Rumpf zu befestigen, scheiterten, da das Schiff mit Metall beschlagen war. Das Unternehmen wurde abgebrochen. Ein Jahr später fuhr die TURTLE erneut einen Kampfeinsatz. Diesmal war ihr Konstrukteur David Bushnell höchstpersönlich an Bord. Sein Ziel war es, das britische Kriegsschiff CERBERUS zu versenken. Dazu hatte er an seinem U-Boot eine lange Stange befestigt, an deren Ende sich ein Sprengsatz mit Aufschlagzünder befand. Spartorpedo wurde dieses primitive System genannt. Doch auch dieser zweite Versuch blieb erfolglos. Erst der USS HUNLEY gelang sieben Jahre später mit der Versenkung der USS HOUSATONIC der erste U-Booterfolg.

Replik der TURTLE als Schnittmodell im Royal Navy Submarine Museum im südenglischen Gosport. (Foto: Geni)

■ TECHNISCHE DATEN

Länge	2,5 m
Breite	1 m
Tiefgang	2 m
Motorenleistung	Muskelkraft
Geschwindigkeit	k.A.
Bauwerft	David Bushnell
Baujahr	1776

U 31 ist das Typschiff der 212 A-Klasse der Bundesmarine. Durch den Hybridantrieb ist es extrem schwer zu orten und kann bis zu drei Wochen unter Wasser bleiben. (Foto: PIZ Marine)

Im Sommer 1887 wurde der BRANDTAUCHER geborgen und befindet sich heute im Militärhistorischen Museum der Bundeswehr in Dresden. (Foto: Marcin Szala)

BRANDTAUCHER

In Deutschland begann das Zeitalter der U-Boote im Jahr 1850. Der bayerische Ingenieur Wilhelm Bauer entwickelte mit dem BRANDTAUCHER das erste deutsche Unterwasserfahrzeug. Das Boot wurde bei der Kieler Maschinenfabrik und Eisengießerei Schweffel & Howaldt in Auftrag gegeben und konnte am 18. Dezember 1850 im Hafenbecken zu Wasser gelassen werden – nur wenige hundert Meter von der Stelle entfernt, wo heute auf dem anderen Fördeufer bei ThyssenKrupp Marine Systems (ehemals HDW) eine der modernsten U-Bootklassen der Welt gebaut wird. Der BRANDTAUCHER ging auch als erster eiserner Schiffsneubau in die Kieler Werftgeschichte ein. Am 1. Februar 1851 unternahm Wilhelm Bauer mit zwei Freiwilligen einen Tauchversuch. Dabei wurde das Wasser direkt ins Bootsinnere geflutet. Tauchzellen oder Ballasttanks gab es noch nicht. Bald war das Tauchboot nicht mehr zu halten und versank auf 13 Meter Tiefe. Durch den hohen Druck verformte sich die sechs Millimeter starke Außenwand. Die drei Männer mussten sechs Stunden warten, bis ein Druckausgleich erreicht wurde und sie aussteigen konnten. Beim Öffnen der Luke wurden sie von der Luftblase bis an die Oberfläche mitgerissen.

■ TECHNISCHE DATEN

Länge	8,07 m
Breite	2,02 m
Tiefgang	2,63 m
Motorenleistung	Muskelkraft
Geschwindigkeit	3 kn
Bauwerft	Schweffel & Howaldt, Kiel
Baujahr	1850

FORELLE

Die FORELLE gilt als das erste kriegstaugliche U-Boot, das in Deutschland entwickelt und gebaut wurde.
(Foto: Sammlung Kaack)

Der Industrietycoon Friedrich Krupp liebäugelte mit dem Bau von Kriegsschiffen, insbesondere den neuen U-Booten. 1902 fügte er die Kieler Germaniawerft seinem Konzern hinzu. Da die Kaiserliche Marine große Vorbehalte gegenüber einer U-Bootwaffe hatte, vor allem aber die hohen Entwicklungskosten sowie die Unfallgefahr scheute, baute Krupp auf eigene Rechnung ein Versuchsboot, die FORELLE. Dabei handelte es sich um ein reines Tauchboot mit Elektroantrieb. Am 8. Juni 1903 war das spindelförmige Boot fertiggestellt. Ein Nebenschlussmotor mit fester Drehzahl wirkte auf einen Verstellpropeller. Die verwendeten Torf-Akkus überzeugten aufgrund ihrer geringen Lebensdauer jedoch langfristig nicht. Während der Werfterprobung bewährte sich die FORELLE nach anfänglichen Problemen zur Zufriedenheit. Sie war sicher im Betrieb und wird als das erste kriegstaugliche deutsche U-Boot angesehen. Sie hatte zwei seitlich am Rumpf angebrachte Torpedorohre. Außerdem verfügte die FORELLE über einen Kommandoturm, ein kurzes Periskop, eine Luftreinigungsanlage und zwei Stahlflaschen für je 1.000 Liter Sauerstoff sowie eine Lenzpumpe. 1904 kaufte die Kaiserlich Russische Marine das Unterseeboot. Es sank 1910 bei einem Unfall.

■ TECHNISCHE DATEN

Länge	13 m
Breite	2,82 m
Tiefgang	2,1 m
Motorenleistung	65 PS
Geschwindigkeit	6,5 kn
Bauwerft	Germaniawerft, Kiel
Baujahr	1903

U 1

Am 4. August 1906 wurde das erste U-Boot der deutschen Seestreitkräfte für eine Festigkeitsprüfung in 30 Metern Tiefe mit einem Werftkran ins Wasser gesetzt. Das Boot blieb dicht, der Rumpf wies keinerlei Verformungen auf. Im September 1906 begann die Seeerprobung, am 14. Dezember 1906 wurde es als U 1 von der Kaiserlichen Marine in Dienst gestellt. Mittschiffs verfügte es über einen Turm und im Vorschiff über ein waagerecht angeordnetes Torpedorohr. U 1 besaß zwei Körting-Petrolmotoren und für die Unterwasserfahrt elektrische Doppelkollektormotoren. Während der Kieler Woche 1907 gelang es Boot und Besatzung, unbemerkt ein Angriffsmanöver auf die SMS MÜNCHEN zu fahren und zwei Torpedos mit Treffermarkierung ins Ziel zu bringen. An Bord des Kleinen Kreuzers befand sich Kaiser Wilhelm II., der so stark beeindruckt war, dass er den Kommandanten mit dem Roten Adler-Orden IV. Klasse auszeichnete.

Zu Beginn des Ersten Weltkriegs war das Boot durch die rasche technische Weiterentwicklung bereits überholt und fand nur noch als Ausbildungseinheit Verwendung. Heute kann U 1 im Deutschen Museum in München besichtigt werden.

■ TECHNISCHE DATEN

Länge	42,39 m
Breite	3,8 m
Tiefgang	3,17 m
Motorenleistung	400 PS
Geschwindigkeit	10,8 kn
Bauwerft	Germaniawerft, Kiel
Baujahr	1906

Das erste U-Boot der deutschen Seestreitkräfte, U 1, in der Kieler Förde. (Foto: Sammlung Kaack)

U 9

Das petroleum-elektrisch angetriebene Zweihüllen-Hochsee-Boot U 9 wurde am 18. April 1910 von der Bauwerft an die Kaiserliche Marine abgeliefert. Unter dem Kommando von Kapitänleutnant Otto Weddigen gelang Boot und Besatzung am 22. September 1914 ein Husarenstück, das Marinegeschichte schrieb: Innerhalb von 90 Minuten versenkte U 9 in der Nordsee rund 50 Kilometer nördlich von Hoek van Holland nacheinander die drei britischen Panzerkreuzer HMS ABOUKIR, HMS HOGUE und HMS CRESSY. 1.500 Seeleute kamen ums Leben, rund 800 konnten gerettet werden. Auf der nächsten Feindfahrt konnte das Boot vor Aberdeen den britischen Geschützten Kreuzer HMS HAWKE versenken. Kaiser Wilhelm II. zeichnete Weddigen dafür mit dem Pour le Mérite, dem höchsten preußischen Tapferkeitsorden, persönlich aus. 1915 wurde das U-Boot zum Minenleger umgebaut und operierte fortan in der Ostsee. Ab 1916 fungierte es als Schulboot. Insgesamt unternahm U 9 sieben Feindfahrten. Dabei versenkte das Boot fünf Kriegsschiffe mit 44.173 Tonnen und 13 Handelsschiffe mit 8.636 BRT. Unmittelbar nach Kriegsende wurde U 9 an Großbritannien ausgeliefert und 1919 abgewrackt.

■ TECHNISCHE DATEN

Länge	57,38 m
Breite	6 m
Tiefgang	3,13 m
Motorenleistung	1.000 PS
Geschwindigkeit	14,2 kn
Bauwerft	Kaiserliche Werft, Danzig
Baujahr	1910

Unbestritten ist U 9 das berühmteste deutsche Unterseeboot im Ersten Weltkrieg. (Foto: Sammlung Kaack)

U 35

Kein U-Boot der Welt versenkte bis heute mehr Schiffe als U 35 im Ersten Weltkrieg. (Foto: U-Bootarchiv Altenbruch)

Bis heute ist U 35 der Kaiserlichen Marine das, gemessen an den Versenkungszahlen, erfolgreichste Unterseeboot der Welt. Am 3. November 1914 unter dem Kommando von Kapitänleutnant Waldemar Kophamel in Dienst gestellt, absolvierte es zunächst drei Feindfahrten in der Nordsee und versenkte dabei 15 Handelsschiffe. 1915 erfolgte die Verlegung ins Mittelmeer in die österreich-ungarische Marinebasis Cattaro zur Flottille Pola. U 35 versenkte weitere 19 Handelsschiffe und zwei ägyptische Kanonenboote, bevor am 18. November 1915 Kapitänleutnant Lothar von Arnauld de la Perière das Kommando übernahm. Unter seinem Befehl führte es 15 weitere Feindfahrten im Mittelmeerraum durch, auf denen er 189 Handelsschiffe mit insgesamt 446.708 BRT in die Tiefe schickte. Am 11. Oktober 1916 wurde Lothar Arnauld de la Perière mit dem Orden Pour le Mérite ausgezeichnet. Weltweit ist er bis heute der erfolgreichste U-Bootkommandant der Seekriegsgeschichte. U 35 verlegte im Frühjahr 1918 zurück nach Deutschland. Es wurde am 26. November 1918 nach England überführt und zwischen 1919 und 1920 verschrottet. Die Bilanz von U 35: 224 versenkte Handelsschiffe mit insgesamt 535.900 BRT sowie zwei Kriegsschiffe mit zusammen 2.500 BRT auf 20 Feindfahrten.

■ TECHNISCHE DATEN

Länge	64,7 m
Breite	6,32 m
Tiefgang	3,56 m
Motorenleistung	1.850 PS
Geschwindigkeit	16,4 kn
Bauwerft	Germaniawerft, Kiel
Baujahr	1914

Das Handels-U-Boot DEUTSCHLAND unmittelbar vor dem Einlaufen in den Hafen von Baltimore.
(Foto: Archiv Peter Kurze)

Handels-U-Boot DEUTSCHLAND

Die zu Beginn des Ersten Weltkriegs errichtete britische Seeblockade gegen das Kaiserreich führte dazu, das bereits 1915 kriegswichtige Rohstoffe in Deutschland knapp wurden. Das führte zu der Idee, zivile frachttragende Unterseeboote durch die Blockade zu Handelsunternehmen in die USA zu entsenden. Zu diesem Zweck wurde in Bremen die Deutsche Ozean Reederei gegründet. Sie ließ zum Preis von vier Millionen Reichsmark das Handels-U-Boot DEUTSCHLAND bauen. Unter Kapitän Paul König brachte es im Sommer 1916 unbehelligt eine Fracht aus Farbstoffen, pharmazeutischen Präparaten sowie Bank- und Diplomatenpost nach Baltimore. Die Rückladung bestand aus Kautschuk, Nickel und Zinn. Die Rückkehr des Bootes wurde im ganzen Land stürmisch gefeiert und zu Propagandazwecken ausgeschlachtet. Eine zweite Reise, nun nach New London, verlief im Herbst 1916 ebenfalls erfolgreich. Mit dem Eintritt der USA in den Ersten Weltkrieg fanden die Frachtfahrten ein Ende, die DEUTSCHLAND wurde zum U-Kreuzer U 155 umgebaut und versenkte auf drei Feindfahrten 42 Schiffe. Nach dem Krieg wurde die Ex-DEUTSCHLAND an die Briten ausgeliefert und 1922 abgebrochen.

■ TECHNISCHE DATEN

Länge	65 m
Breite	8,9 m
Tiefgang	5,3 m
Motorenleistung	800 PS
Geschwindigkeit	10 kn
Bauwerft	Germaniawerft, Kiel
Baujahr	1916

U 47

Unmittelbar nach dem Ausbruch des Zweiten Weltkriegs schrieben Kapitänleutnant Günther Prien und seine Besatzung Seekriegsgeschichte. An Bord von U 47, einem am 17. Dezember 1938 in Dienst gestellten Unterseeboot vom Typ VII B, gelang es ihnen, in der Nacht vom 13. auf den 14. Oktober 1939 trotz diverser Sperrhindernisse und schwieriger Fahrwasserverhältnisse in den britischen Kriegshafen Scapa Flow einzudringen. Ein gefährliches Unternehmen, das im Ersten Weltkrieg zwei U-Booten misslang. Im Nordosten der Bucht sichtete Prien zwei große Kriegsschiffe. Im zweiten Anlauf, der erste war wegen Torpedoversagern erfolglos, wurde das Schlachtschiff ROYAL OAK mit drei Torpedos versenkt. Ein weiterer Torpedo beschädigte wahrscheinlich das Schlachtschiff IRON DUKE, was seitens der Royal Navy niemals bestätigt wurde. Der symbolische Wert dieses Erfolges war enorm und wurde von der NS-Propaganda ausgeschlachtet. Prien wurde zum Volksheld stilisiert und erhielt das Ritterkreuz. U 47 unternahm insgesamt zehn Feindfahrten, auf denen es 30 Schiffe mit einer Gesamttonnage von 162.768 BRT versenkte. Acht weitere Schiffe mit 62.751 BRT wurden beschädigt. Seit Anfang März 1941 gilt das Boot, möglicherweise durch eine Tauchpanne, einen Minentreffer oder einen eigenen Torpedo vernichtet, als im Nordatlantik verschollen. Mit U 47 ging die gesamte Besatzung unter. Kommandanten-Legende Günther Prien wurde posthum zum Korvettenkapitän befördert.

■ TECHNISCHE DATEN

Länge	66,5 m
Breite	6,2 m
Tiefgang	4,74 m
Motorenleistung	2.800 PS
Geschwindigkeit	17,2 kn
Bauwerft	F. Krupp Germaniawerft, Kiel
Baujahr	1937–1938

Die Besatzung des Schlachtschiffs GNEISENAU hat für das einlaufende U 47 Paradeaufstellung eingenommen. (Foto: U-Bootarchiv Altenbruch)

U 99

Am 18. April 1940 an die Kriegsmarine übergeben, ist U 99 das erfolgreichste U-Boot des Zweiten Weltkriegs. Kommandant war Kapitänleutnant Otto Kretschmer. Ihm und seiner Besatzung gelang es auf acht Feindfahrten, 35 Handelsschiffe mit 198.218 BRT sowie drei Hilfskreuzer mit 46.440 BRT zu versenken. Das Boot gehörte bis zum 30. Juni 1940 als Ausbildungsboot zur 7. U-Flottille in Kiel. Ab dem 1. Juli 1940 gehörte es als Frontboot zur 7. U-Flottille in St. Nazaire. Als Wappen hatte es an jeder Turmseite ein Hufeisen. In der Nacht auf den 17. März 1941 wurde U 99 nach dem erfolgreichen Angriff auf einen Konvoi im Nordatlantik südöstlich Islands von zwei britischen Zerstörern mit ASDIC geortet und anschließend mit Wasserbomben angegriffen. Das Boot wurde schwer beschädigt, sank bis auf 210 Meter und kam nach Anblasen aller Tauchzellen an die Oberfläche. Weder Diesel- noch Elektromotoren waren funktionsfähig. Kapitänleutnant Kretschmer befahl der Besatzung auszusteigen. Gleichzeitig wurden Maßnahmen zur Selbstversenkung von U 99 durch Entlüften einer Tauchzelle eingeleitet. Als das Boot wegsackte, gelang es dem Leitenden Ingenieur und zwei weiteren Besatzungsmitgliedern nicht mehr rechtzeitig, außer Bords zu kommen. Die 40 Überlebenden wurden von dem britischen Zerstörer WALKER aufgenommen und kamen als Kriegsgefangene zunächst nach England und anschließend nach Kanada. Otto Kretschmer erhielt nach seiner Gefangennahme die Schwerter zum Eichenlaub und seine Beförderung zum Korvettenkapitän.

Kein U-Boot versenkte im Zweiten Weltkrieg mehr Schiffsraum als U 99. (Foto: U-Bootarchiv Altenbruch)

▶ Wussten Sie schon?
Unmittelbar nach Aufstellung der Bundeswehr trat Otto Kretschmer in die Bundesmarine ein und war bei seiner Pensionierung 1970 Stabschef innerhalb der NATO.

■ TECHNISCHE DATEN

Länge	66,5 m
Breite	6,2 m
Tiefgang	4,74 m
Motorenleistung	3.200 PS
Geschwindigkeit	17,9 kn
Bauwerft	F. Krupp Germaniawerft, Kiel
Baujahr	1939–1940

Das Wrack von U 534 kurz vor dem Umbau zum Museumsschiff im Hafen von Birkenhead. (Foto: Merseytravel)

U 534

Die Einsatzgeschichte von U 534, einem am 23. Dezember in Dienst gestellten Boot vom Typ IX C/40, weist keine Versenkungen alliierter Schiffe auf. Zwischen dem November 1944 und dem Mai 1945 lag es unklar in Flensburg, bevor es kurz vor Kriegsende nach Norwegen verlegt werden sollte. Am 5. Mai 1945 wurde U 534 – bereits nach der deutschen Teilkapitulation – an der Oberfläche fahrend von britischen Bombern angegriffen. Das Boot schoss einen der Angreifer ab, wurde aber im zweiten Anflug des anderen Flugzeuges von einer Wasserbombe getroffen, die auf das Deck traf, hinunterrollte und unter dem Rumpf detonierte. Der Besatzung gelang es, das sinkende Boot vollständig zu verlassen. Jedoch starben drei Besatzungsmitglieder im Wasser an Erschöpfung. 1993 hob eine dänische Gesellschaft das Wrack, die an Bord einen Nazi-Goldschatz wähnte. Eine Hoffnung, die sich schnell in Luft auflöste. Heute ist U 534 – zerschnitten in fünf Segmente – Museumsschiff im englischen Birkenhead.

■ TECHNISCHE DATEN

Länge	76,76 m
Breite	6,86 m
Tiefgang	4,67 m
Motorenleistung	4.400 PS
Geschwindigkeit	18,3 kn
Bauwerft	Deutsche Werft, Hamburg
Baujahr	1942

Walter U-Boote Typ XVII A

Bereits Mitte der 1930er-Jahre begann der Turbinenkonstrukteur Hellmuth Walter mit der Entwicklung eines außenluftunabhängigen Antriebs für Unterseeboote. 1936 konnte das Walter-Antriebsverfahren mit Erfolg getestet werden. Dabei wurde Wasserstoffperoxid mittels Düsen in seine Bestandteile – Wasserdampf und Sauerstoff – zerlegt und anschließend durch Zuführen von Brennstoff auf 2.000 Grad erhitzt. Mit U 792 bis U 795 entstanden 1943/44 vier Küsten-U-Boote mit Walter-Antrieb, die als Typ XVII A bezeichnet wurden. Sie hatten zwölf Mann Besatzung. Als Antrieb kamen ein Achtzylinder-Dieselmotor von Deutz mit 230 PS, ein 78 PS starker AEG-Elektromotor sowie zwei Walter-Turbinen mit einer Leistung von jeweils 5.000 PS zum Einsatz. Bewaffnet waren die Boote mit je zwei Torpedorohren. U 795 wurde am 3. Mai 1945 auf der Germaniawerft bei einer Explosion zerstört, das Schwesterboot U 794 am 5. Mai 1945 selbstversenkt, später gehoben und verschrottet. Die beiden verbleibenden Boote U 792 und U 793 versenkten ihre Erbauer im Audorfer See bei Rendsburg. Sie wurden später gehoben und zur Untersuchung nach England gebracht.

■ TECHNISCHE DATEN

Länge	36,6 m
Breite	k.A.
Tiefgang	k.A.
Motorenleistung	10.000 PS
Geschwindigkeit	25 kn
Bauwerft	F. Krupp Germaniawerft, Kiel – Blohm & Voss, Hamburg
Baujahr	1943–1944

U 793 während einer Erprobungsfahrt auf der Elbe vor dem Blohm & Voss-Gelände.
(Foto: U-Bootarchiv Altenbruch)

Unter der Flagge der Bundesmarine: die Ex-U 2540 als WILHELM BAUER in der Eckernförder Bucht. (Foto: U-Bootarchiv Altenbruch)

U 2540

Die U-Boote vom Typ XXI revolutionierten die Kriegsführung unter der Wasseroberfläche. Dass diese von der NS-Propaganda beschworenen „Wunderboote" jedoch das deutsche Kriegsglück herumreißen könnten, blieb 1945 eine Illusion. Hergestellt wurden die Boote in Sektionsbauweise von Stahlbaufirmen und Werften. In Kombination mit dem Schnorchelsystem konnten die XXI-Einheiten nahezu ununterbrochen unter Wasser agieren. Ihr herausragendes Merkmal war jedoch die hohe Unterwassergeschwindigkeit, erzielt durch leistungsstarke Elektromotoren. U 2540 wurde am 4. Mai 1945 nach einem Angriff durch britische Typhoon-Bomber von der eigenen Besatzung versenkt. Zu einem Kriegseinsatz war es zuvor nicht mehr gekommen.

Gehoben und instandgesetzt (das Wrack lag in 18 Metern Tiefe und befand sich trotz 12 Jahren im Salzwasser in recht gutem Zustand), übernahm die Bundesmarine den Weltkriegsveteranen als Erprobungsträger mit ziviler Besatzung unter dem Namen WILHELM BAUER. Er wurde bis 1982 genutzt und ist seit 1984 Großexponat in seinem ursprünglichen Zustand als U 2540 der Kriegsmarine im Museumshafen Bremerhaven.

■ TECHNISCHE DATEN

Länge	76,6 m
Breite	8 m
Tiefgang	6,32 m
Motorenleistung	5.000 PS
Geschwindigkeit	17,2 kn
Bauwerft	Sektionsbauweise durch diverse Unternehmen
Baujahr	1944–1945

U 2336

Die letzten beiden Versenkungen gegnerischer Schiffe im Zweiten Weltkrieg gingen auf das Konto eines schnellen und wendigen Küsten-U-Bootes der Klasse XXIII: U 2336. Das Boot wurde am 30. September 1944 von der Bauwerft abgeliefert. Während der Ausbildung kollidierte es nördlich von Heiligendamm mit U 2344, das mit elf Besatzungsmitgliedern sank. U 2336 und seine Crew blieben nahezu unversehrt. Vom norwegischen Kristiansand aus lief U 2336 am 1. Mai 1945 zu seiner einzigen Feindfahrt aus. Operationsgebiet war die schottische Ostküste. Am Abend des 7. Mai 1945 – zwei Tage nach der Teilkapitulation – sichtete Kapitänleutnant Klusmeier zwei Frachter eines britischen Geleitzugs. Er versenkte die Schiffe mit jeweils einem Torpedo. Der anschließenden Wasserbomben-Verfolgung durch britische Zerstörer konnte das XXIII-Boot entkommen. Es lief am 14. Mai 1945 in das von den Engländern besetzte Kiel ein. Die warfen dem Kommandanten vor, den allgemeinen Befehl zur Beendigung aller Kampfhandlungen missachtet zu haben. Schließlich glaubten sie seiner Aussage, dass U 2336 während der ununterbrochen unter Wasser durchgeführten Feindfahrt keine Funksprüche erhalten habe.

■ TECHNISCHE DATEN

Länge	34,68 m
Breite	3,02 m
Tiefgang	3,66 m
Motorenleistung	580 PS
Geschwindigkeit	17,2 kn
Bauwerft	Sektionsbauweise durch diverse Unternehmen
Baujahr	1944–1945

Der in der Nacht vom 4. auf den 5. Mai 1945 in Kraft tretende Befehl zur Einstellung aller Angriffe wurde von U 2336 nicht aufgefangen. (Foto: U-Bootarchiv Altenbruch)

304 Einmann-U-Boot MOLCH

Kleinst-U-Boot vom Typ MOLCH, ausgestellt auf dem Gelände des 1. U-Bootgeschwaders in Eckernförde. (Foto: Ulf Kaack)

Kaum für den Kriegseinsatz tauglich waren die Eigenschaften des Einmann-U-Bootes MOLCH, das im Frühjahr 1944 in Anlehnung an den Standardtorpedo G 7 entwickelt wurde. Es wurde von einem SSW-Elektro-Torpedomotor in Fahrt gebracht. Die Reichweite betrug 93 Seemeilen und die maximal zulässige Tauchtiefe 60 Meter. Bis Januar 1945 wurden insgesamt 363 Einheiten produziert. Einzelne Operationen, die von niederländischen Stützpunkten ausgingen, blieben ohne Versenkungserfolge.

■ TECHNISCHE DATEN

Länge	10,78 m
Breite	1,82 m
Tiefgang	k.A.
Motorenleistung	13 PS
Geschwindigkeit	4,3 kn
Bauwerft	Flender Werke, Lübeck
Baujahr	1944

305 Zweimann-U-Boot SEEHUND

Ein Zweimann-U-Boot vom Typ SEEHUND wird nach der Kapitulation von britischen Soldaten unter die Lupe genommen. (Foto: Sammlung Kaack)

Dies war die ausgereifteste Entwicklung unter den Kleinst-U-Booten der Kriegsmarine. Die Boote konnten bis zu 30 Meter tief tauchen und waren aufgrund der schmalen Silhouette und der leisen E-Maschinen mit den damaligen Ortungsgeräten nur schwer zu entdecken. Bis zur Kapitulation lieferten vier Bauwerften 285 SEEHUNDE ab, 93 befanden sich noch in der Fertigstellung. Der Typ SEEHUND erwies sich als leistungsfähiges Waffensystem, das kurz vor Kriegsende noch gegnerische Schiffe mit einer Tonnage von 93.000 BRT versenkte. Bei 142 Einsätzen gingen 35 U-Boote vom Typ XXVII B verloren.

■ TECHNISCHE DATEN

Länge	11,86 m
Breite	1,68 m
Tiefgang	k.A.
Motorenleistung	60 PS
Geschwindigkeit	8 kn
Bauwerft	diverse deutsche Werften
Baujahr	1944–1945

U 1

Nach dem Zweiten Weltkrieg war U 1 die erste Einheit der Klasse 201 und Deutschlands erster U-Boot-Neubau. Am 20. März 1962 wurde es in Dienst gestellt, seine Schwesterboote U 2 und U 3 folgten in zweimonatigen Abständen. Seine Konstruktion orientierte sich an den kleinen Küstenbooten vom Typ XXIII der Kriegsmarine. Die wesentliche Neuerung war dabei die Verwendung von nicht-magnetisierbarem Stahl. Dadurch sollte die Verwundbarkeit durch Minen und die Ortbarkeit durch Magnetsensoren wesentlich reduziert werden. Unmittelbar nach der Indienststellung von U 1 wurden Risse in den Tauchzellen entdeckt. Als Ursache wurde der beim Bau verwendete Stahl AM 10 ausgemacht, der für diesen speziellen Zweck nicht geeignet war. Der erste Rüstungsskandal in der Bundeswehr, der als Stahlkrise bezeichnet wurde. Als das Problem erkannt wurde, waren U 1 bis U 3 bereits fertiggestellt. Aufgrund dieser Schwierigkeiten und der Erweiterung des Anforderungsprofils an die neuen U-Boote wurde U 1 bereits nach einem guten Jahr wieder aus der Flotte genommen, zum Erprobungsträger für Hecktorpedorohre umgerüstet, später ausgeschlachtet und verschrottet.

■ TECHNISCHE DATEN

Länge	42,4 m
Breite	4,6 m
Tiefgang	4 m
Motorenleistung	1.496 PS
Geschwindigkeit	17 kn
Bauwerft	Howaldtswerke, Kiel
Baujahr	1959–1962

Bis zur Außerdienststellung nach nur einem Jahr unterstand U 1 dem 1. Unterseeboot-Geschwader in Kiel. (Foto: U-Bootarchiv Altenbruch)

U HAI

Damit bei Indienststellung der neuen U-Boote der Bundesmarine gut ausgebildete Besatzungen zur Verfügung stehen und darüber hinaus verschiedene Geräte sowie einsatzbezogene Methoden erprobt werden konnten, wurden im Juni und August 1956 zwei selbstversenkte Boote vom Typ XXIII gehoben. Sie wurden instandgesetzt, auf die Namen HAI (Ex-U 2365) und HECHT (Ex-U 2367) getauft und dem Schiffserprobungskommando übergeben. Am 31. August 1960 kamen sie als die ersten Ausbildungsboote zur U-Lehrgruppe in Neustadt. U HAI versank am 14. September 1966 in der Nordsee im Gebiet der Doggerbank auf 47 Meter Tiefe. Das Boot war mit zwei weiteren U-Booten sowie zwei Begleitschiffen auf dem Weg zu einem Flottenbesuch ins schottische Aberdeen. Es befand sich zum Zeitpunkt der Havarie während eines schweren Sturmes in Überwasserfahrt. Von der 20-köpfigen Besatzung überlebte nur der Bordkoch, der nach 14 Stunden von einem englischen Fischtrawler gerettet wurde. Die Unfallursache begründet sich in einem fehlerhaft umkonstruierten Ansaugstutzen für den Motor. Fünf Tage nach dem Unglück wurde U-HAI gehoben, zur Untersuchung nach Emden geschleppt und dort später abgewrackt.

■ TECHNISCHE DATEN

Länge	34,7 m
Breite	3 m
Tiefgang	3,67 m
Motorenleistung	580 PS
Geschwindigkeit	12 kn
Bauwerft	Deutsche Werft, Hamburg
Baujahr	1944–1945

Anlegemanöver von U Hai nach der Rückkehr von einer Ausbildungsfahrt. (Foto: U-Bootarchiv Altenbruch)

U 10

Ende 1962 wurde mit der Klasse 205 ein neuer U-Boot-Typ bei der Bundeswehr eingeführt, der in modernisierter Form bis in die Neuzeit in der Flotte Verwendung fand. Die Boote U 4 bis U 12 entstanden von 1962 bis 1969. U 10 gehörte zur zuletzt ausgelieferten Baureihe und war aus antimagnetischem Stahl AM 53 gefertigt, der die nun entsprechende Korrosionsfestigkeit bei entsprechender Widerstandsfähigkeit des Druckkörpers aufwies. Die Baukosten lagen bei rund 25 Millionen DM. Am 28. November 1967 in Dienst gestellt, gehörte U 10 bis zur Ausmusterung am 11. März 1993 zum 1. U-Bootgeschwader in Kiel. Es operierte vorwiegend in heimischen Seegebieten. Im Kriegsfall war U 10 eine wichtige Rolle bei der Abwehr von Angriffen mit Landungsschiffen gegen das NATO-Gebiet im Bereich der Ostseezugänge zugedacht. Die Besatzung bestand aus 22 Mann. Acht Torpedorohre, durch die auch Minen ausgebracht werden konnten, bildeten die Bewaffnung. Die Nenntauchtiefe von U 10 betrug 100 Meter bei zweieinhalbfacher Sicherheit, die Reichweite bei Marschfahrt 4.200 Seemeilen über und 228 Seemeilen unter Wasser.

■ TECHNISCHE DATEN

Länge	43,5 m
Breite	4,6 m
Tiefgang	4 m
Motorenleistung	1.500 PS
Geschwindigkeit	18 kn
Bauwerft	Howaldtswerke, Kiel
Baujahr	1965–1967

Heute kann U 10 von innen und außen beim Deutschen Marinemuseum in Wilhelmshaven besichtigt werden. (Foto: Ulf Kaack)

Taufe und Übergabe der HANS TECHEL an die Bundesmarine im Oktober 1965. (Foto: Sammlung Rautmann)

309 HANS TECHEL

Eine extrem kurze Dienstzeit absolvierten die HANS TECHEL und ihr Schwesterboot FRIEDRICH SCHÜRER der Klasse 202: Erstere war rund acht Monate im Einsatz bei der Bundesmarine, letztere brachte es immerhin auf 14 Monate. Die Baukosten schlugen mit 15 Millionen DM pro Einheit zu Buche. Bereits 1957 erteilte das Verteidigungsministerium den Auftrag, kleine und wendige Jagd-U-Boote für den Küstenbereich zu entwerfen. Ursprünglich sollten 40 dieser U-Bootjäger gebaut werden. Doch technische Komplikationen sowie die Erkenntnis der Militärs, dass reine Unterwasserjäger wenig Sinn machten, vereitelten das Projekt größtenteils. Lediglich die beiden Versuchsboote entstanden, die mit jeweils sechs Mann Besatzung gefahren wurden. Ihre Reichweite betrug über Wasser 400 Seemeilen und bei einer ununterbrochenen Tauchfahrt mit fünf Knoten rund 270 Seemeilen. Die Bewaffnung bestand aus zwei Torpedorohren im Bug, die von außen geladen wurden. HANS TECHEL erfüllte die Erwartungen nicht und wurde zeitgleich mit FRIEDRICH SCHÜRER am 15. Dezember 1966 außer Dienst gestellt. Nach einigen Jahren als Auflieger fielen sie dem Schneidbrenner der Abwrackwerft zum Opfer.

■ TECHNISCHE DATEN

Länge	23,1 m
Breite	3,4 m
Tiefgang	2,7 m
Motorenleistung	350 PS
Geschwindigkeit	13 kn
Bauwerft	Krupp Atlas Elektronik, Bremen
Baujahr	1966

KURSK

Die Übergabe des mit Marschflugkörpern bestückten russischen Atom-U-Bootes K-141 KURSK an die Nordflotte und die Stationierung in Ura Guba/Widjajewo erfolgte am 1. März 1995. In Folge einer Explosion sank es am 12. August 2000 in der Barentssee. Die russische Marine besaß kein spezielles Rettungs-U-Boot, das über kompatible Rettungsschleusen und Roboterarme verfügte. Die zögerliche russische Informationspolitik führte zur sehr späten Annahme ausländischer Hilfsangebote. Nach zeitraubenden Fehlversuchen gelang es norwegischen Tauchern drei Tage nach der Havarie, nun von ihrer eigenen Tauchplattform aus operierend, die innere Luke zu öffnen. Dabei stellten sie fest, dass es keine Überlebenden mehr geben konnte, da alle Sektionen bereits geflutet waren. 23 Besatzungsmitglieder hatten sich zunächst in die achterliche Sektion retten können, wo auch die Notausstiegsluken waren. Aus der von einem Matrosen hinterlassenen letzten schriftlichen Aufzeichnung geht hervor, dass sie bereits wenige Stunden nach der Explosion durch das Absinken des Sauerstoffanteils der Atemluft erstickten. Am 8. Oktober 2001 hoben zwei niederländische Firmen das Wrack der KURSK.

■ TECHNISCHE DATEN

Länge	154 m
Breite	18,2 m
Tiefgang	9 m
Motorenleistung	98.000 PS
Geschwindigkeit	32 kn
Bauwerft	Weft 402, Sewerodwinsk/Russland
Baujahr	1990–1994

Die KURSK ist eines von fünf gesunkenen Atom-U-Booten sowjetischer Bauart. (Foto: picture-alliance)

U 27

Bei der Havarie mit einer norwegischen Ölförderplattform entstanden im Bugbereich von U 27 erhebliche Schäden. (Foto: U-Bootarchiv Altenbruch)

Zwischen 1973 und 1975 stellte die Bundesmarine im sprichwörtlichen Fließbandverfahren insgesamt 18 Einheiten der neu entwickelten Klasse 206 in Dienst. Vorrangiges Konstruktionsziel war es, die bisherigen Boote der Klasse 205 in den Punkten Geschwindigkeit und Reichweite zu verbessern. Neuerungen und Weiterentwicklungen in den Bereichen Sensorik und Waffentechnik flossen ebenfalls in den Bau ein. U 27 wurde am 16. Oktober 1974 in Dienst gestellt und machte 1988 Schlagzeilen, als es unter Wasser mit einer Ölförderplattform kollidierte. Vermutlich hatte eine starke Unterwasserströmung das U-Boot unbemerkt von seinem Kurs gedrückt. In 30 Metern Tiefe kollidierte U 27 mit OSEBERG B und verfing sich anschließend in ihren Verstrebungen und Verankerungsketten. Sofort kam das Kommando zum Auftauchen. Vergeblich. Das Boot hing fest. Nach einer Stunde kam U 27 schließlich durch eine Kombination verschiedener Manöver frei und gelangte kontrolliert zurück an die Oberfläche. Der Bugbereich und Teile des Turms des U-Bootes waren stark deformiert und teilweise aufgerissen. Personenschäden entstanden bei der spektakulären Havarie nicht.

Trotz der Schäden drang kein Wasser ein, und das Boot blieb manövrierfähig. Mit Assistenz eines Schleppers wurde U 27 nach Kiel zur Reparatur gebracht. Der anschließende Werftaufenthalt dauerte mehrere Monate. Der Gesamtschaden an der Bohrplattform wurde seinerzeit auf mehrere zehn Millionen DM beziffert.

■ TECHNISCHE DATEN

Länge	48,6 m
Breite	4,6 m
Tiefgang	4,5 m
Motorenleistung	1.500 PS
Geschwindigkeit	17 kn
Bauwerft	Howaldtswerke, Kiel
Baujahr	1971–1974

Einlaufen der USS OHIO in den Stützpunkt mit Schlepper-Assistenz. (Foto: Harold Gerwien)

USS OHIO

Als Typschiff der nach ihr benannten Klasse von insgesamt 18 Einheiten übernahm die US Navy am 11. November 1981 die OHIO in ihre Flotte. Damit war sie das größte atomgetriebene U-Boot der Vereinigten Staaten. Die Baukosten betrugen seinerzeit 780 Millionen US-Dollar. Als Plattform für den Abschuss von Interkontinentalraketen stellte die OHIO gemeinsam mit ihren Schwesterschiffen eine direkte Bedrohung der Sowjetunion dar. Bis heute sind die Boote ein wichtiger Bestandteil der US-amerikanischen Politik der nuklearen Abschreckung. Bis 1998 absolvierte die OHIO insgesamt 50 „Abschreckungsfahrten". Nach dem Ende des Kalten Krieges ging der Bedarf an U-Booten mit atomarer Raketenbestückung jedoch zurück. Zu Beginn des 21. Jahrhunderts sollte die OHIO außer Dienst gestellt werden. Stattdessen wurde sie ab Ende 2002 zu einem sogenannten SSGN umgerüstet. Als spezielle Plattform für den Abschuss von Marschflugkörpern wurde die OHIO 2006 erneut in die US-Flotte integriert. Im Oktober 2007 begann die erste Einsatzfahrt des Bootes in seiner neuen Rolle. Bis zum Ende der 2020er-Jahre wird die OHIO das Ende ihrer Lebensdauer erreicht haben.

■ TECHNISCHE DATEN

Länge	170,69 m
Breite	12,8 m
Tiefgang	11,1 m
Motorenleistung	60.000 PS
Geschwindigkeit	25 kn
Bauwerft	Electric Boat, Groton/USA
Baujahr	1977–1981

Hochseekorvette AMAZONE

Sie wird als die Großmutter der deutschen maritimen Streitkräfte angesehen: die AMAZONE. Im April 1841 ordnete König Friedrich Wilhelm IV. den Bau der Hochseekorvette für die Preußische Marine an. Sie führte zwar die preußische Kriegsflagge, diente jedoch in erster Linie der Ausbildung von Marinesoldaten und zivilen Seeleuten. Bei der AMAZONE handelte es sich um einen Querspant-Kraweelbau aus Eichenholz, als Vollschiff geriggt und mit 876 Quadratmetern Segelfläche. Die Bewaffnung bestand aus zwölf 18-pfündrigen und vier kurzen 24-pfündrigen Kanonen aus schwedischer Herstellung. Zahlreiche Auslandsreisen führten das Schulschiff ab 1844 in diverse europäische Häfen. 1847 und 1853 überquerte die AMAZONE den Atlantik und steuerte Häfen in Nord- sowie Südamerika an. Auf einer weiteren Ausbildungsfahrt mit Ziel Portugal geriet der Dreimaster am 14. November 1861 vor der niederländischen Küste in einen Orkan. Die AMAZONE sank mit der gesamten Besatzung und den Seekadetten. Die Angaben über die Zahl der Opfer schwanken: Möglicherweise starben bei dem Unglück 107 Seeleute. Andere Quellen gehen von 114 bis zu 143 Männern aus, von denen die Nordsee niemanden wieder preisgab.

■ TECHNISCHE DATEN

Länge	33,49 m
Breite	8,99 m
Tiefgang	3,14 m
Motorenleistung	unter Segeln
Geschwindigkeit	11 kn
Bauwerft	Carmesins Werft, Stettin
Baujahr	1842–1844

Die AMAZONE, hier abgebildet beim Salutschießen nach backbord, gilt als die „Großmutter der deutschen Flotte". (Gemälde: L. Arnehold)

Kleiner Kreuzer EMDEN   314

Der Mythos um den Kleinen Kreuzer EMDEN ist auch in der Gegenwart noch präsent. (Abbildung: Centaur/Rossmann)

Die 1909 in Dienst gestellte EMDEN tat zunächst im Ostasiatischen Kreuzergeschwader Dienst. Mit Beginn des Ersten Weltkriegs wurde sie praktisch im Alleingang auf Handelskrieg in den Indischen Ozean entsandt, der das Schiff schnell zu einer Berühmtheit werden ließ. Innerhalb von drei Monaten versenkte der Kreuzer 17 feindliche Handelsschiffe und brachte sechs weitere auf. Zwei Kriegsschiffe schickte die EMDEN auf Tiefe und beschoss die Öllager der britischen Kolonialbastion Madras in Indien. Dabei hielten sich Kommandant und Besatzung streng an das internationale Seerecht. Ihre entlassenen Gefangenen rühmten geradezu die ritterliche Behandlung. Am 9. November 1914 stellte der australische Kreuzer SIDNEY die EMDEN bei den Kokosinseln. Das kaiserliche Kriegsschiff wurde chancenlos zusammengeschossen. Gut ein Drittel der Besatzung fiel, der Rest ging in Gefangenschaft. Den Australiern entging aber ein Trupp von 50 Matrosen, die zuvor auf einer Insel gelandet waren, um eine Funkstation zu zerstören. Ihnen gelang über sieben Monate und 13.000 Kilometer die Heimkehr nach Deutschland, was die Legende der EMDEN vollends komplett machte.

■ TECHNISCHE DATEN

Länge	118,3 m
Breite	13,5 m
Tiefgang	5,54 m
Motorenleistung	16.350 PS
Geschwindigkeit	24 kn
Bauwerft	Kaiserliche Werft, Danzig
Baujahr	1906–1909

315 Korvette GNEISENAU

Die GNEISENAU war eines von sechs Schiffen der Bismarck-Klasse. (Foto: Sammlung Rothe)

Bei der 1880 in Dienst gestellten gedeckten Korvette GNEISENAU handelte es sich um ein Kadettenschulschiff zur Ausbildung des Offiziersnachwuchses. Der Dreimaster war als Vollschiff getakelt, verfügte zusätzlich über einen Dampfmaschinenantrieb, hatte einen ungepanzerten Eisenrumpf und war mit 16 Ringkanonen bewaffnet. Die GNEISENAU unternahm mehrere Auslandsreisen. Am 16. Dezember 1900 ankerte sie vor dem Hafen von Málaga in Spanien. Dort sank das Schiff im Sturm nach einem Maschinenausfall und der Kollision mit der Hafenmole.

■ TECHNISCHE DATEN

Länge	82 m
Breite	13,7 m
Tiefgang	6,3 m
Motorenleistung	2.886 PS
Geschwindigkeit	13,8 kn
Bauwerft	Kaiserliche Werft, Danzig
Baujahr	1879–1880

316 Großer Kreuzer SMS HERTHA

Vor allem in ausländischen Seegebieten war die HERTHA in ihrer 16-jährigen Dienstzeit eingesetzt. (Abbildung: Sammlung Kaack)

Als zweites Schiff der Victoria-Louise-Klasse stieß die HERTHA am 23. Juli 1898 zur kaiserlichen Flotte. Ein Jahr später verlegte sie, nun als Großer Kreuzer bezeichnet, zum Kreuzergeschwader nach Ostasien, um dort deutsche Wirtschafts- und Kolonialinteressen zu schützen. Sie war außerdem an der Niederschlagung des Boxeraufstandes beteiligt. Nach umfangreichen Umbau- und Modernisierungsarbeiten wurde die HERTHA ab 1908 als Ausbildungsschiff eingesetzt und absolvierte mehrere Auslandsreisen. Zu Beginn des Ersten Weltkriegs wurde sie außer Dienst gestellt und 1920 abgewrackt.

■ TECHNISCHE DATEN

Länge	110,6 m
Breite	17,4 m
Tiefgang	6,78 m
Motorenleistung	10.312 PS
Geschwindigkeit	19 kn
Bauwerft	AG Vulcan, Stettin
Baujahr	1895–1898

Leichter Kreuzer EMDEN

Der Leichte Kreuzer EMDEN war der erste größere Kriegsschiff-Neubau nach dem Ersten Weltkrieg in Deutschland. Er kam nach seiner Indienststellung am 15. Oktober 1925 als Schulschiff der Reichsmarine zum Einsatz und absolvierte einige mehrmonatige Auslandsreisen. Der Zweite Weltkrieg begann für den Leichten Kreuzer mit einem größeren Schaden am Vorschiff, den am 4. September 1939 ein abgeschossener Bristol Blenheim-Bomber verursachte. Im Jahr darauf war die EMDEN an der Besetzung Norwegens beteiligt und lief am 8. April 1940 mit Heerestruppen an Bord in den Oslofjord ein. Hier fungierte sie bis zum 7. Juni als Nachrichtenzentrale für alle drei Wehrmachtteile. Da ein offensiver Kriegseinsatz aufgrund der zu schwachen Bewaffnung nicht in Frage kam, folgten weitere Dienstjahre als Schulschiff. In Kiel erhielt sie am 10. April 1945 bei einem Luftangriff schwere Bombentreffer. Vier Tage später wurde sie mit 15 Grad Backbordschlagseite in die Heikendorfer Bucht geschleppt und dort auf Grund gesetzt. Am 26. April erfolgte die Außerdienststellung der EMDEN, am 3. Mai 1945 wurde sie gesprengt. Ihre Reste kamen 1948 unter den Schneidbrenner.

■ TECHNISCHE DATEN

Länge	155,1 m
Breite	14,3 m
Tiefgang	5,8 m
Motorenleistung	46.500 PS
Geschwindigkeit	29 kn
Bauwerft	Reichsmarinewerft, Wilhelmshaven
Baujahr	1921–1925

Der Kampfwert des Leichten Kreuzers EMDEN war während des Zweiten Weltkriegs so gering, dass er überwiegend zu Ausbildungszwecken eingesetzt wurde. (Foto: Sammlung Kaack)

Das längste Unternehmen auf See während des Ersten Weltkriegs absolvierte der Hilfskreuzer WOLF.
(Foto: Sammlung Kaack)

318 Hilfskreuzer SMS WOLF

Der Hilfskreuzer WOLF war im Ersten Weltkrieg 451 Tage in geheimer Mission auf See, ohne dabei einen Hafen anzulaufen. Dabei bewältigte er eine Strecke, die dem dreifachen Erdumfang entsprach. Das Schiff war ursprünglich als WACHTFELS für die Bremer Reederei DDG Hansa in Fahrt. Im Sommer 1916 baute die Kaiserliche Werft in Wilhelmshaven den Dampfer zum Hilfskreuzer um. Er erhielt sieben 15-cm-Schnellfeuerkanonen sowie vier Torpedorohre. Außerdem eine Feuerleiteinrichtung, Scheinwerfer und ein Bordflugzeug vom Typ Friedrichshafen FF 33. 348 Mann Besatzung nahm die WOLF am 30. November 1916 mit in den Einsatz. Ebenso 465 Minen, die sie vor der südafrikanischen und südasiatischen Küste ausbrachte. 35 Handelsschiffe und zwei Kriegsschiffe mit zusammen rund 110.000 Bruttoregistertonnen versenkte der Hilfskreuzer während des Unternehmens. Im Februar 1918 gelang es der WOLF erneut, die britische Blockade unentdeckt zu durchbrechen und am 16. des Monats mit 467 Kriegsgefangenen unbehelligt in Kiel einzulaufen – nicht ohne dort großes Erstaunen hervorzurufen, denn die deutsche Admiralität hatte den Hilfskreuzer bereits aufgegeben.

■ TECHNISCHE DATEN

Länge	135 m
Breite	17,1 m
Tiefgang	7,9 m
Motorenleistung	2.800 PS
Geschwindigkeit	10,5 kn
Bauwerft	Flensburger Schiffbau Gesellschaft
Baujahr	1913–1916

Das Minensuchboot M 4 vom Typ 1935 überstand den Krieg und wurde 1947 an die französische Marine abgegeben. (Foto: Sammlung Kaack)

Minensuchboot Typ 1935

Mit dem Minensuchboot vom Typ M-Boot 1935 entwickelte die Reichsmarine eine Baureihe, die ihre alten Einheiten, die noch im Ersten Weltkrieg oder kurz nach dessen Ende gebaut worden waren, ersetzen sollte. Von 1938 bis 1942 wurden 69 Boote dieser Klasse in Dienst gestellt. Mit ihrer starken Bewaffnung waren die M-Boote 1935 vielseitig verwendbar. Während des Zweiten Weltkriegs wurden sie außer zur Minenräumung auch im Geleitdienst und zur U-Bootjagd eingesetzt. Außerdem konnten sie bis zu 30 Seeminen ausbringen. Sie galten als äußerst seetüchtig und wendig, bewährten sich im Seekrieg hervorragend. Allerdings waren sie vor allem wegen ihrer komplexen ölbefeuerten Maschinenanlage anspruchsvoll und kostenintensiv zu bauen. Die Einsatzgebiete dieser Bootsklasse waren die nordeuropäischen Gewässer von der Atlantikküste über die Nordsee und die Norwegensee bis zur Ostsee. 32 der Boote gingen im Krieg verloren. Nach der Kapitulation übernahmen die Siegermächte einen Teil der 37 nicht zerstörten Einheiten. Andere kamen beim Deutschen Minenräumdienst und in anderen unter alliierter Kontrolle stehenden deutschen Seeverbänden zum Einsatz.

■TECHNISCHE DATEN

Länge	68,1 m
Breite	8,7 m
Tiefgang	2,7 m
Motorenleistung	3.500 PS
Geschwindigkeit	18,2 kn
Bauwerft	diverse deutsche Werften
Baujahr	1938–1942

Hilfskreuzer ATLANTIS

Im Zweiten Weltkrieg wurde das Handelsschiff GOLDENFELS der Reederei DDG Hansa auf der Deschimag-Werft in Bremen zu einem Hilfskreuzer umgerüstet. Unter der Tarnung eines harmlosen Frachters führte es unter dem Namen ATLANTIS Handelskrieg gegen die Schifffahrt der Alliierten. Die Kriegsmarine führte das Schiff unter den Decknamen Handelsstörkreuzer 2 und Schiff 16, bei der Royal Navy war es als Raider C bekannt. Die Kaperfahrt der ATLANTIS dauerte insgesamt 622 Tage, wobei sie eine Strecke von 102.000 Seemeilen zurücklegte. Es war die längste ununterbrochene Operation eines Kreuzers in der Seekriegsgeschichte. 22 gegnerische Schiffe – 16 davon versenkt und sechs als Prise eingebracht – mit insgesamt 145.698 BRT fielen ihr letztlich zum Opfer. Am 22. November 1941 wurde die ATLANTIS bei der Versorgung eines deutschen U-Bootes 500 Meilen südöstlich der Sankt-Peter-und-Sankt-Pauls-Felsen von dem britischen Schweren Kreuzer DEVONSHIRE gestellt und unter Feuer genommen. Die Besatzung versenkte den schwer beschädigten Hilfskreuzer selbst, konnte aber fast vollzählig mit deutschen und italienischen U-Booten ins besetzte Frankreich gebracht werden.

■ TECHNISCHE DATEN

Länge	155 m
Breite	18,7 m
Tiefgang	8,7 m
Motorenleistung	7.600 PS
Geschwindigkeit	16 kn
Bauwerft	Bremer Vulkan
Baujahr	1937–1938

Dem ehemaligen Frachter GOLDENFELS gelang als Hilfskreuzer ATLANTIS die längste Einsatzfahrt in der Seekriegsgeschichte. (Foto: Sammlung Kaack)

Minenräumboote Schwalbe-Klasse 321

Die Minenräumboote der Schwalbe-Klasse räumten in den 1950er-Jahren scharfe Minen in der Ostsee.
(Foto: Dieter Flohr)

Von 1955 bis 1958 stellten die Seestreitkräfte eine Serie von 36 Räumbooten der Schwalbe-Klasse in Dienst. Die Einheiten hatten einen geschweißten Stahlrumpf mit Spiegelheck und sieben Abteilungen. Auf dem Vorschiff war ein Zwillings-Maschinengewehr platziert, das später durch eine Doppellafette ersetzt wurde. Anfangs auftretende Schwierigkeiten mit der Trimmung und der Stabilität bekamen die Ingenieure schnell in den Griff. Besonders im scharfen Räumdienst bewährten sich die Boote der Schwalbe-Klasse zur allgemeinen Zufriedenheit. In den Jahren 1959 und 1960 erhielten alle Einheiten eine umfassende Modernisierung: Es kamen jeweils zwei neue Dieselmotoren des Typs 6 NVD 26A zum Einbau. Die Brücke wurde geschlossen, ein Dreibeinmast installiert und die Räumwinde modernisiert. Ab 1965 gingen sechs Räumboote an die Grenzbrigade Küste, andere Einheiten kamen als Schul- und Torpedofangboote zum Einsatz. Zwei Boote wurden nach Tansania verkauft. Die planmäßige Außerdienststellung und Verschrottung der verbleibenden Schwalbe-Boote begann 1968. Die letzten, zur Schulung von Reservisten verwandten Einheiten holten 1981 die Flagge ein.

■ TECHNISCHE DATEN

Länge	28,74 m
Breite	4,45 m
Tiefgang	1,13 m
Motorenleistung	300 PS
Geschwindigkeit	11 kn
Bauwerft	Yachtwerft Berlin
Baujahr	1955–1958

Schnellboot-Klasse 1939

Mit der Entwicklung der Schnellbootklasse 1939 hatte die Kriegsmarine ihre Standardkonstruktion dieser Waffengattung gefunden. Bis 1943 entstanden 80 Einheiten dieser Bauserie, wobei diese ständig hinsichtlich ihrer Größe, Bewaffnung und Panzerung modifiziert wurden. Die Basisarmierung bestand aus zwei Torpedorohren am Bug, zwei 2-cm-Fla-Maschinenkanonen sowie einem Maschinengewehr im Kaliber 7,9 mm. Zur Besatzung eines Schnellbootes zählten 24 bis 31 Marinesoldaten. Besonders im küstennahen Bereich waren die Schnellboote der Klasse 1939 eine schlagkräftige Angriffswaffe, die auch wesentlich größeren und stärker bewaffneten gegnerischen Schiffen gefährlich werden konnte. Sie übernahmen außerdem Sicherungs- und Geleitaufgaben. Zum Einsatz kamen die schnellen und wendigen Kampfboote vor allem im Ärmelkanal. Nach der Invasion durch die Alliierten trugen sie vor der französischen und englischen Küste die Hauptlast des Seekriegs. Bedingt durch ihre Größe und die einfache Bauweise ließen sich die Schnellboote auch in den letzten Kriegsjahren in hohen Stückzahlen zügig herstellen.

■ TECHNISCHE DATEN

Länge	34,94 m
Breite	5,28 m
Tiefgang	1,67 m
Motorenleistung	6.000 PS
Geschwindigkeit	39,8 kn
Bauwerft	Lürssen-Werft, Vegesack
Baujahr	1940–1943

Schnellboote haben längsseits an ihrem Tender festgemacht. (Foto: Sammlung Kaack)

Schnellboote Libelle-Klasse

Schnellboot der Libelle-Klasse auf dem Außengelände des Deutschen Marinemuseums in Wilhelmshaven. (Foto: Ulf Kaack)

Nach intensiver Erprobung von vier Prototypen entstanden ab 1974 für die Volksmarine der DDR 30 Schnellboote der Libelle-Klasse. Rumpf und Aufbauten fertigte die Schiffswerft Rechlin. Anschließend wurden die Rohbauten zur Peene-Werft nach Wolgast transportiert, wo die Endmontage und die Bewaffnung erfolgten. Der Bootskörper war als Gleitboot in vollgeschweißter Leichtmetallausführung gefertigt. Als Antrieb diente der bewährte Motor M-50F aus der Sowjetunion. Drei dieser Aggregate befanden sich an Bord. Die Hauptbewaffnung bestand aus zwei nach achtern ausgerichteten Torpedorohren, die in den Rumpf eingelassen waren. Hinzu kam am Heck ein doppelläufiges Geschütz zur Bekämpfung von Luftzielen. Einige Boote verfügten über abnehmbare Ausstoßrohre für Seeminen, die auch zum Absetzen von Kampfschwimmern eingesetzt werden konnten. Ab 1984 begann die Ausmusterung und planmäßige Verschrottung. Vier Boote der Libelle-Klasse blieben erhalten. Sie sind heute Ausstellungsstücke im Marinemuseum Dänholm, im Luftfahrttechnischen Museum Rechlin, im Marinemuseum Wilhelmshaven und im Militärhistorischen Museum der Bundeswehr in Dresden.

■ TECHNISCHE DATEN

Länge	18,96 m
Breite	4,42 m
Tiefgang	1,74 m
Motorenleistung	3.600 PS
Geschwindigkeit	48 kn
Bauwerft	Schiffswerft Rechlin und Peene-Werft, Wolgast
Baujahr	1974–1977

U-Boot-Abwehrschiffe Hai-Klasse

Die Entwicklung des kleinen U-Bootjägers vom Typ Hai erwies sich für die Volksmarine der DDR als ein extrem zweitaufwändiges Projekt, das diverse konzeptionelle und technische Schwierigkeiten mit sich brachte. Am 3. September 1952 erging der Konstruktionsauftrag, von 1964 bis 1966 wurden zwölf Einheiten abgeliefert. Der Rumpf war eine Glattdecker-Konstruktion mit Spiegelheck aus geschweißtem Schiffbaustahl. Die Aufbauten bestanden aus Aluminium. Als Bewaffnung zur U-Bootbekämpfung befanden sich vier fünfrohrige Wasserbombenwerfer RBU 1200 und zwei Ablaufgerüste für jeweils zehn Wasserbomben an Bord. Vor und hinter dem Brückenaufbau waren zur Luftabwehr zwei Zwillingsflakgeschütze AK 230 montiert. Die Einheiten galten im Flottendienst als zuverlässig und seetüchtig. Als Schwachpunkt erwies sich die Gasturbine, bei der es mehrfach zu Gehäuserissen kam. Mit Einstellung ihrer Produktion traten zudem Ersatzteilprobleme auf. Auch die Waffenleitanlage MR-104 fiel durch hohe Störanfälligkeit negativ auf. Ab 1981 wurden die Einheiten der Hai-Klasse durch die U-Boot-Jäger der Parchim-Klasse ersetzt und abgewrackt.

■ TECHNISCHE DATEN

Länge	51,57 m
Breite	6,6 m
Tiefgang	2,43 m
Motorenleistung	12.199 PS
Geschwindigkeit	32 kn
Bauwerft	Peene-Werft, Wolgast
Baujahr	1964–1966

Im Konfliktfall wären die kleinen U-Jäger der Hai-Klasse vor allem gegen die Unterseeboote der Bundesmarine eingesetzt worden. (Foto: Dieter Flohr)

Motoryacht OSTSEELAND II

Die Warnowwerft in Warnemünde baute 1960/61 die Motoryacht OSTSEELAND im Auftrag der DDR-Seestreitkräfte. Das Schiff diente führenden Offizieren und Politikern zur Teilnahme an Flottenmanövern. Für rund 15 Millionen Ost-Mark entstand 1970/71 auf der Peene-Werft eine weitere DDR-Staatsyacht. Das auf einem verstärkten Rumpf eines Minensuchboots der Kondor-II-Klasse gebaute Schiff wurde am 1. Juli 1971 in Dienst gestellt. Es erhielt den Namen OSTSEELAND II und war der Volksmarine unterstellt. Ausgestattet war die Yacht mit 16 Kabinen, einem Sonnendeck, einer nachträglich eingebauten Schlingerdämpfungsanlage sowie einem Abhörsystem für die Kajüten der Staatsgäste. Sie wurde jedoch nur selten genutzt, da zum einen Staatschef Erich Honecker zu Seekrankheit neigte und zum anderen eine luxuriöse Staatsyacht nicht zum Ethos des Arbeiter- und Bauern-Staates passte. 1990 wurde das Schiff an einen schwedischen Eigner verkauft und auf den Namen ANIARA umgetauft. Ende der 1990er-Jahre scheiterte der Plan, die ehemalige OSTSEELAND II zu einem Kreuzfahrtschiff für Ostalgiker umzubauen, an der wirtschaftlichen Machbarkeit. 2005 kaufte ein Geschäftsmann aus Dubai die ehemalige Staatsyacht.

■ TECHNISCHE DATEN

Länge	59,85 m
Breite	7,5 m
Tiefgang	3,36 m
Motorenleistung	4.999 PS
Geschwindigkeit	13 kn
Bauwerft	Peene-Werft, Wolgast
Baujahr	1970–71

DDR-Staatschef Erich Honecker neigte zur Seekrankheit. Darum wurde die Staatsyacht OSTSEELAND II nur selten genutzt. (Foto: Sammlung Rothe)

Die Landungsschiffe der Frosch-I-Klasse verfügten über gewaltige Ladekapazitäten. (Foto: Dieter Flohr)

326 Landungsschiffe Frosch-I-Klasse

Diese Landungsschiffe wurden bei der Volksmarine Hoyerswerda-Klasse genannt, ihr NATO-Code lautete Frosch-I-Klasse. Zwischen 1974 und 1979 entstanden zwölf Schiffe dieses Typs als Nachfolger der Robbe-Klasse unter erheblicher Steigerung des Gefechtswertes. Gegenüber dem Vorgänger konnte die Konstruktion des Vorschiffs und der Bugklappe verbessert werden. Die Beladungskapazität sah acht Panzer, drei Lkw und 280 Soldaten oder bis zu 43 Container sowie 44,7 Tonnen Dieselkraftstoff vor. Weitere Lasten konnten auf dem Oberdeck verzurrt werden, das durch eine absenkbare Rampe vom Laderaum aus erreicht werden konnte. Als Bewaffnung kamen zwei Zwillingskanonen AK-725, zwei Zwillingsgeschütze AK-230 sowie zwei Raketenwerfersysteme A 215 zum Einbau. Außerdem war die Montage des Gassensprenggerätes SOSNA-100 zum Ausschalten von Landminen auf dem Vorschiff vorgesehen, das in Depots an Land vorgehalten wurde. Nach der Wiedervereinigung hatte die Bundesmarine keine Möglichkeit für eine Weiterverwendung. So wurden alle zwölf Landungsschiffe der Frosch-I-Klasse nach Umbauten und Demilitarisierung 1993 nach Indonesien verkauft.

■ TECHNISCHE DATEN

Länge	90,7 m
Breite	11,12 m
Tiefgang	3,4 m
Motorenleistung	12.237 PS
Geschwindigkeit	18 kn
Bauwerft	Peene-Werft, Wolgast
Baujahr	1974–1979

Mehrzwecklandungsboote Barbe-Klasse 327

Die Mehrzwecklandungsboote der Barbe-Klasse dienten der amphibischen Kriegsführung – militärischen Operationen im Küstenraum unter Beteiligung von See- und Landstreitkräften, bei denen Truppen und Material auch ohne Nutzung vorhandener Häfen gelandet oder an Bord genommen werden. Insgesamt 22 Einheiten dieser Baureihe stellte die Bundesmarine 1965 und 1966 in Dienst. Konzipiert waren sie ursprünglich für Landungsoperationen in Nord- und Ostsee. Bei einer Traglast von 140 Tonnen konnten bis zu drei große Panzer transportiert werden. Außerdem war eine Verwendung als Pontonbrückenelement möglich. Durch die flache Bauweise ohne Kiel und ausgeprägten Bug waren die Landungsboote nur bis zu einem Seegang der Stärke 5 bis 6 einsatzfähig. Von 1992 bis 2003 wurden alle Barbe-Einheiten bis auf die LACHS und SCHLEI ausgemustert. Letztere erfüllen nun Spezialaufgaben – vor allem den Transport sperriger Güter. Im Rahmen der Ausbildung dienen sie als Plattform für die Taucherschulung, legen Übungsminen, fungieren als Konvoischiffe bei Geleitübungen oder trainieren die Vorbereitung auf Not- und Katastropheneinsätze.

■ TECHNISCHE DATEN

Länge	39,9 m
Breite	8,8 m
Tiefgang	1,8 m
Motorenleistung	1.020 PS
Geschwindigkeit	10,5 kn
Bauwerft	Howaldt-Werft, Hamburg
Baujahr	1964–1966

Seit 1966 gehört das Landungsboot SCHLEI der Barbe-Klasse zur Flotte der deutschen Seestreitkräfte. (Foto: PIZ Marine)

Schnellboote Zobel-Klasse

Die zehn Einheiten der Zobel-Klasse stellten bei der Bundesmarine das Ende der Torpedoschnellboote dar. Sie waren eine Weiterentwicklung der bewährten Jaguar-Klasse. Ihr Rumpf war gegenüber den Vorgängern in weiten Teilen identisch. Erweiterte Decksaufbauten mit einer geschlossenen Brücke ermöglichten bei den Zobel-Booten die Fahrt unter ABC-Schutz, wofür eine entsprechende Filter- und Belüftungsanlage installiert war. Außerdem gab es mehr Platz für die Unterbringung von Waffen- und Ortungselektronik. Auffälligstes Unterscheidungsmerkmal zur Jaguar-Klasse war die modernere Radaranlage, äußerlich durch ein kugelförmiges Radom erkennbar. Im Maschinenraum kam ein Mercedes-Benz MB518 C-Motor zum Einsatz. Die Bewaffnung bestand aus vier Torpedorohren für ungelenkte Torpedos, wobei die beiden hinteren gegen Schienen zum Legen von Seeminen getauscht werden konnten. Dazu kamen, jeweils vorn und achtern, zwei Schnellfeuer-Flakgeschütze. Ab 1970 wurden die Boote für das Verschießen von drahtgelenkten Torpedos umgerüstet. Sie wurden zu Beginn der 1980er-Jahre durch die Flugkörperschnellboote der Gepard-Klasse ersetzt.

■ TECHNISCHE DATEN

Länge	42,62 m
Breite	7,1 m
Tiefgang	2,1 m
Motorenleistung	12.000 PS
Geschwindigkeit	42 kn
Bauwerft	Lürssen-Werft, Vegesack und Kröger-Werft, Rendsburg
Baujahr	1961–1963

Das Torpedoschnellboot OZELOT der Zobel-Klasse in voller Fahrt auf der Ostsee. (Foto: PIZ Marine)

Einsatzgruppenversorger BERLIN

Der Einsatzgruppenversorger BERLIN versorgt die Fregatte LÜBECK auf See. (Foto: PIZ Marine)

Mit dem Einsatzgruppenversorger BERLIN wurde am 11. April 2001 das Typschiff der zurzeit aus drei Einheiten bestehenden Berlin-Klasse von der Deutschen Marine übernommen. Es folgten die Schwesterschiffe FRANKFURT AM MAIN und BONN. Ihr Auftrag ist die logistische und sanitätsdienstliche Unterstützung gemischter Einsatzgruppen. Hauptaufgabe ist die Versorgung mit Betriebsstoffen, Verbrauchsgütern, Proviant und Munition. Es ist möglich, sämtliche Versorgungsgüter auf See in Fahrt mittels speziellen Geschirrs an andere Einheiten zu übergeben. Zur sanitätsdienstlichen Unterstützung können die Schiffe bei Bedarf ein Marineeinsatzrettungszentrum an Bord nehmen, dessen notfallmedizinische Kapazität der eines Kreiskrankenhauses entspricht. Es werden 45 Krankenbetten vorgehalten, davon vier Intensivplätze. Das Lazarett-System besteht aus einem Verbund von Containern. Zur Selbstverteidigung sind die drei Schiffe jeweils mit vier Marineleichtgeschützen MLG 27 und der Fliegerfaust 2 bewaffnet. Die BERLIN war an den Operationen Enduring Freedom und Atlanta sowie an verschiedenen humanitären Einsätzen beteiligt.

■ TECHNISCHE DATEN

Länge	173,7 m
Breite	24 m
Tiefgang	7,6 m
Motorenleistung	14.357 PS
Geschwindigkeit	20 kn
Bauwerft	Flensburger Schiffbau Gesellschaft
Baujahr	1998–2001

Auf Übungsfahrt in der Kieler Förde: das Minenjagdboot ÜBERHERRN der Kulmbach-Klasse. (Foto: Ulf Kaack)

330 Minensuchboote Kulmbach-Klasse

Mit dem Ende des Kalten Krieges verlor das Minenlegen an Bedeutung. Darum ließ die Deutsche Marine von 1999 bis 2001 fünf Minensuchbooten der Hameln-Klasse zu hochmodernen Minenjagdbooten umbauen. Die KULMBACH, ÜBERHERRN, PASSAU, LABOE und HERTEN bildeten fortan die Kulmbach-Klasse. Bei der Umbaumaßnahme blieb die Überwasserbewaffnung, zwei von einem Feuerleitradar geführte Flugabwehrgeschütze, erhalten. Vollkommen verändert wurde die Vorgehensweise bei der Minenbekämpfung: Nicht mehr das Zündsystem ist von Bedeutung, sondern die Form und die Ortbarkeit des Minenbehälters. Hauptbestandteil des Konzeptes sind Unterwasserdrohnen vom Typ „Seefuchs". Diese tauchfähigen und äußerst kompakten Drohnen sind mit einer Videokamera und einem Sonargerät ausgerüstet, mit denen minenartige Objekte geortet und identifiziert werden. Es gibt Drohnen zur reinen Identifikation des Zieles und Drohnen mit Sprengladung. Letztere werden ins Ziel gelenkt, um es durch Detonation zu zerstören. Drei Boote der Kulmbach-Klasse wurden zwischenzeitlich außer Dienst gestellt. Die verbleibenden beiden Einheiten folgen bis Ende 2016.

■ **TECHNISCHE DATEN**

Länge	54,4 m
Breite	9,2 m
Tiefgang	2,5 m
Motorenleistung	6.092 PS
Geschwindigkeit	18 kn
Bauwerft	diverse deutsche Werften
Baujahr	1989–1991

Schulschiff DEUTSCHLAND

Das Schulschiff DEUTSCHLAND wurde für multiple Verwendungsmöglichkeiten konzipiert – als Kampf-, Begleit- und Lazarettschiff, als Minenleger und Versorger. Seine Hauptaufgabe lag indes in der technischen Ausbildung des Offiziersnachwuchses. Der Rumpf war aus Schiffbaustahl geschweißt, die Aufbauten aus Aluminium gefertigt. Im Maschinenraum arbeiteten je zwei 16-Zylinder-Dieselmotoren über ein Sammelgetriebe auf die beiden Außenwellen. Die Mittelwelle wurde von einer Dampfturbinenanlage angetrieben. Bei der Bewaffnung wurden Rohrwaffen, Torpedos, Minen und U-Boot-Abwehr-Raketenwerfer eingebaut, wie sie auf den Kampfschiffen der Bundesmarine zum Einsatz kamen. Dies galt auch für die Radar- und Feuerleitausrüstung sowie die ABC-Vollschutzanlage. Nach 27 Dienstjahren entsprach die DEUTSCHLAND nicht mehr den Anforderungen der Flotte und wurde 1994 abgewrackt. In den fast drei Jahrzehnten unter der Flagge der Bundesmarine hat sie eine Reisedistanz unter den Kiel genommen, die 17 Erdumrundungen entspricht. 230 Häfen in 75 Ländern hat die DEUTSCHLAND angelaufen, 3.500 Offiziere wurden ausgebildet.

■ TECHNISCHE DATEN

Länge	138,23 m
Breite	16,05 m
Tiefgang	4,5 m
Motorenleistung	16.000 PS
Geschwindigkeit	21 kn
Bauwerft	Nobiskrug, Rendsburg
Baujahr	1959–1963

Das Schulschiff DEUTSCHLAND als Botschafter der Bundesmarine 1986 während des Einlaufens in New York. (Foto: PIZ Marine)

Forschungsschiff PLANET

Das Wehrforschungsschiff PLANET wurde als Doppelrumpfschiff am 31. Mai 2005 von der Wehrtechnischen Dienststelle für Schiffe und Marinewaffen der Bundeswehr, Maritime Technologie und Forschung in Eckernförde übernommen. Es wurde in der Small-Waterplane-Area Twin-Hull Bauweise (SWATH) gebaut. Die Besonderheit bei dieser Formgebung ist, dass der Auftrieb wesentlich von den komplett unter Wasser liegenden Schwimmkörpern erbracht wird. Es entsteht ein außergewöhnlich ruhiges Seegangsverhalten, das die Durchführung von Forschungs- und Erprobungsarbeiten auch bei rauem Wellengang erlaubt. Durch die hohen Anforderungen an die eigene Geräuschabstrahlung ist die PLANET für Untersuchungen der Unterwasserakustik und -sensorik hervorragend geeignet. Aufgabenschwerpunkt des innovativen Schiffes ist die wissenschaftliche Grundlagenarbeit für die Deutsche Marine: die Erforschung der Meeresumwelt und -geophysik, die Erprobung von Material und Ausrüstung sowie Forschungsarbeit in der Unterwasserortung und -kommunikation. Außerdem die Bestimmung verschiedener hydrographischer Parameter des Meeres.

■ TECHNISCHE DATEN

Länge	73 m
Breite	27 m
Tiefgang	6,8 m
Motorenleistung	5.656 PS
Geschwindigkeit	15 kn
Bauwerft	Nordseewerke, Emden
Baujahr	2004–2005

Die PLANET ist das modernste Forschungsschiff der NATO, die Baukosten betrugen 90 Millionen Euro. (Foto: PIZ Marine)

Sammelschiffchen der DGzRS

Es ist der Klingelbeutel der christlichen Seefahrt: das Sammelschiffchen der Seenotretter. Die bekannteste Sammeldose im ganzen Land steht als Symbol für den selbstlosen Einsatz der Besatzungen und die Unabhängigkeit der Deutschen Gesellschaft zur Rettung Schiffbrüchiger (DGzRS). Ihre modernsten „Kommunikations- und Navigationseinrichtungen", die bargeldlose Spenden per Mobiltelefon ermöglichen, verbinden langjährige Tradition mit der digitalen Gegenwart. Seit 1875 versieht das Sammelschiffchen in einem kaum veränderten Design seinen Dienst. Die erste Generation der Sammelschiffchen war aus Holz gefertigt, gefolgt von der Metallversion. In den 1960er-Jahren wurde dann aus Kostengründen Kunststoff zum alleinigen Fertigungsmaterial. An der Form des Rumpfes hat sich in all den Jahren nichts geändert. Variiert wurde dagegen ab und an bei der Farbgebung und der Beschriftung. Von Flensburg im Norden bis zum Bodensee im Süden, aber auch im Ausland ist das Sammelschiffchen zu finden – sogar auf dem Brocken im Harz und an Bord eines U-Bootes hat es einen Ankerplatz. Jedes Jahr werden die etwa 14.000 Exemplare mit Geldscheinen und -münzen im Wert von fast einer Million Euro beladen.

■ TECHNISCHE DATEN

Länge	32 cm
Breite	10,7 cm
Tiefgang	je nach Beladung
Fassungsvermögen	unbegrenzt
Bauwerft	J. H. Tönnjes, Delmenhorst
Schwesterschiffe	14.000 Stück
Baujahr	1875 bis heute

Das Sammelschiffchen steht landauf, landab als Symbol für den selbstlosen Einsatz der Seenotretter und die Unabhängigkeit der DGzRS. (Foto: DGzRS / Sven Junge)

Die Autoren

Harald Focke (rechts), Jahrgang 1950, und Ulf Kaack, Jahrgang 1964, schreiben in Bassum bei Bremen als Journalisten und Sachbuchautoren anschaulich und unterhaltsam über alles, was schwimmt, fliegt und fährt. Technik und Historie unterhaltsam und verständlich zu vermitteln, ist ihr Ziel dabei.

Harald Focke hat diverse Bücher und Essays vor allem über Passagierschiffe und Frachter des Norddeutschen Lloyd nach 1945 sowie Gespräche mit Besatzungsmitgliedern und Passagieren veröffentlicht. Der Schifffahrtshistoriker betreibt die Homepage www. Lloyd-Klassik-Kontor.de. 2013 erschien sein Buch über den Borgward-Hubschrauber KOLIBRI, 2015 zwei Bücher über die Kolumbuskaje in Bremerhaven und Passagierschiffe aus Hamburg. Regelmäßig publiziert Harald Focke im Magazin SCHIFF CLASSIC.

Ulf Kaack arbeitet als Verantwortlicher Redakteur des Magazins TRAKTOR CLASSIC und ist durch diverse Buchveröffentlichungen über die DGzRS, die GORCH FOCK und ihre Schwesterschiffe, sowie die Einheiten der Marine in verschiedenen Epochen bekannt geworden. Außerdem hat er sich in Buchform dem Mercedes-Benz-Klassiker W 123, dem MB-Trac und der Werksgeschichte von Mercedes-Benz in Bremen gewidmet. 2012 erhielt er für sein „Borgward-Kompendium" den Autobuchpreis des ADAC.

Die Autoren danken Manuel Miserok für seine fachliche Unterstützung, insbesondere für die Mitarbeit am Kapitel über die Seenotrettung.

Unser komplettes Programm finden Sie unter

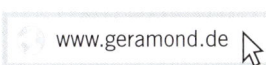

Verantwortlich: Martin Distler
Satz: Silke Schüler, München
Schlussproduktion: C. von Schelling
Repro: Cromika, Verona
Herstellung: Anna Katavic
Einbandgestaltung: Ralph Hellberg
Printed in Slovenia by Florjancic

Sind Sie mit diesem Titel zufrieden? Dann würden wir uns über Ihre Weiterempfehlung freuen. Erzählen Sie es im Freundeskreis, berichten Sie Ihrem Buchhändler, oder bewerten Sie das Werk online. Und wenn Sie Kritik, Korrekturen Aktualisierungen haben, freuen wir uns über Ihre Nachricht an den GeraMond Verlag, Postfach 40 02 09, D-80702 München oder per E-Mail an lektorat@geramond.de.

Alle Angaben dieses Werkes wurden von den Autoren sorgfältig recherchiert und auf den aktuellen Stand gebracht sowie vom Verlag geprüft. Für die Richtigkeit der Angaben kann jedoch keine Haftung übernommen werden. Für Hinweise und Anregungen sind wir jederzeit dankbar. Bitte richten Sie diese an:
GeraMond Verlag
Lektorat Postfach 40 02 09
D-80702 München
E-Mail: lektorat@geramond.de

Die Deutsche Nationalbibliothek verzeichnet diese Publikation in der Deutschen Nationalbibliografie, detaillierte bibliografische Daten sind im Internet über http://dnb.d-nb.de abrufbar.

© 2016 GeraMond Verlag GmbH, München

ISBN 978-3-86245-751-9

Ebenfalls erhältlich ...

ISBN 978-3-86245-552-2

ISBN 978-3-86245-743-4

ISBN 978-3-86245-751-9

ISBN 978-3-95613-009-0

www.geramond.de